普通高等教育"十二五"规划教材

新世纪新理念高等院校数学教学改革与教材建设精品教材

数学模型与竞赛

主　编:赵东方

副主编:阴小波　陈金阳　彭爱民

程铭东　熊　伟

华中师范大学出版社

内 容 提 要

本书共分为9章，主要内容包括：数学建模竞赛简介、Matlab基础知识介绍、数学建模概论、数学规划模型与Lingo软件实现、图论与网络规划模型、统计回归模型、离散模型、数值分析工具、问题与研究性学习。本书针对数学建模竞赛的特点，结合实际问题进行编写，例题讲解详细，图解清晰，计算程序完整，内容通俗易懂，易教易学。

本书可作为高等院校理、工、经、管等专业的数学模型及相关课程教材，亦可供有关人员参考。

新出图证(鄂)字10号

图书在版编目(CIP)数据

数学模型与竞赛/赵东方主编. —武汉：华中师范大学出版社，2014.8

（普通高等教育"十二五"规划教材/新世纪新理念高等院校数学教学改革与教材建设精品教材）

ISBN 978-7-5622-6741-6

Ⅰ.①数… Ⅱ.①赵… Ⅲ.①数学模型—高等学校—教材 Ⅳ.①O141.4

中国版本图书馆CIP数据核字(2014)第176016号

数学模型与竞赛

©赵东方 主编

责任编辑：李晓璐 袁正科　**责任校对**：刘 峥　**封面设计**：胡 灿

编 辑 室：第二编辑室　**电 话**：027－67867362

出版发行：华中师范大学出版社

社 址：湖北省武汉市珞喻路152号　**邮 编**：430079

销售电话：027－67863426/67863280(发行部)　027－67861321(邮购)　027－67863291(传真)

网 址：http://www.ccnupress.com　**电子信箱**：hscbs@public.wh.hb.cn

印 刷：湖北新华印务有限公司　**督 印**：章光琼

开 本：787mm×1092mm 1/16　**印 张**：14.5　**字 数**：330千字

版 次：2014年12月第1版　**印 次**：2014年12月第1次印刷

印 数：1—2000　**定 价**：28.00元

欢迎上网查询、购书

普通高等教育“十二五”规划教材
新世纪新理念高等院校数学教学改革与教材建设精品教材

丛书编写委员会

丛书总序

未来社会是信息化的社会，以多媒体技术和网络技术为核心的信息技术正在飞速发展，信息技术正以惊人的速度渗透到教育领域中，正推动着教育教学的深刻变革。在积极应对信息化社会的过程中，我们的教育思想、教育理念、教学内容、教学方法与手段以及学习方式等方面已不知不觉地发生了深刻的变革。

现代数学不仅是一种精密的思想方法、一种技术手段，更是一个有着丰富内容和不断向前发展的知识体系。《国家中长期教育改革和发展规划纲要(2010—2020年)》指明了未来十年高等教育的发展目标："全面提高高等教育质量"、"提高人才培养质量"、"提升科学研究水平"、"增强社会服务能力"、"优化结构办出特色"。这些目标的实现，有赖于各高校进一步推进数学教学改革的步伐，借鉴先进的经验，构建自己的特色。而数学作为一个基础性的专业，承担着培养高素质人才的重要作用。因此，新形势下高等院校数学教学改革的方向、具体实施方案以及与此相关的教材建设等问题，不仅是值得关注的，更是一个具有现实意义和实践价值的课题。

为推进教学改革的进一步深化，加强各高校教学经验的广泛交流，构建高校数学院系的合作平台，华中师范大学数学与统计学学院和华中师范大学出版社充分发挥各自的优势，由华中师范大学数学与统计学学院发起，诚邀华中和周边地区部分颇具影响力的高等院校，面向全国共同开发这套"新世纪新理念高等院校数学系列精品教材"，并委托华中师范大学出版社组织、协调和出版。我们希望，这套教材能够进一步推动全国教育事业和教学改革的蓬勃兴盛，切实体现出教学改革的需要和新理念的贯彻落实。

总体看来，这套教材充分体现了高等学校数学教学改革提出的新理念、新方法、新形式。如目前各高等学校数学教学中普遍推广的研究型教学，要求教师少讲、精讲，重点讲思路、讲方法，鼓励学生的探究式自主学习，教师的角色也从原来完全主导课堂的讲授者转变为学生自主学习的推动者、辅导者，学生转变为教学活动的真正主体等。而传统的教材完全依赖教师课堂讲授、将主要任务交给任课教师完成、学生依靠大量的被动练习应对考试等特点，已不能满足这种新教学改革的推进。如果再叠加脱离时空限制的网络在线教学等教学方式带来的巨大挑战，传统教材甚至已成为教学改革的严重制约因素。

基于此，我们这套教材在编写的过程中注重突出以下几个方面的特点：

一是以问题为导向、引导研究性学习。教材致力于学生解决实际的数学问题、运用所学的数学知识解决实际生活问题为导向，设置大量的研讨性、探索性、应用性问题，鼓励学生在教师的辅导、指导下于课内课外自主学习、探究、应用，以加深对所学数学知识的理解、反思，提高其实际应用能力。

二是精选内容、逻辑清晰。整套教材在各位专家充分研讨的基础上，对课堂教学内容进一步精炼浓缩，以应对课堂教学时间、教师讲授时间压缩等方面的变革；与此同时，教材还在各教学内容的结构安排方面下了很大的功夫，使教材的内容逻辑更清晰，便于教师讲授和学生自主学习。

三是通俗易懂、便于自学。为了满足当前大学生自主学习的要求，我们在教材编写的过程中，要求各教材的语言生动化、案例更切合生活实际且趣味化，如通过借助数表、图形等将抽象的概念用具体、直观的形式表达，用实例和示例加深对概念、方法的理解，尽可能让枯燥、繁琐的数学概念、数理演绎过程通俗化，降低学生自主学习的难度。

当然，教学改革的快速推进不断对教材提出新的要求，同时也受限于我们的水平，这套教材可能离我们理想的目标还有一段距离，敬请各位教师，特别是当前教学改革后已转变为教学活动“主体”的广大学子们提出宝贵的意见！

朱长江

于武昌桂子山

2013 年 7 月

前　言

现代社会的发展，需要一定的数学理论与方法，但更需要熟悉这些理论方法，并能够与物理学家、工程师等合作解决实际问题的专家。新时代的这种需要必然会引起大学数学教学的改革。例如，英国牛津大学就有数学建模方面的博士点，而美国人直接将数学建模课引入理工科大学生的教学中，并设立了一年一次的“大学生数学建模竞赛”，简记为MCM。这个竞赛吸引了许多国家的大学派队参赛，其国际影响及权威性日益俱增。

我国现在的学校教育模式大致如下：

某种理论→教师讲授→教师讲解例题→学生做习题→学生做提高题，得到的教学结果是：学生理论基础扎实→学生有高超的解题技巧→学生会闭卷考试→学生综合应用能力培养不够。例如，大多数学生对解决一个具体的实际问题办法不多等等。

西方发达国家的教育模式大致如下：

给出某种问题→教师与学生一起调查背景知识→寻找有效的理论工具解决此问题→教师讲授此理论工具的理论与方法、优点和缺点→与学生一起解决此问题→学生分组独立解决实际问题→学生的理论基础与综合应用能力都得到了提高。

在国外的这种教育模式下，学生的下列四种能力得到显著提升：

1. 快速查找资料的能力，包括在图书馆快速查找资料的能力、在Internet网上快速查找与下载资料的能力、成功访问专家的能力。

2. 熟练、快速使用计算机的能力。

3. 熟悉多种数学方法及其软件包并灵活应用的能力。

4. 同学之间团结合作的能力。

基于以上现状，并结合前期在多所同类院校的调研情况，华中师范大学数统学院、湖北理工学院数理学院、湖北师范学院数统学院、荆楚理工学院数理学院、湖北第二师范学院数统学院等兄弟院校的专家和老师共同编写了本书，其中，赵东方为主编，副主编按照姓氏笔画排序，依次为：阴小波，陈金阳，彭爱民，程铭东，熊伟。具体执笔情况为：赵东方：第1、2、3、9章，并负责全书的统稿、定稿工作；程铭东：第4章；陈金阳：第5章；熊伟：第6章；彭爱民：第7章；阴小波：第8章。

在本教材的出版过程中，华中师范大学出版社给予了大力支持，李晓璐、袁正科对书稿进行了细致、严谨而有效地加工编辑，在此，对他们一并表示感谢！

尽管在编写过程中我们做出了较大努力，但由于水平有限，书中难免有诸多不足之处，敬请广大读者批评指正！

编者

2014年8月

目　录

第1章 数学建模竞赛简介

近半个世纪以来，随着计算机技术的迅速发展，数学的应用不仅在工程技术、自然科学等领域发挥着越来越重要的作用，而且以空前的广度和深度向经济、管理、金融、生物、医学、环境、地质、人口、交通等新的领域渗透，数学技术已经成为当代高新技术的重要组成部分。数学模型是一种模拟，是用数学符号、数学式子、程序、图形等对实际课题本质属性的抽象而又简洁的刻画。不论是用数学方法在科技和生产领域解决哪类实际问题，还是与其他学科相结合形成交叉学科，首要的和关键的一步是建立研究对象的数学模型，并加以计算求解（通常借助计算机）。美国为此有专门的刊物，比如 *Mathematical and Computer Modelling*，1980 年创刊，开始是季刊，很快改为月刊。1988 年以前刊名叫 *Mathematical Modelling*，每隔一年出一本《国际数学建模会议纪要》（近 1000 页）作为增刊。

从 1988 年开始，我国各地高校正式对理工科学生讲授“数学模型”课程，受到高校师生的一致欢迎。我国于 1989 年开始举办全国大学生数学建模竞赛，发展到今天，参赛学校之多、参与师生之多，堪称空前。

我国部分高校从 1989 年开始组队参加美国大学生数学建模竞赛，并取得很好的成绩。

1.1 美国大学生数学建模竞赛简介

美国大学生数学建模竞赛（MCM）有如下特点：

（1）参赛队都必须事先报名注册，每个系至多 2 个队，每队 3 名队员。参赛队员直到比赛前一分钟都可换掉，且不必通知竞赛委员会（COMAP）；若某系事先只报名注册一个队，赛前想再增加一个队，则必须先从竞赛委员会取得考号（Control Number）才行。

（2）每个队都将收到 2 个考题：A、B，由参赛队的 3 名队员任选一题给出解答。一旦选定考题，队员不得与教练或其他无关人员讨论题目的解答等相关事宜。参赛队可使用计算机、软件包等类似工具参加竞赛。参赛题目不一定有答案（如猜想等），若有答案，也不一定是唯一答案。

（3）每年选定 2 月或 3 月的某个星期五的中午 12:00 开始竞赛，开卷考试三天。

（4）参赛队主要应注意：审题、分析、自己给出假设，然后在这些假设下给出合理的答案。最后答卷必须用英文打印 2 份上交。各种与现实社会实际情况有明显出入的答案、不完整的答案也应附带一起交审，重在思想与方法。答卷寄出邮戳不得迟于下一个星期一。答卷的英文翻译稿必须在下一个星期三盖邮戳。

(5) 竞赛后用三个星期改卷,其中部分试卷分别给予:一等奖(Outstanding);二等奖(Meritorious);三等奖(Honorable Mention)。

(6) 竞赛结果2个月后通知教练与队员及参赛学校,优秀答卷结集出版,新闻媒体予以报道。每名获奖队员都发给一张证书,一等奖队员还将获得青铜制作的荣誉奖章,且他们的答卷也将陆续刊登在 *The UMAP Journal*(*The Journal of Undergraduate Mathematics and its Applications*)杂志上。

(7) 美国运筹学会(ORSA)将在每个赛题中选一个一等奖队,作为美国运筹学会年度获奖者,全费资助此队参加美国运筹学会全国年会。另外,美国运筹学会还将免费承认所有二等奖以上的队员为其学生会员,向他们提供会员待遇。美国工业与应用数学学会(SIAM)也将从每个赛题中选一个一等奖队,作为美国工业与应用数学学会年度获奖者,发给证书及现金奖励,并部分资助此队参加美国工业与应用数学学会全国年会。

(8) 答卷一式2份,并随附:

① 首页(Summary Page):考号、题目、主要结果等;

② 辅助材料:软盘、图表、广告、录像带等;

③ 参赛者签名的控制表(Control Sheet),只要原始表,不能复印;

④ 答卷中间任何部位不得出现参赛者校名、队员名,只能注明参赛队的考号;

⑤ 答卷中最好随寄一个写好回信地址的明信片,贴上邮票,竞赛委员会收到后将会把明信片寄回,以便参赛者迅速知道答案已寄到。

(9) 答案基本要点:

① 需要时,应对所求解的问题给出清晰的阐述或重述;

② 对所给出的假设作清晰的、合乎情理的说明;

③ 说明你如此建模的依据及分析;

④ 构造、建立模型;

⑤ 对你的模型给出评价:优点、缺点、稳定性、灵敏度等。

1.2 中国大学生数学建模竞赛简介

中国全国大学生数学建模竞赛,操作程序与美国大学生数学建模竞赛大致相同,一般在每年9月初选一个星期五开始比赛,开卷考试3天。

1. 全国大学生数学建模竞赛章程

(1) 总则

全国大学生数学建模竞赛(以下简称竞赛)是国家教委高教司和中国工业与应用数学学会共同主办的面向全国大学生的群众性科技活动,目的在于激励学生学习数学的积极性,提高学生建立数学模型和运用计算机技术解决实际问题的综合能力,鼓励学生踊跃参加课外科技活动,开拓知识面,培养创造精神。这项竞赛也是大学数学教学改革的一个重要方面。

（2）竞赛内容

竞赛题目一般来源于工程技术和管理科学等方面经过适当简化加工的实际问题，不要求参赛者预先掌握深入的专门知识，只需要学过普通高校的数学课程。题目有较大的灵活性供参赛者发挥其创造能力。参赛者应根据题目要求，完成一篇包括模型的假设、建立和求解、计算方法的设计和计算机实现、结果的分析和检验、模型的改进等方面的论文(即答卷)。竞赛评委以假设的合理性、建模的创造性、结果的正确性和文字表达的清晰程度为主要评卷标准。

（3）竞赛形式和规则

① 全国统一竞赛题目，采取通讯竞赛方式；

② 竞赛一般在9月初选3天举行；

③ 大学生以队为单位参赛，每队3人，专业不限，研究生不得参加。每队设一名指导教师(或教师组)，从事赛前辅导和参赛的组织工作，但在竞赛期间应回避，不得进行指导或参与讨论；

④ 竞赛期间参赛队员可以使用各种图书资料和计算机软件，但不得与队外任何人讨论；

⑤ 工作人员将密封的赛题按时启封发给参赛队员(现在是从网上下载考题与相关数据)，参赛队在规定时间内完成答卷，并准时交卷。

（4）组织形式

① 竞赛由全国竞赛组织委员会主持，负责发起竞赛、拟定赛题、组织全国优秀答卷的复审和评奖、印刷获奖证书、主办全国颁奖仪式等工作。全国竞赛组织委员会每届任期4年，其组成人员由国家教委高教司和中国工业与应用数学学会负责确定；

② 竞赛分赛区组织进行，原则上一个省(自治区、直辖市)为一个赛区，每个赛区应至少有6所院校的20个队参加(每所院校至多10个队)，邻近的省可以合并成为一个赛区。每个赛区建立3人以上的组织委员会，负责本赛区的宣传发动及报名、评阅答卷的组织等工作。组委会成员由各省教委、各省工业与应用数学学会及有关人员组成(没有成立地方学会的，由各省教委与全国竞赛组委会指定的院校协商确定)，报全国竞赛组委会备案，并保持相对稳定。未成立赛区的各省院校的参赛队可直接向全国竞赛组委会报名参赛。

（5）评奖办法

① 各赛区组委会聘请专家组成评阅委员会，评选本赛区的一、二等奖(也可增设三等奖)，获奖比例一般不超过三分之一，其余凡完成答卷者均获成功参赛奖；

② 各赛区组委会按规定的比例将本赛区的优秀答卷送至全国竞赛组委会，全国竞赛组委会将聘请专家组成全国评委会，按统一标准从各赛区送交的答卷中评选出全国一、二等奖；

③ 全国与各赛区的一、二等奖均颁发获奖证书，竞赛成绩计入学生档案，对成绩优秀的队给予适当奖励。

2. 阅卷评分大致规则

(1) 首页总结(≠ 摘要) 15 分

(2) 总体印象与创新 5 分

(3) 模型建立(与题目背景相吻合,有亮点) 30 分

(4) 模型计算(计算步骤清晰、结果正确) 30 分

(5) 结果分析(为用户提供可以实行的方案) 20 分

以上评分规则,不是绝对的,仅供参考,尤其是可以作为同学们写作论文报告时的参考。

3. 评委的分数

一份论文报告,由 3 个以上的评委评判给分。

假设每个评委评阅 n 份答卷,第 j 个评委的给分是 $\{x_{j1}, x_{j2}, \cdots, x_{jn}\}$,最终排序时不是直接用评委的给分排序,而是做了一个变换计算,换算为标准分,第 k 份答卷的第 j 个评委给分是 x_{jk},最终获得的排序标准分是

$$x_{jk}^{*} = (x_{jk} - \overline{X}_j)\frac{\sigma}{\sigma_j} + 60,$$

其中,$\overline{X}_j = \dfrac{1}{n}\sum_{p=1}^{n} x_{jp}$ 是第 j 个评委给分的平均分,σ_j 是第 j 个评委给分的标准差,σ 是全体评委给分的标准差。

例如,第 j 个评委给第 k 份答卷的分数 $x_{jk} = 41$,第 j 个评委给分的平均分 $\overline{X}_j = 40$,$\sigma_j = 10$,全体评委的标准差 $\sigma = 30$,则第 k 份答卷的标准分为

$$x_{jk}^{*} = (41 - 40) \times \frac{30}{10} + 60 = 63,$$

第 k 份答卷的所有评委的分数都换算为标准分,然后求和排序。所以说,同学们的论文报告原始得分是否大于评委给分的平均分很重要,请大家仔细体会。

第 2 章

Matlab 基础知识介绍

Matlab(矩阵实验室)软件包是由美国 MathWorks 公司开发的,主要面对科学计算、可视化以及交互式程序设计的高科技计算的数学软件包。它将数值分析、矩阵计算、科学数据可视化以及非线性动态系统的建模和仿真等诸多强大功能集成在一个易于使用的视窗环境中,为科学研究、工程设计以及必须进行有效数值计算的众多科学领域提供了一种全面的解决方案,代表了当今国际科学计算软件的先进水平。

相对于其他软件包,Matlab 获得的总体评价是:界面不是太友好,但是功能十分强大,是各行各业科学工作者的必备工具。

2.1 简 介

Matlab 软件包是 MathWorks 公司于 1989 年推出的一套数值计算软件,它包含总包和若干个工具箱,可以实现数值计算、优化计算、概率统计计算,以及偏微分方程数值解、自动控制、信号处理、图像处理等若干个领域的计算和图形显示功能。

Matlab 提供了两种运行方式:(1) 直接在 Command Window 输入命令,按 Enter 键执行;图 2-1 所示画面右边就是 Command Window。

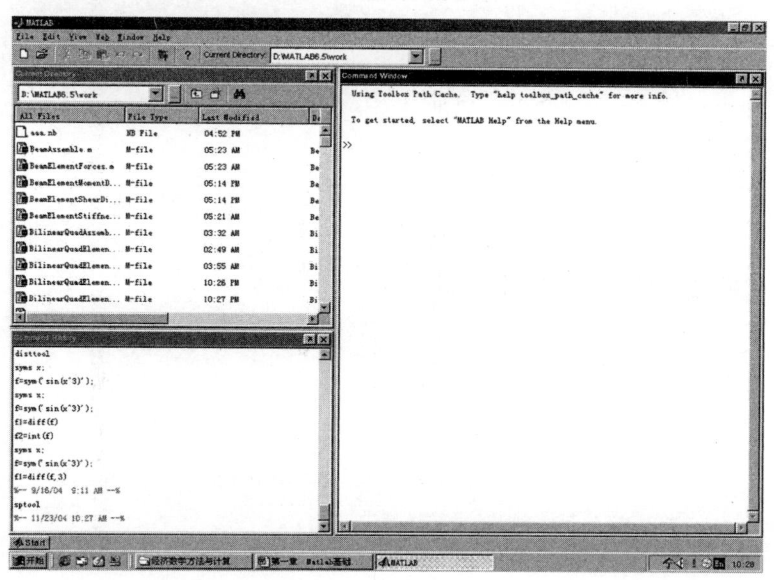

图 2-1

例如，直接输入 2＋3，按 Enter 键执行（注意，此时若需要换行，按 Shift＋Enter 键），得到结果 5（见图 2-2）。

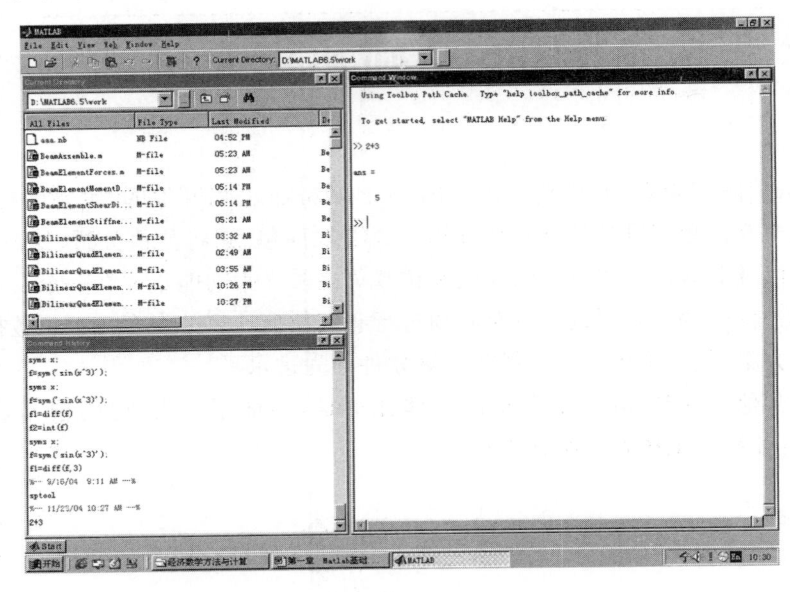

图 2-2

（2）M-文件运行方式

第一步　点击画面左上方、File 下面的白纸形状按键（见图 2-3），新建一个 M-文件（或者依次点击 File → New → M-file）。

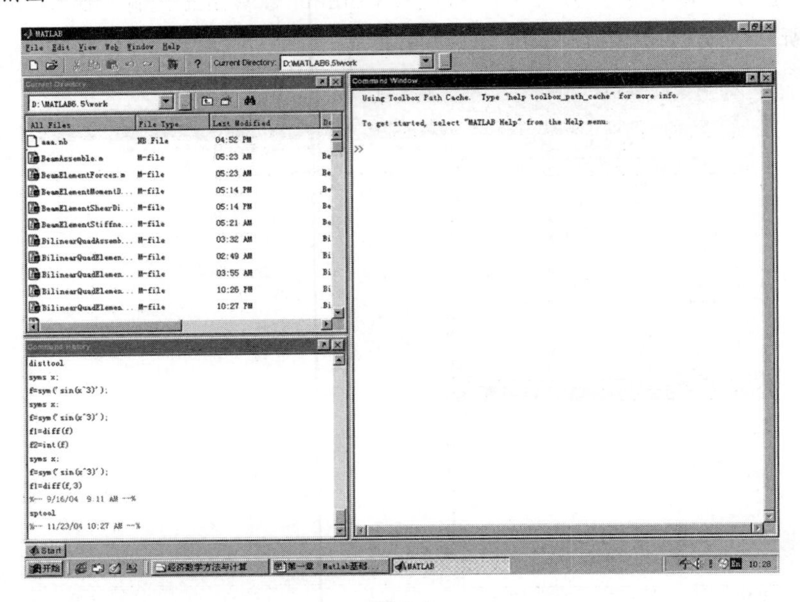

图 2-3

第二步　在这个新建的 M-文件中编辑程序，然后存盘（见图 2-4）。

注意，在 M-文件中，书写换行使用 Enter 键。另外，M-文件的名称最好用 opt 开头，这样不会和 Matlab 的内部文件相混淆。例如，命名为 opt_class_1，中间应用下划线。

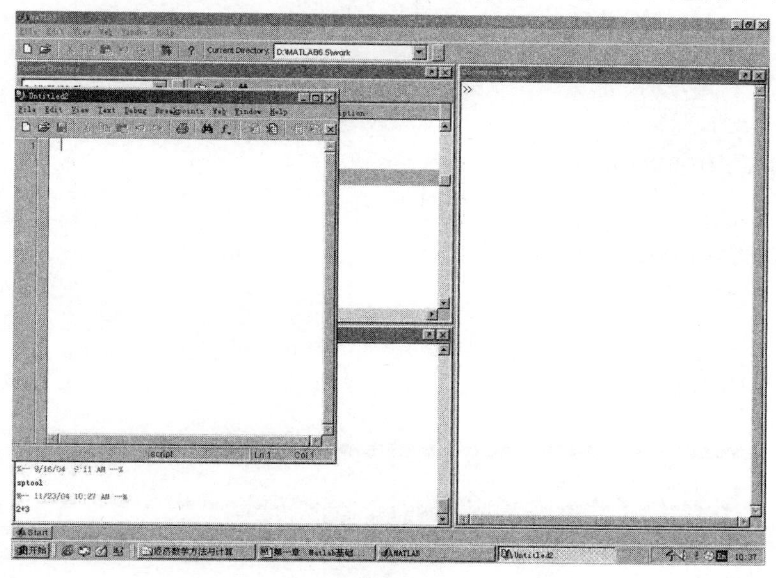

图 2-4

第三步　存盘后，按 F5 键执行，Matlab 软件包将在 Command Window 中显示计算结果。

2.2　向量与矩阵

在 Matlab 软件包中，用到向量时，最好使用列向量。

Matlab 软件包中，向量的输入必须使用方括号[　]，元素的间隔有两种格式：(1) 空格型；(2) 逗号型。例如

a = [1 2 3] 或者 a = [1,2,3]。

Matlab 软件包中，矩阵的输入也必须使用方括号[　]，行与行之间的间隔使用分号“;”或者换行。元素的间隔也有两种格式：(1) 空格型；(2) 逗号型。例如

A = [1 2 3;4 5 6;7 8 9] 或者 A = [1,2,3;4,5,6;7,8,9]

以及

```
A = [1 2 3
     4 5 6
     7 8 9]
```

都代表矩阵 $\boldsymbol{A}=\begin{pmatrix}1 & 2 & 3\\4 & 5 & 6\\7 & 8 & 9\end{pmatrix}$。

例如，在 Command Window 中输入以下程序（注意，在 Command Window 中换行，需要使用 Shift + Enter 键）：

```
a = [1 2 3
     4 5 6
     7 8 9];
b = [10 10 10;10 10 10;10 10 10];
a + b
```

按 Enter 键执行，得到结果（见图 2-5）：

```
11  12  13
14  15  16
17  18  19
```

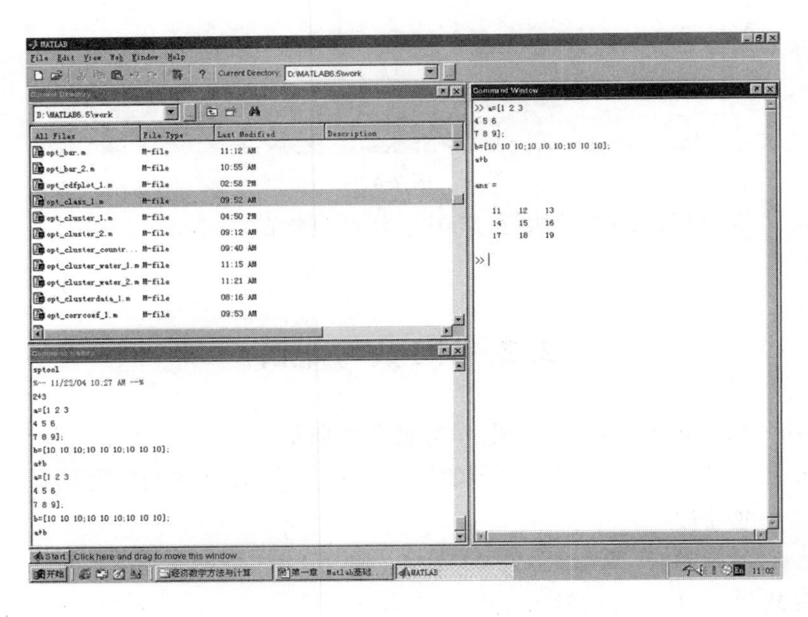

图 2-5

另外，A(i，:) 表示矩阵 **A** 的第 *i* 行；A(:，j) 表示矩阵 **A** 的第 *j* 列。Matlab 软件包中，矩阵 ***a*** 的转置，用 a'表示。

在 Matlab 软件包中输入下列程序：

```
a = [1,2,3]'
b = [7,8,9]'
A = [a,b]
B = [a;b]
```

得到结果：

```
a =
     1
     2
     3
b =
     7
     8
     9
A =
     1     7
     2     8
     3     9
B =
     1
     2
     3
     7
     8
     9
```

注意，在上述 Matlab 软件包输入的程序中，矩阵元素 a、b 之间使用“,”或“;”所得到的矩阵是不一样的。

Matlab 软件包中，矩阵的乘法分为点乘“. *”和星号乘“*”两种。点乘，即一个小数点和一个星号，表示两个矩阵对应元素相乘。星号乘就是通常的矩阵乘法。向量与此类似。

例如，(1) 点乘。

```
a = [1 2 3
     4 5 6
     7 8 9];
b = [10 10 10;10 10 10;10 10 10];
a. * b
```

执行后得到结果：

```
ans =
     10     20     30
     40     50     60
     70     80     90
```

(2) 星号乘。

```
a = [1 2 3
     4 5 6
     7 8 9];
b = [10 10 10;10 10 10;10 10 10];
a * b
```

执行后得到结果：

```
ans =
     60   60   60
    150  150  150
    240  240  240
```

在 Matlab 软件包中，矩阵的除法有两个，分别为左除"\"与右除"/"，矩阵的左除运算可以避免奇异矩阵的影响，而右除的运算速度要慢一点。两个阶数相同的矩阵才能进行除法运算。a\b，即 a 左除 b，类似于 $a^{-1} * b$，当矩阵 a 可逆时，$a\backslash b = a^{-1} * b$。而 a/b，即 a 右除 b，类似于 $a * b^{-1}$，当矩阵 b 可逆时，$a/b = a * b^{-1}$。

例如，求解矩阵方程 $\boldsymbol{aX} = \boldsymbol{b}$，其中 $\boldsymbol{a} = \begin{pmatrix} 1 & 2 & 3 \\ 4 & 5 & 6 \\ 7 & 8 & 9 \end{pmatrix}$，$\boldsymbol{b} = \begin{pmatrix} 2 & 2 & 2 \\ 2 & 2 & 2 \\ 2 & 2 & 2 \end{pmatrix}$，则

$$\boldsymbol{X} = \boldsymbol{a}\backslash\boldsymbol{b} = \begin{pmatrix} -5 & -5 & -5 \\ 8 & 8 & 8 \\ -3 & -3 & -3 \end{pmatrix}。$$

注意，虽然矩阵 $\boldsymbol{a}$ 是一个奇异矩阵，$\boldsymbol{a}^{-1}$ 不存在，但是，仍然可以利用 Matlab 软件包中矩阵的左除运算求解矩阵方程。

若要求解矩阵方程 $\boldsymbol{Xa} = \boldsymbol{b}$，其中 $\boldsymbol{a} = \begin{pmatrix} 1 & 2 & 3 \\ 4 & 5 & 6 \\ 7 & 8 & 9 \end{pmatrix}$，$\boldsymbol{b} = \begin{pmatrix} 2 & 2 & 2 \\ 2 & 2 & 2 \\ 2 & 2 & 2 \end{pmatrix}$，则

$$\boldsymbol{X} = \boldsymbol{b}/\boldsymbol{a} = \begin{pmatrix} \text{inf} & \text{inf} & \text{inf} \\ \text{inf} & \text{inf} & \text{inf} \\ \text{inf} & \text{inf} & \text{inf} \end{pmatrix},$$

其中 inf 表示解不存在。

2.3 Matlab 中的函数与图形

在 Matlab 中，函数分为内部函数和自定义函数两种，例如，sin(x)、log(x)等常见的函数是内部函数，其他的函数需要自己定义，函数的自变量都用圆括号括起来。

1. Matlab 中的常用内部函数(见表 2-1)

表 2-1

函数名	解　释
pi	圆周率 3.14159…
i	$i=\sqrt{-1}$
eps	浮点运算相关精度(Floating-point relative precision),默认值为 2^{-52}
realmin	最小的浮点数(Smallest floating-point number),2^{-1022}
realmax	最大的浮点数(Largest floating-point number),2^{1023}
Inf	无穷大
NaN	不是任何数字(Not-a-number)
abs(x)	绝对值函数
sin(x)	正弦函数
cos(x)	余弦函数
sqrt(x)	开平方函数$\sqrt{x}$
exp(x)	指数函数 e^x
gamma(x)	伽马函数 $\text{gamma}(x)=\int_0^\infty t^{x-1}e^{-t}dt$
sinh(x)	正弦双曲函数
cosh(x)	余弦双曲函数
zeros	取零函数
ones	取 1 函数
rand(m,n)	构造一个 $m\times n$ 矩阵,元素取自[0,1]上的一致分布
randn(m,n)	构造一个 $m\times n$ 矩阵,元素取自期望为 0、方差为 1 的正态分布
floor(x)	小于等于 x 的最大整数
round(x)	离 x 最近的整数
ceil(x)	大于等于 x 的最小整数
fix(x)	在原点方向离 x 最近的整数
factor(n)	将整数 n 分解为素数的乘积
isprime(n)	判别整数 n 是否是素数。是,结果为 1;不是,结果为 0
primes(n)	列出小于等于整数 n 的全体素数
gcd	最大公因子
lcm	最小公倍数
rat(r,a)	有理逼近函数。在允许误差为 a 的前提下,将实数 r 化为分数

续表

函数名	解　释
rats(X,len)	对 X 的每个元素进行有理逼近，然后输出，每个输出长度为 len
perms(1:n)	$[1,n]$ 的全体排列
randperm(n)	随机取一个$[1,n]$ 的排列
nchoosek(n,k)	组合数 C_n^k
factorial(n)	$n!$
load	调用以 text 格式存盘的数据

其他相关问题：

(1) 在 Matlab 软件包中查询内部函数。

例如，需要查询 gamma 函数，在 Matlab 软件包中输入以下命令：

```
help gamma
```

执行后得到解释：

```
gamma(x) = integral from 0 to inf of t^(x-1) exp(-t) dt.
```

即

$$\mathrm{gamma}(x)=\int_0^{\infty} t^{x-1}\mathrm{e}^{-t}\mathrm{d}t。$$

(2) 构造一个 2×4 的零矩阵。

输入命令：

```
Z = zeros(2,4)
```

执行后得到结果：

```
Z =
     0     0     0     0
     0     0     0     0
```

(3) 构造一个 3×3 的元素全部是 5 的矩阵。

输入命令：

```
F = 5 * ones(3,3)
```

执行后得到结果：

```
F =
     5     5     5
     5     5     5
     5     5     5
```

(4) 在[1,10]之间随机地取 10 个数。

输入命令：

```
N = fix(10 * rand(1,10))
```

执行后得到结果：

```
N =
    4    9    4    4    8    5    2    6    8    0
```

其中，fix 表示取整函数，即

$$\text{fix}(x) = \begin{cases} \text{floor}(x), x \geqslant 0, \\ \text{ceil}(x), x < 0, \end{cases}$$

其中，floor(x)表示不超过 x 的最大整数，ceil(x)表示不小于 x 的最小整数。

(5) 随机地构造一个 4×4 矩阵。

输入命令：

```
R = randn(4,4)
```

执行后得到结果：

```
R =
     1.0668    0.2944   -0.6918   -1.4410
     0.0593   -1.3362    0.8580    0.5711
    -0.0956    0.7143    1.2540   -0.3999
    -0.8323    1.6236   -1.5937    0.6900
```

(6) 调用外部数据。

例如，在 Matlab 6.5 文件夹中的 work 子文件夹中，创建一个名称为 aaa. txt 的 text 文本数据文件：

```
16.0   3.0   2.0  13.0
 5.0  10.0  11.0   8.0
 9.0   6.0   7.0  12.0
 4.0  15.0  14.0   1.0
```

先存盘，然后调用数据，有四种方法：

方法一 第一步 执行下列程序：

```
load aaa.txt
```

第二步 输入：

```
mean(aaa)
```

执行后得到数据 aaa 各列的平均值：

```
ans =
     8.5000    8.5000    8.5000    8.5000
```

方法二 写一个 M-文件：

```
a = load('aaa.txt')
b = 2 * ones(4,4)
a + b
```

执行后得到结果：

```
a =
    16     3     2    13
     5    10    11     8
     9     6     7    12
     4    15    14     1
b =
     2     2     2     2
     2     2     2     2
     2     2     2     2
     2     2     2     2
ans =
    18     5     4    15
     7    12    13    10
    11     8     9    14
     6    17    16     3
```

方法三　使用 Import Data 注入数据。

例如，在我的文件夹中有一个名称为 zdf 的 Excel 数据文件，要输入这个数据文件，在 Matlab 7.0 主窗口依次点击 File→Import Data，然后打开我的文件夹中 zdf 文件，出现下列画面(见图 2-6)：

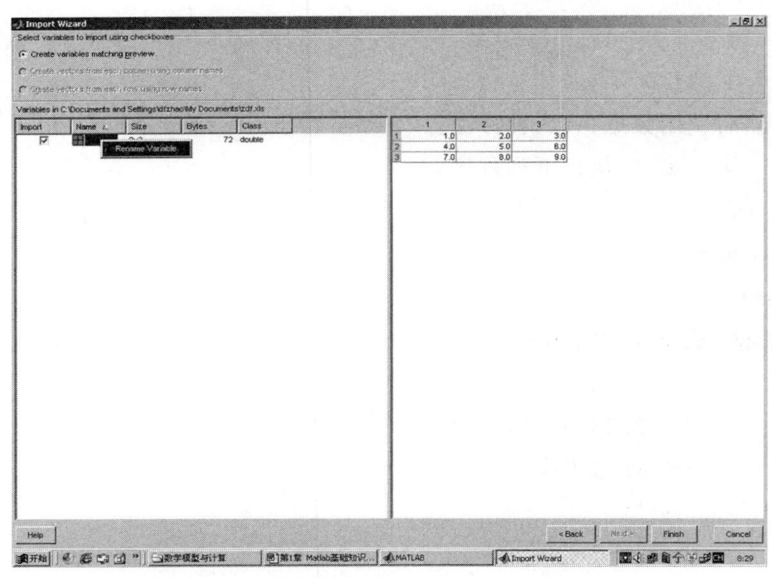

图 2-6

光标指向图 2-6 所示的文件名，按右键，将文件名更改为 zdf，再点击其中的 Finish 按钮即可。在 Matlab 主窗口中输入 zdf，按回车键执行，就可得到名称为 zdf 的数据。只要不关闭 Matlab，这个数据文件会一直存在；如果关闭了 Matlab，还想调用这个名为 zdf 的 Excel 文件，就要重新操作。

方法四　第一步　将数据保存为 Excel 文件，取名为 data. xls，如图 2-7 为 Excel 中数据保存情况的截图。

	A	B	C
1	1	2	3
2	4	5	6

图 2-7

第二步　将 Excel 数据文件 data. xls 复制到 Matlab 软件包中(见图 2-8)。

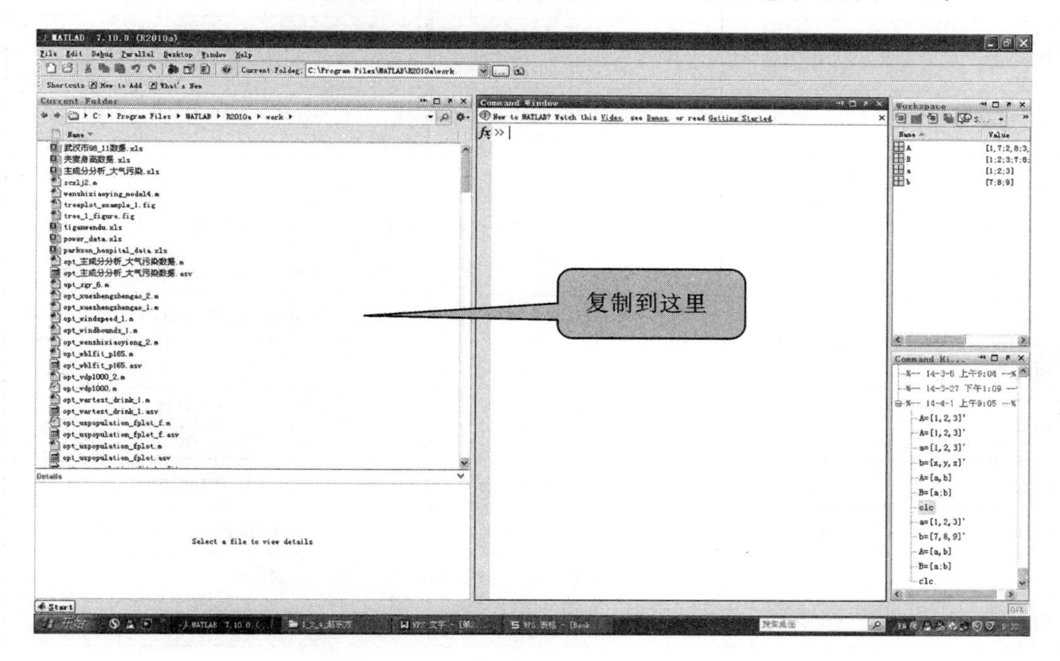

图 2-8

第三步　调用数据：

A = xlsread('data')

得到结果：

```
A =

     1     2     3

     4     5     6
```

(7) Matlab 软件包中的坐标转换函数(见表 2-2)。

表 2-2

cart2sph	将直角坐标转化为球面坐标
cart2pol	将直角坐标转化为极坐标
pol2cart	将极坐标转化为直角坐标
sph2cart	将球面坐标转化为直角坐标

(8) Matlab 软件包中的其他函数(见表 2-3)。

表 2-3

airy	Airy 函数
besselj	第一类 Bessel 函数
bessely	第二类 Bessel 函数
besselh	第三类 Bessel 函数(Hankel 函数)
besseli	修正的第一类 Bessel 函数(Modified Bessel function of the first kind)
besselk	修正的第二类 Bessel 函数(Modified Bessel function of the second kind)
beta	Beta 函数
betainc	不完全 Beta 函数(Incomplete beta function)
betaln	对数 Beta 函数(Logarithm of beta function)
ellipj	Jacobi 椭圆函数(Jacobi elliptic functions)
ellipke	完全椭圆积分
erf	误差函数(Error function),$\mathrm{erf}(x)=\frac{2}{\sqrt{\pi}}\int_0^x e^{-t^2}\,dt$
erfc	补误差函数(Complementary error function)
erfcx	均等补误差函数(Scaled complementary error function)
erfinv	反误差函数(Inverse error function)
expint	指数积分函数(Exponential integral function)
gamma	Gamma 函数
gammainc	不完全 Gamma 函数
gammaln	对数 Gamma 函数(Logarithm of gamma function)
psi	Polygamma 函数
legendre	Legendre 函数
cross	向量的叉积
dot	向量点积(内积)

例 1　作图。

(1) 二维内部函数图像

内部函数作图,使用函数作图命令 fplot,或者符号函数作图命令 ezplot。例如,在区间(0,2 * pi)内,画函数 sin(x) + cos(x) 的图像。程序如下:

```
fplot('sin(x) + cos(x)',[0,2 * pi])
```

或者

```
ezplot('sin(x) + cos(x)',[0,2 * pi])
```

执行后得到图像(见图 2-9):

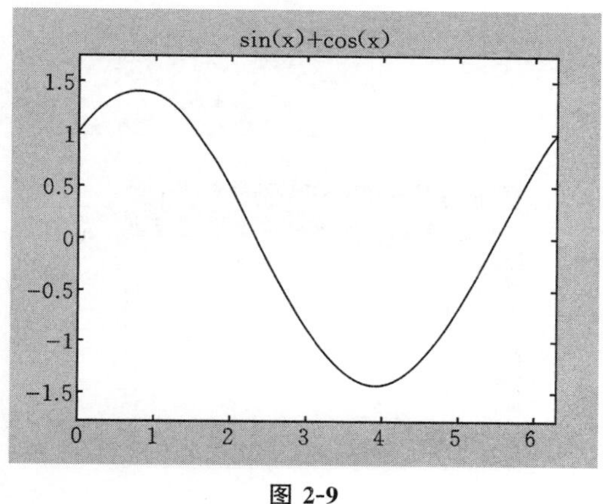

图 2-9

(2) 三维函数图像

① 在 Matlab 6.5 版本中,使用 plot 3 命令作图。

例如,写一个 M-文件:

```
[x,y] = meshgrid([-2:0.01:2]);
z = x. * exp(- x. ^ 2 - y. ^ 2);
plot3(x,y,z)
grid on
```

执行后得到图像(见图 2-10):

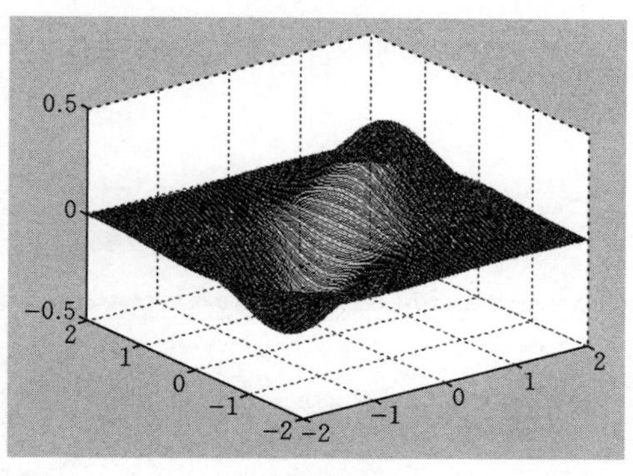

图 2-10

② 在 Matlab 7.0 版本中,使用作图工具箱 plottools。

Matlab 7.0 新增了一个作图工具箱 plottools,非常实用。

(a) 利用作图工具箱 plottools 画二维函数图形。

例 2 在区间[−1,1]中,x 变量每隔 0.1 取值,画函数 $y=x^3$ 的图像。

我们在 Matlab 7.0 中写一个 M-文件如下:

```
x =-1:.1:1;% Define the range of x
y = x.^3;% Raise each element in x to the third power

plottools
```

见图 2-11:

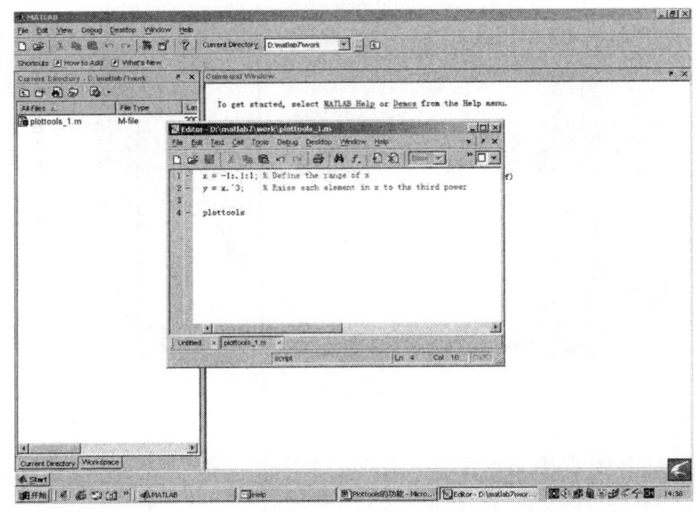

图 2-11

取名为 opt_plottools_1,存盘后按 F5 键执行,得到图 2-12 所示画面:

图 2-12

点击左上方 2D Axes，得到二维坐标画面(见图 2-13)：

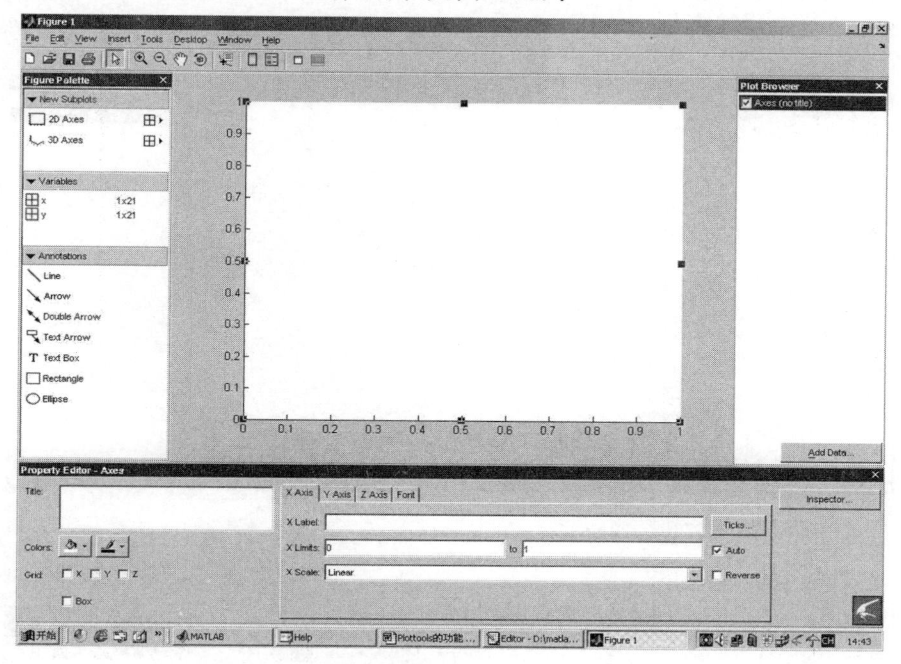

图 2-13

光标指向左边第二格中的字母 y，点击右键，出现画面(见图 2-14)：

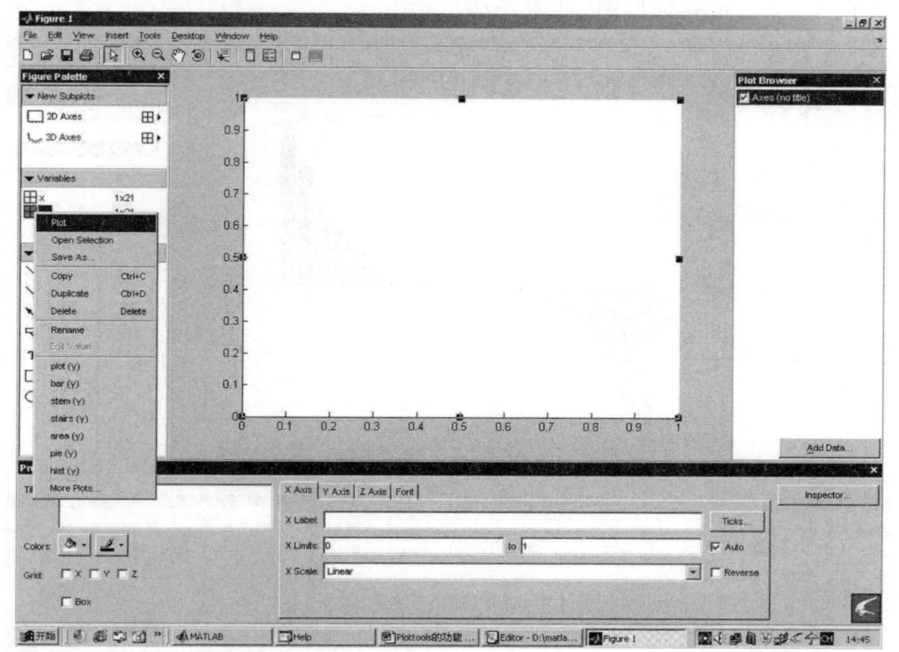

图 2-14

我们可以选择以下 6 种基本图形中的一种作图：

① 选择 Plot(y)得到普通函数图形(见图 2-15)：

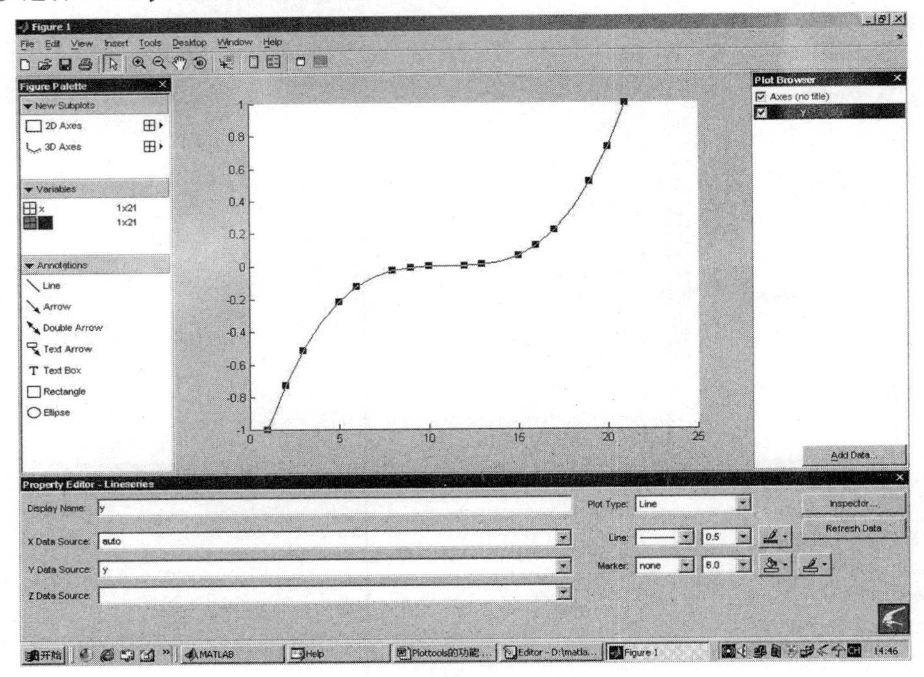

图 2-15

② 选择 bar(y),得到柱形图(见图 2-16)：

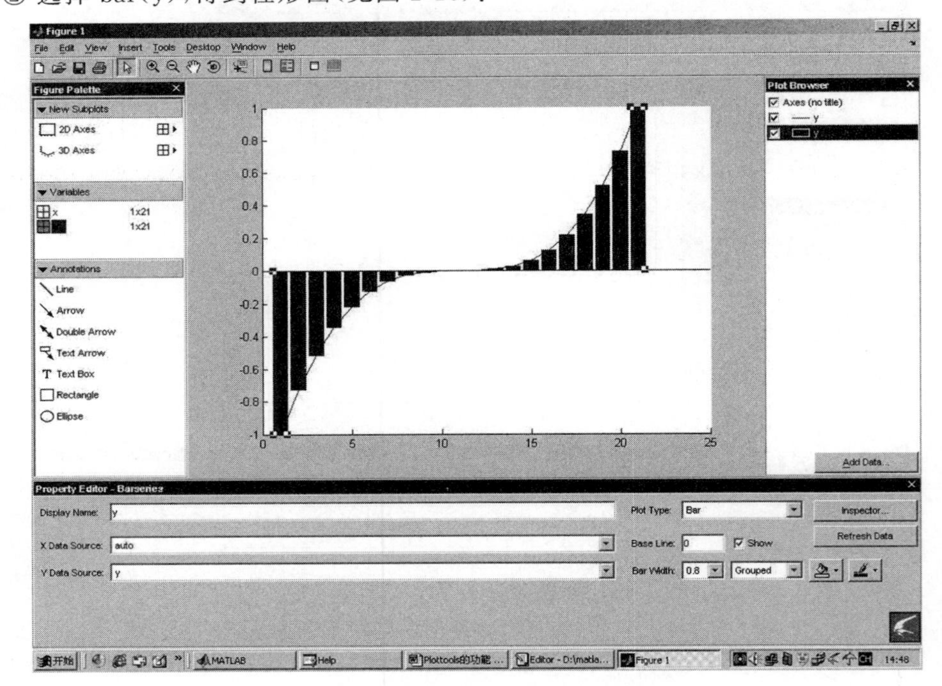

图 2-16

③ 选择 stem(y),得到“树干”图(见图 2-17):

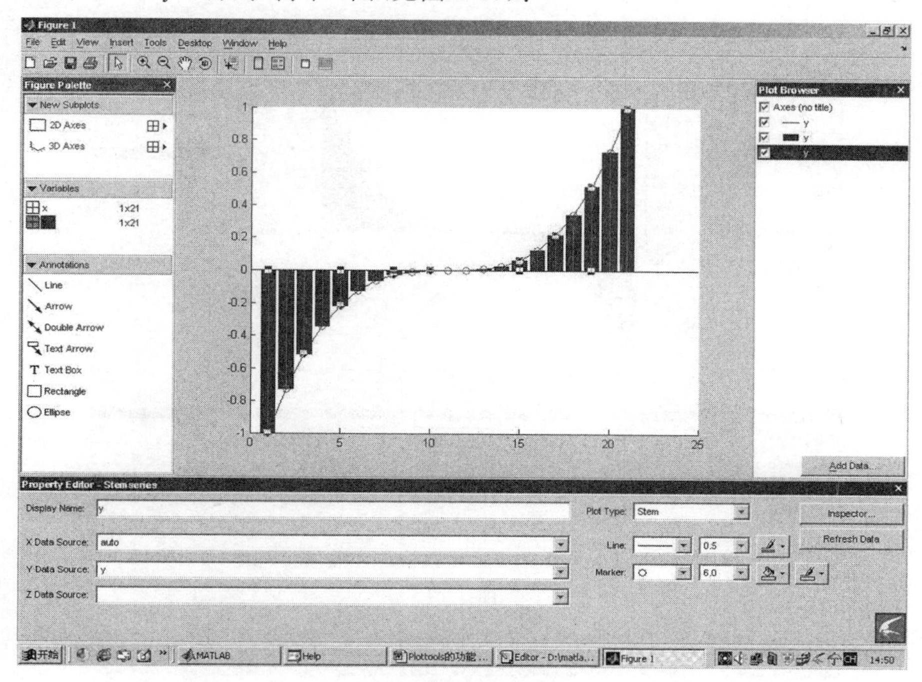

图 2-17

④ 选择 stairs(y),得到阶梯图(见图 2-18):

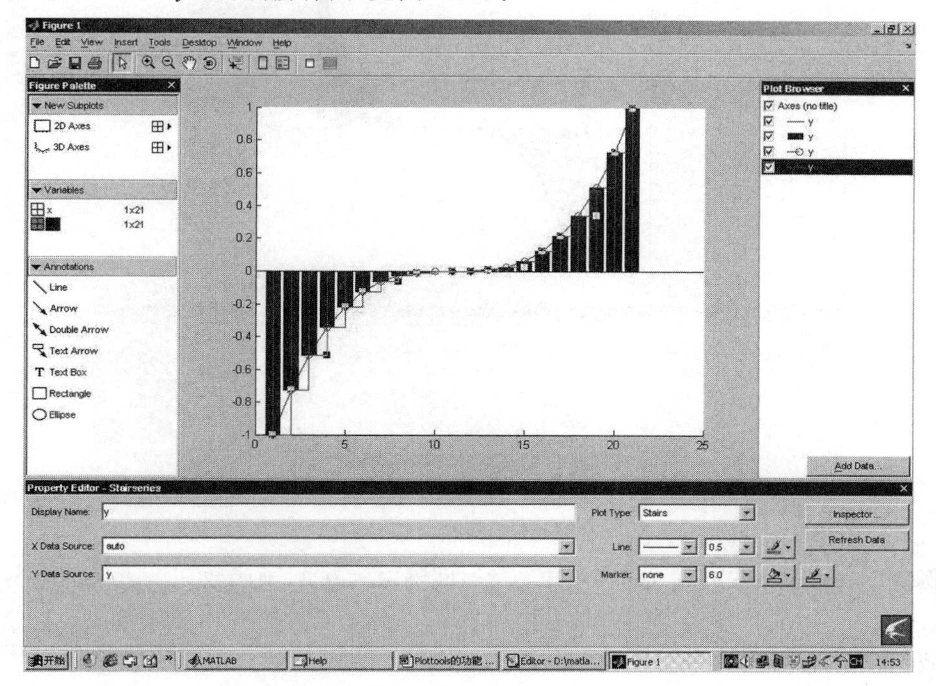

图 2-18

⑤ 选择 area(y)，得到区域图(见图 2-19)：

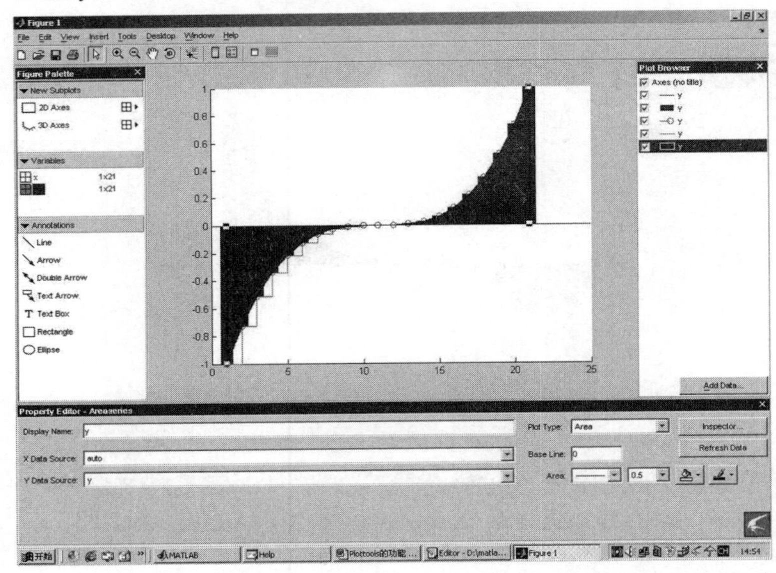

图 2-19

⑥ 选择 pie(y)，得到左边具有对应百分比的饼图(见图 2-20)：

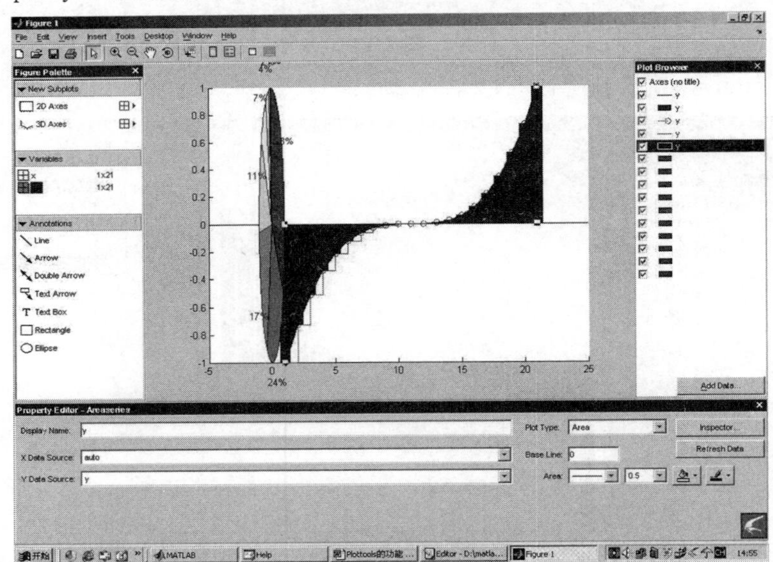

图 2-20

(b) 利用作图工具箱 plottools 画三维图形。

例 3　在区间 $0 \leqslant x \leqslant 2\pi, 0 \leqslant y \leqslant 2\pi$，间隔取为 0.1，画函数 $z = \sin(x + \cos y)$ 的图形。

我们在 Matlab 7.0 中写一个 M-文件如下：

```
x = 0:.1:2 * pi; % Define the range of x
```

```
y = 0:0.1:2 * pi;% Define the range of y
z = sin(x + cos(y));

plottools
```

取名为 opt_plottools_2，存盘后按 F5 键执行，得到图 2-21 所示画面：

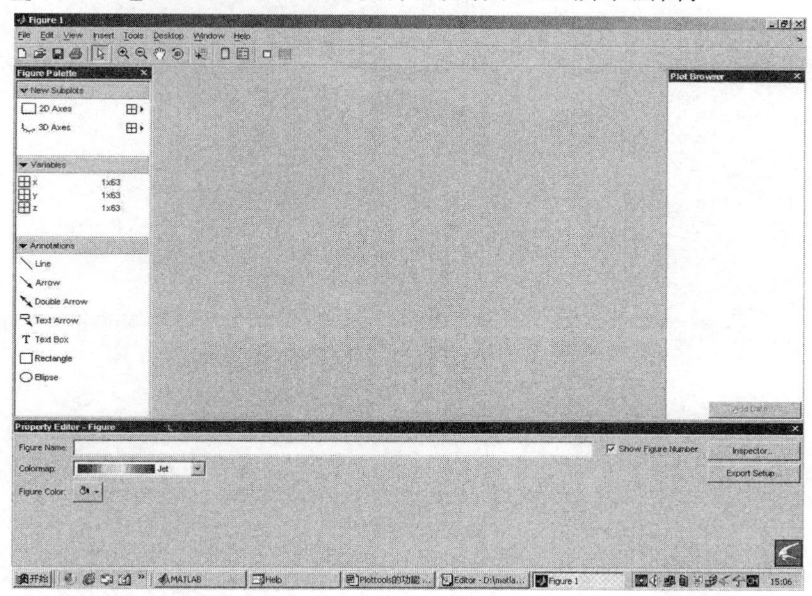

图 2-21

点击左上角 3D Axes，得到画面(见图 2-22)：

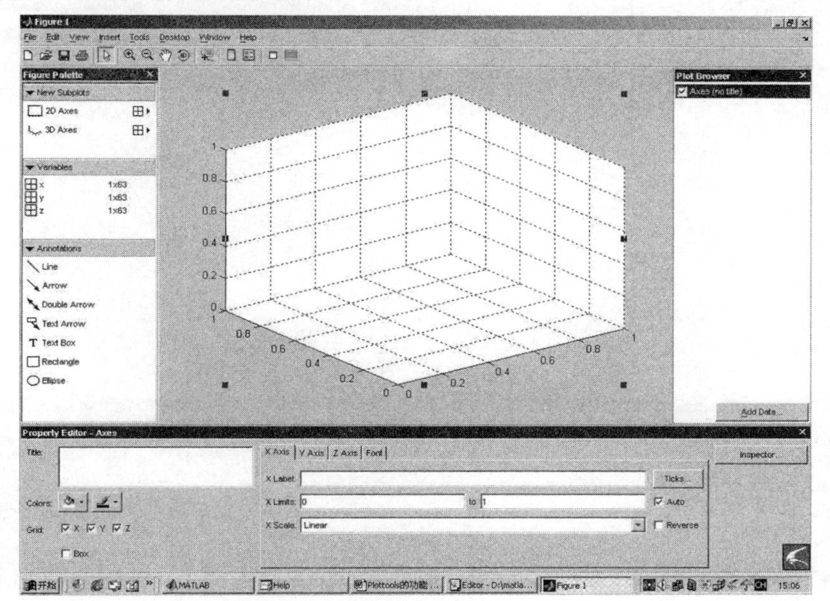

图 2-22

光标指向字母 z,点击右键(见图 2-23):

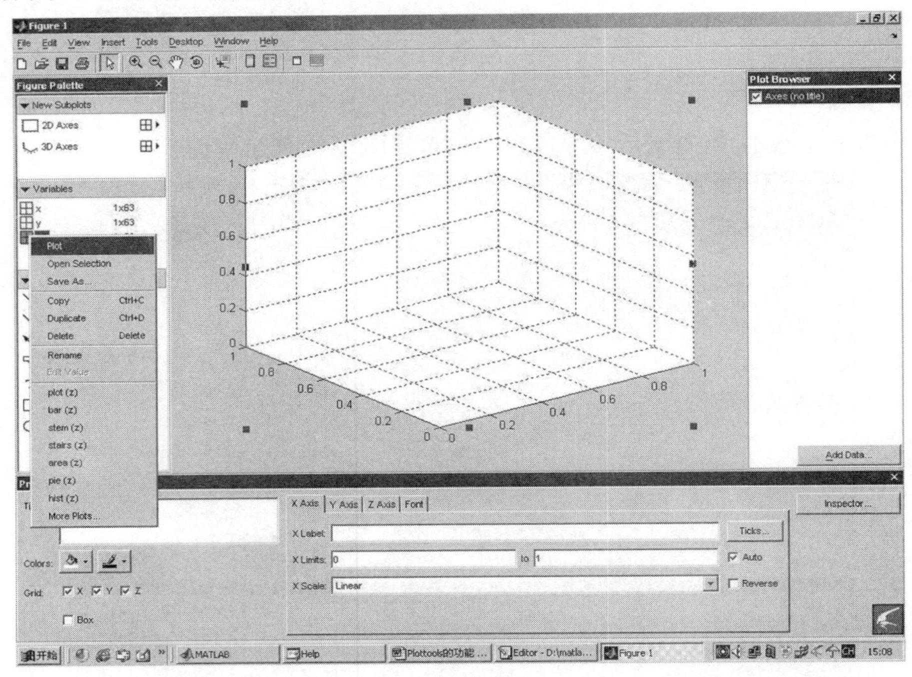

图 2-23

① 选择 Plot(z),得到基本的函数图形(见图 2-24):

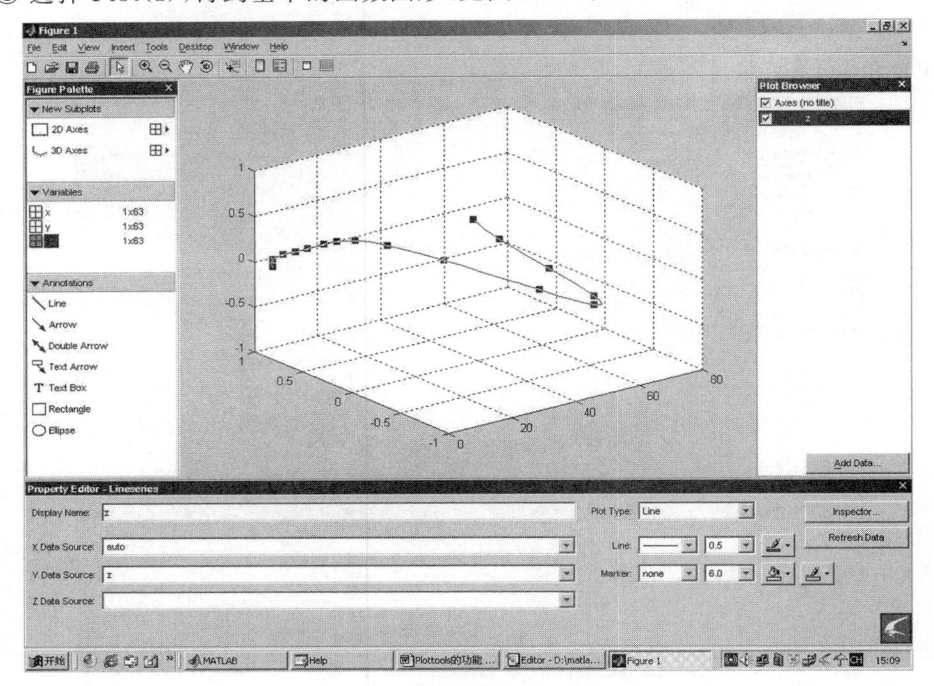

图 2-24

② 选择 bar(z)，得到基本的函数图形(见图 2-25)：

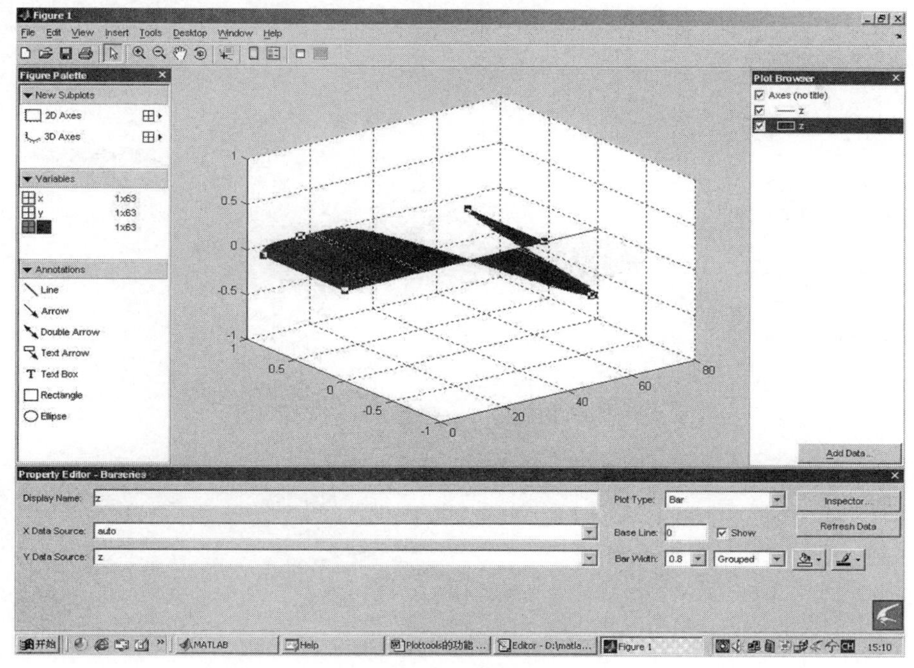

图 2-25

③ 选择 stem(z)，得到"树干"图(见图 2-26)：

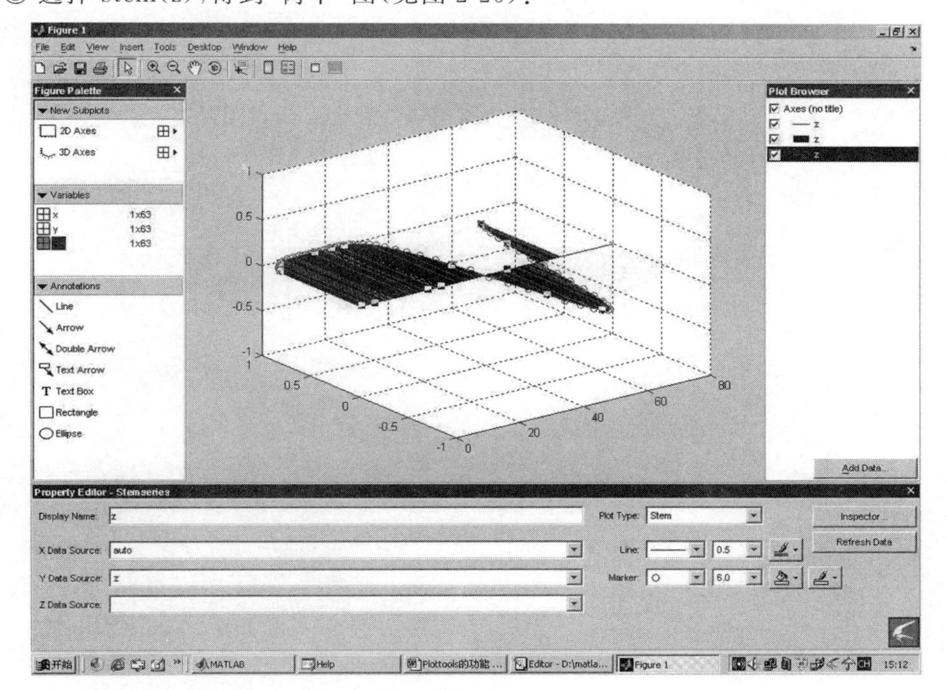

图 2-26

④ 选择 stais(z)，得到阶梯图(见图 2-27)：

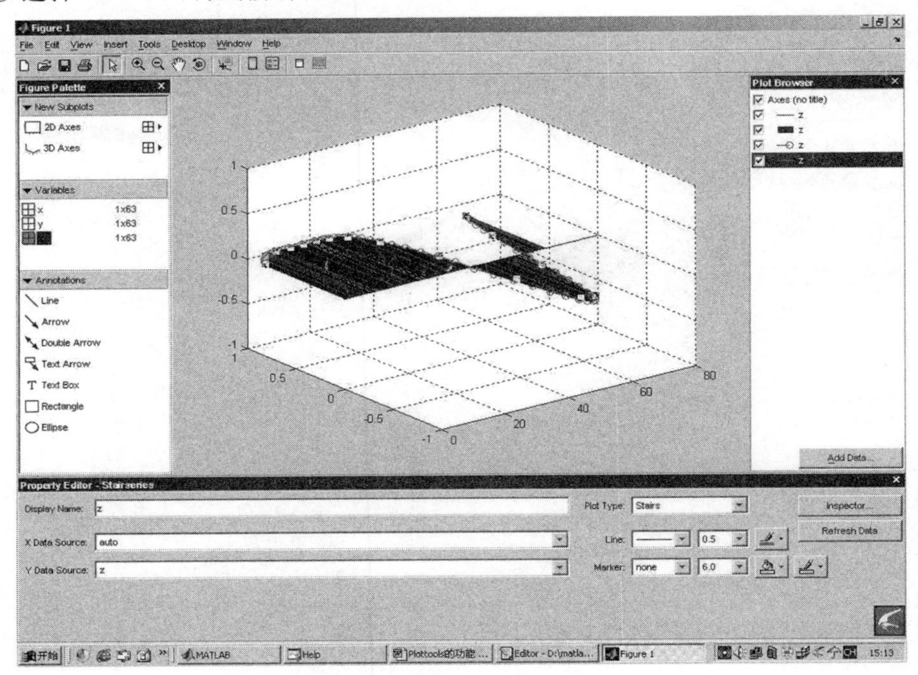

图 2-27

⑤ 选择 area(z)，得到区域图(见图 2-28)：

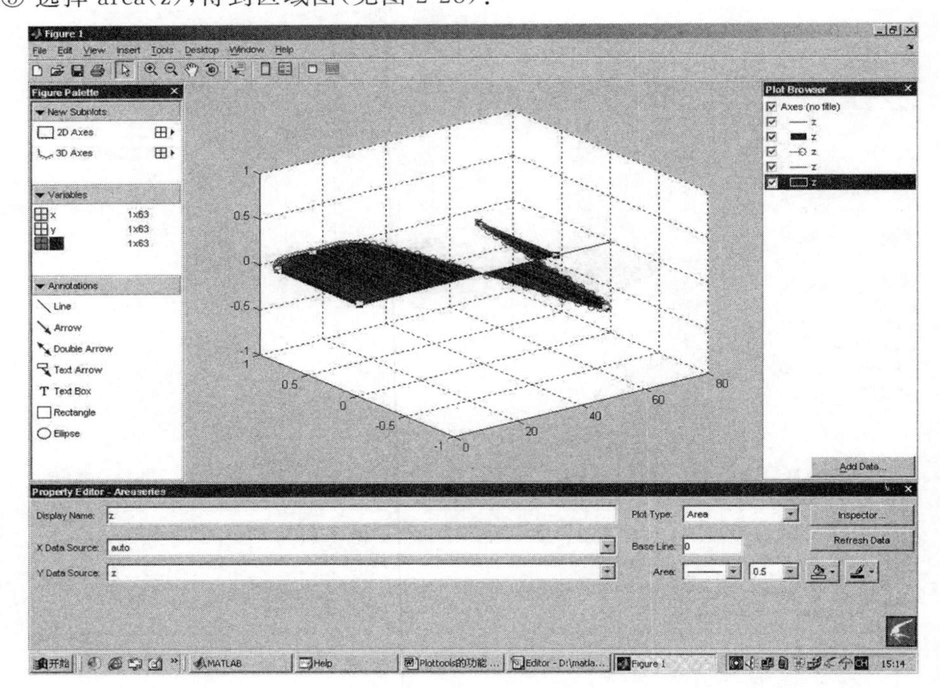

图 2-28

⑥ 选择 Pie(z)，得到图 2-29 所示图形：

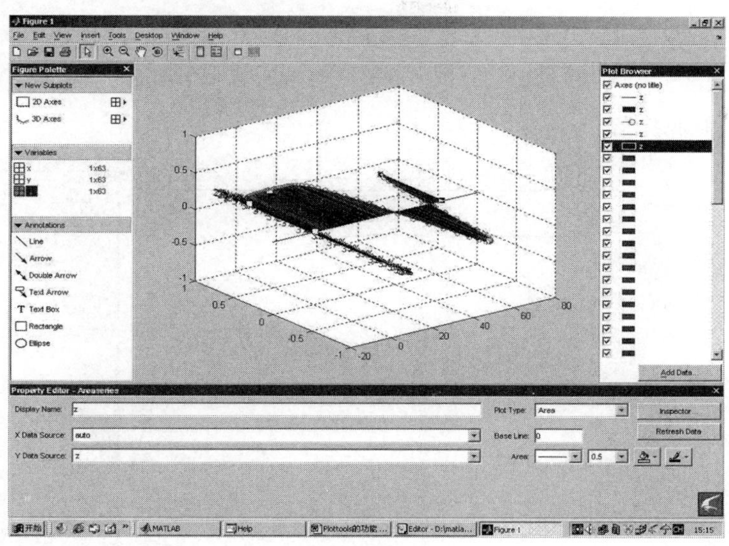

图 2-29

2. 自定义函数

在 Matlab 软件包中自定义函数，可以直接写表达式(函数表达式需要写在单引号内)，也可以使用 inline 和 function 函数来定义。

(1) 直接写表达式、使用命令 inline 定义一个函数

例 4　在区间[0,20]内，作函数 $1+3x^3-5x^7$ 的图像。

① 直接定义函数，程序如下：

```
fplot('1 + 3 * x^3 - 5 * x^7',[0,20])
```

或者

```
ezplot('1 + 3 * x^3 - 5 * x^7',[0,20])
```

执行后得到图像(见图 2-30)：

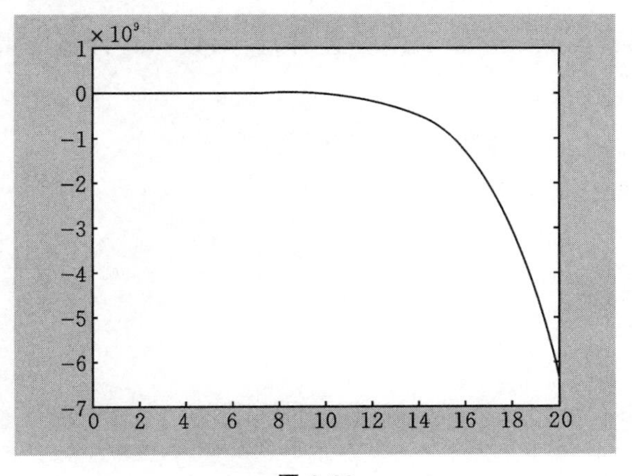

图 2-30

② 使用 inline 命令定义一元函数,程序如下:

```
f = inline('1 + 3 * x^3 - 5 * x^7');
fplot(f,[0,20])
```

执行后得到图像(见图 2-31):

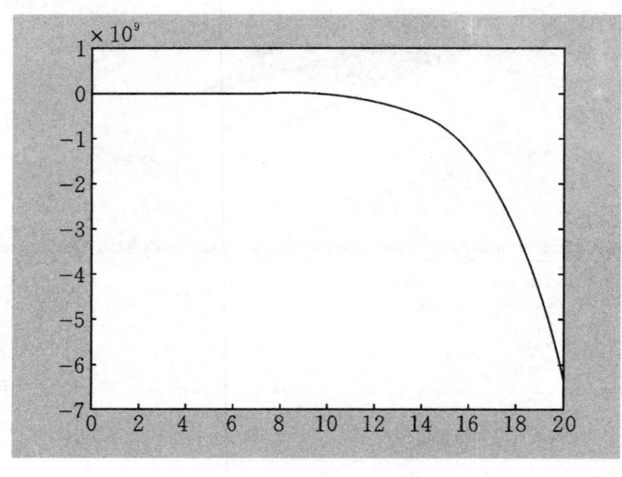

图 2-31

(2) 在 M-文件中使用 function 函数自定义函数

例如,下面的程序定义了一个叫做 opt_stat 的函数:

第一步　写一个名为 opt_stat 的 M-文件,存盘。

```
function[mean,stdev] = stat(x)
%STAT Interesting statistics.
n = length(x);
mean = sum(x)/n;
stdev = sqrt(sum((x - mean).^2)/n);
```

其中,"%STAT Interesting statistics."是注释行,函数 stat 计算向量 $\boldsymbol{x}$ 的平均值(mean)和标准差(stdev)。

第二步　调用 opt_stat 函数。

```
x = [1.1,2.1,3.1,4.1,5.1];
opt_stat(x)
```

执行后得到结果:

```
n =
    5
mean =
        3.1000
```

```
stdev =
        1.4142
ans =
      3.1000
```

(3) 自定义一元函数

在 Matlab 中写一个名为 opt_d2_1 的 M-文件：

```
function h = f(x)    % 定义 h 为一个一元函数
h = sin(x);          % 定义 h 的具体表达式
                     % 不写分号，将输出 h 的值
```

现在，自定义的函数名就是文件名：opt_d2_1。在 Matlab 的 Command Window 中输入命令：

```
ezplot(@opt_d2_1,[0,2 * pi])
```

程序执行后就得到图形(见图 2-32)：

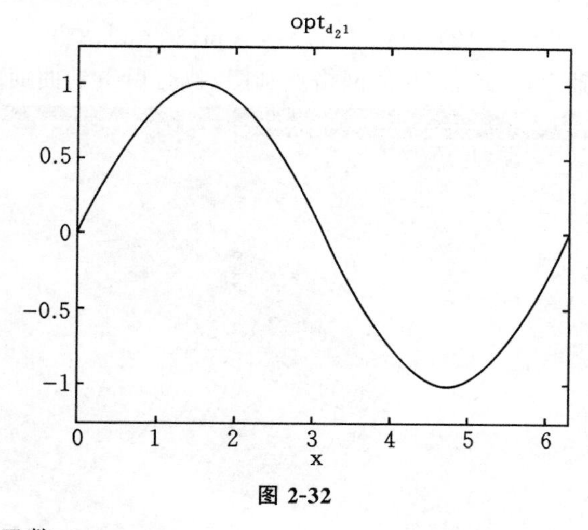

图 2-32

(4) 自定义二元函数

在 Matlab 中写一个名为 opt_d3_1 的 M-文件：

```
function z = f(x,y)    % 定义 z 为一个二元函数
z = sin(x + cos(y));   % 定义 z 的具体表达式
                       % 不写分号，将输出 z 的值
```

现在，自定义的函数名就是文件名：opt_d3_1。在 Matlab 的 Command Window 中输入命令：

```
ezsurfc(@opt_d3_1,[0,2 * pi,0,2 * pi])
```

程序执行后就得到图形(见图 2-33)：

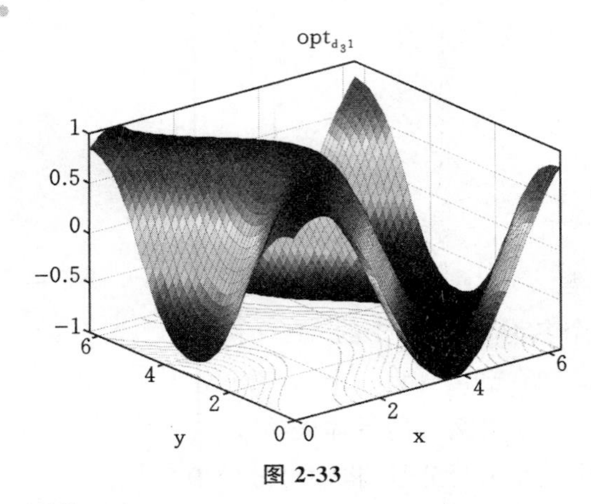

图 2-33

例 5 画三维曲面图像。

利用 ezsurfc 函数，在区间 $-5<x<5$，$-2\pi<y<2\pi$ 上画曲面 $f=\dfrac{y}{1+x^2+y^2}$ 的图形。

写一个 M-文件：

```
ezsurfc('y/(1 + x^2 + y^2)',[- 5,5, - 2 * pi,2 * pi],35)
```

其中，35 表示在坐标轴上取 35×35 的网格点画图。执行后得到曲面图形(见图 2-34)：

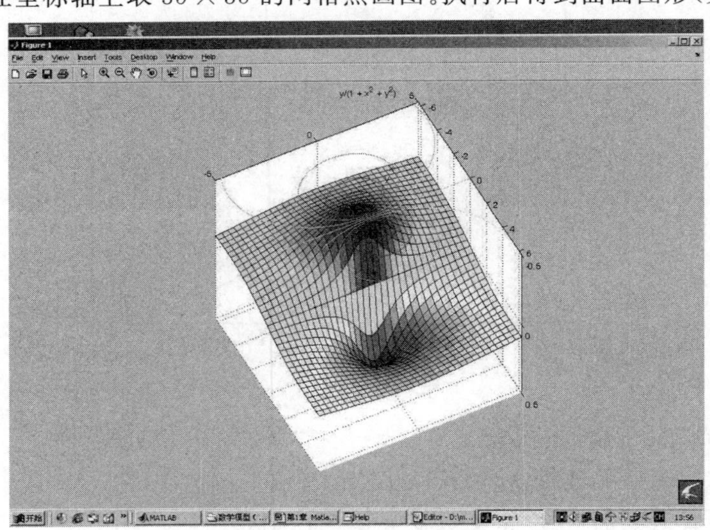

图 2-34

在图形画面中依次选择：View → Camera Toolbar，我们可以得到从不同角度观察图形的工具，建议读者自己上机实验。

例 6 数据点图。

在 Matlab 软件包中输入下列程序：

```
x = 0:0.1:1;
y = [1.1,0.9,0.9, - 0.7,1.2,1.3,0.89,0.7,1.2, - 0.9,1.1];
```

```
plot(x,y,'*')
```

即 x 在[0,1] 区间中，每隔 0.1 取一个点，对应 11 个 y 值作图。执行后得到数据点的图形（见图 2-35）：

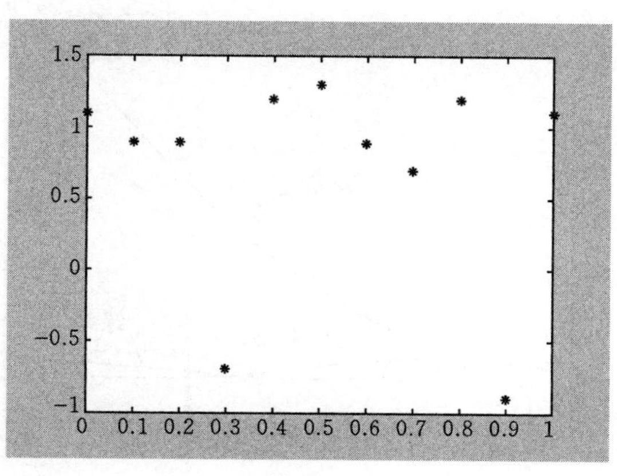

图 2-35

例 7 在 Matlab 软件包中画多个函数的图形。

在 Matlab 软件包中将多个函数图像画在一起，可以使用 fplot 命令。

① 多个函数的图形画在一起

第一步 写一个 M-文件 opt_fplot_1，必须存放在 Matlab 文件夹的 work 文件夹中。

```
function y = f(x)
y(:,1) = sin(x(:));
y(:,2) = cos(x(:));
y(:,3) = (x(:)).^2;
```

即定义了一个矩阵函数 **y**，其第一列是 $\sin(x)$，第二列是 $\cos(x)$，第三列是 x^2。x(:) 定义了自变量 x 是一个向量。

第二步 写另外一个 M-文件 opt_fplot_2，调用刚刚存盘的 opt_fplot_1。

```
fplot(@opt_fplot_1,[0,2*pi])
```

存盘，按 F5 键执行，得到图 2-36 如下：

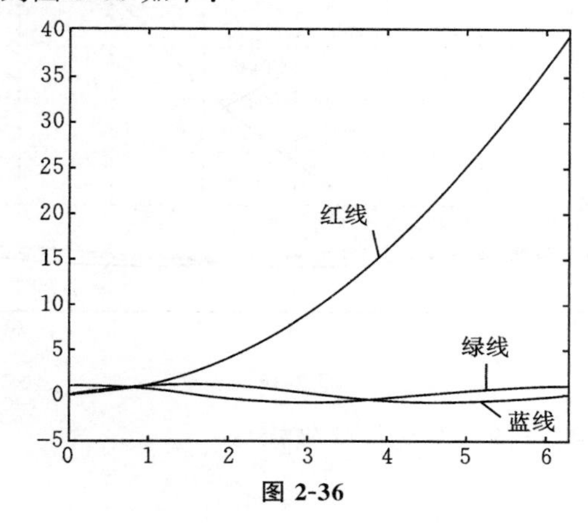

图 2-36

如果需要图形与函数对应，可以在图形界面依次点击 Insert → Legend，得到图 2-37：

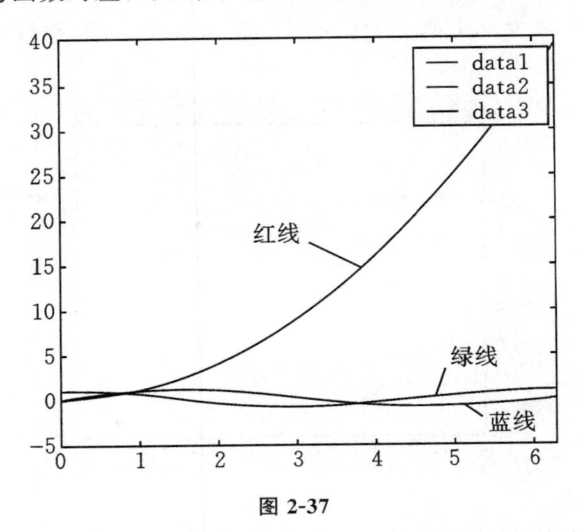

图 2-37

图 2-37 中，蓝色曲线对应 data1，即蓝色曲线是第一个函数 sin(x)；绿色曲线对应 data2，即绿色曲线是第二个函数 cos(x)；红色曲线对应 data3，即红色曲线是第三个函数 x^2。

② 在图形中增加格子线

在第二个 M-文件 opt_fplot_2 中增加一条命令即可：

```
fplot(@opt_fplot_1,[0,2 * pi])
grid on
```

执行后得到图 2-38：

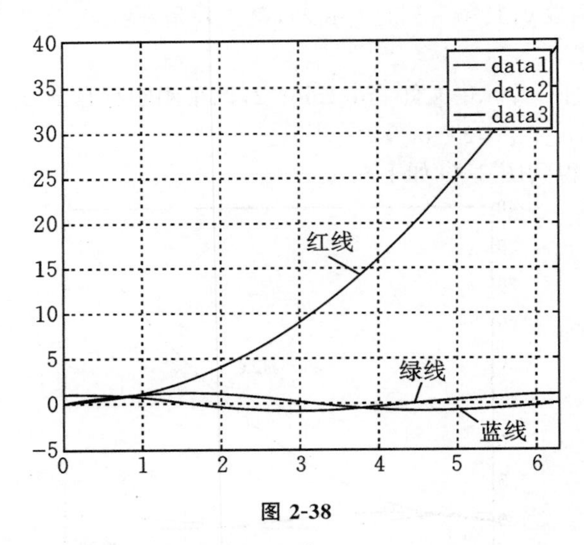

图 2-38

③ 在图形中标记曲线与格子线交点的坐标

在图 2-39 界面：

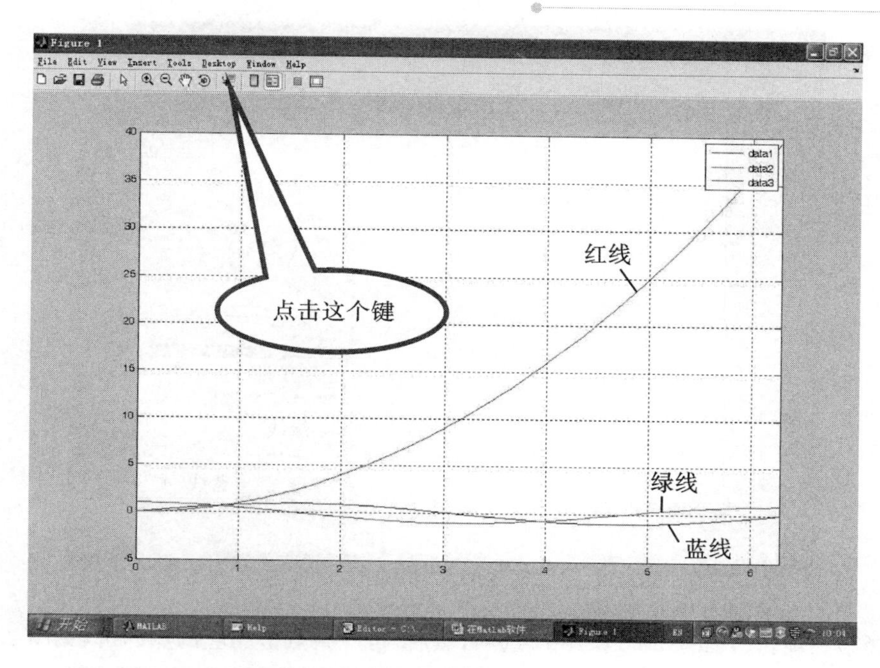

图 2-39

然后点击图形中需要坐标的点见图 2-40。

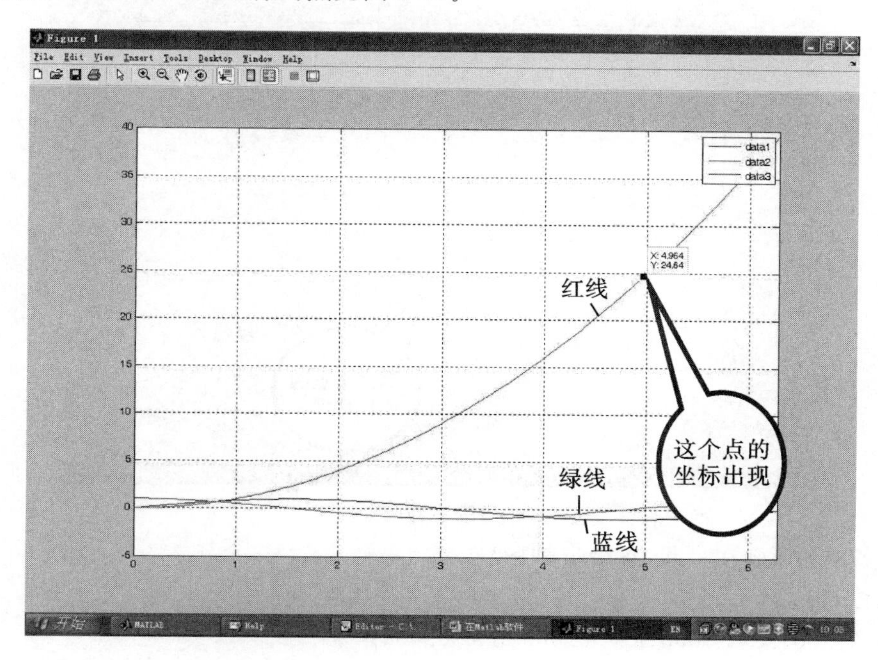

图 2-40

如果还需要其他点的坐标，按住 Ctrl 键，点击需要坐标的点，画面如下(见图 2-41)：

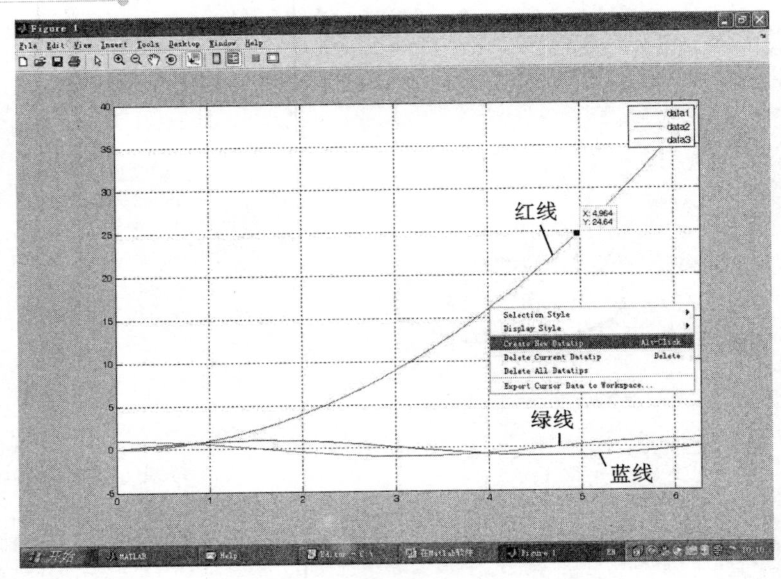

图 2-41

选择第三项:"Creat New Datatip"选项,然后,再一次点击相应的点即可(见图 2-42)。

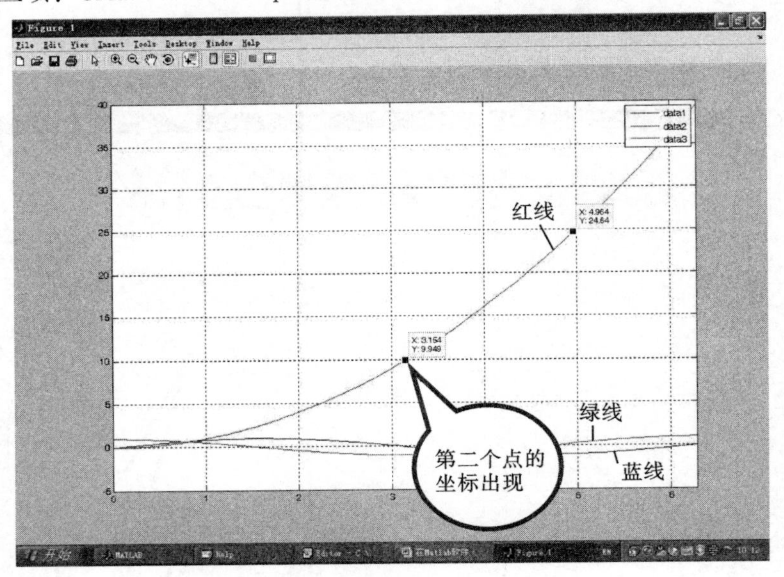

图 2-42

④ 多个图形画在一起,且给 y 轴标号

```
%yLabel
t = 0:900;A = 1000;a = 0.005;b = 0.005;
z1 = A * exp(-a * t);
z2 = sin(b * t);
[haxes,hline1,hline2] = plotyy(t,z1,t,z2,'semilogy','plot');
```

```
axes(haxes(1))
ylabel('Semilog Plot')
axes(haxes(2))
ylabel('Linear Plot')
```

执行程序得到图 2-43 所示图形：

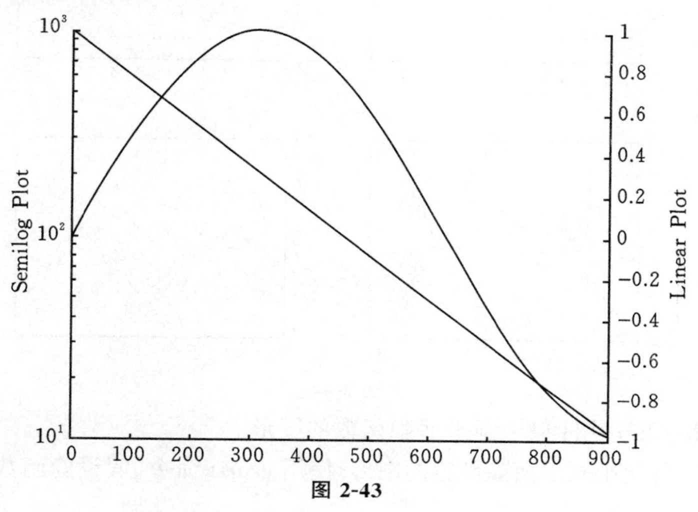

图 2-43

另一个例子

```
%another
t = 0:pi/20:2 * pi;
[x,y] = meshgrid(t);
subplot(2,2,1)
plot(sin(t),cos(t))
axis equal
subplot(2,2,2)
z = sin(x) + cos(y);
plot(t,z)
axis([0 2 * pi -2 2])
subplot(2,2,3)
z = sin(x). * cos(y);
plot(t,z)
axis([0 2 * pi -1 1])
subplot(2,2,4)
z = (sin(x). ^2) - (cos(y). ^2);
plot(t,z)
axis([0 2 * pi -1 1])
```

执行程序得到图形(见图 2-44)：

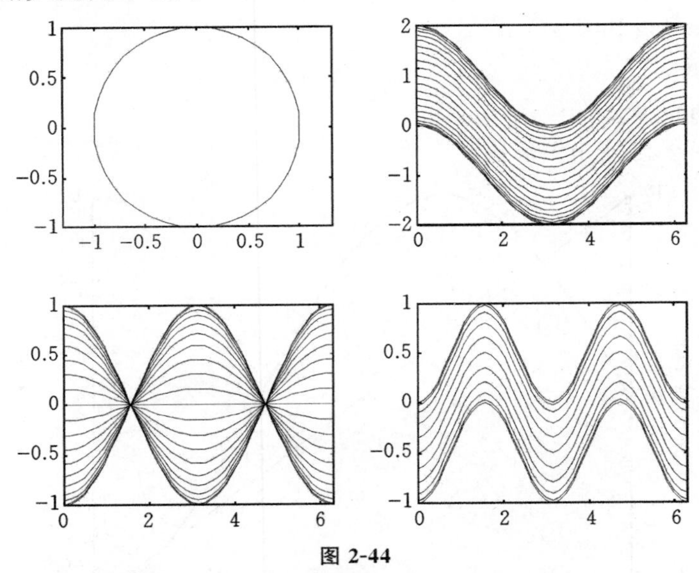

图 2-44

例 8 在 Matlab 软件包中画平面隐函数的图形。

在 Matlab 软件包中画平面隐函数的图形,使用 ezplot 命令。假设隐函数方程为 $f(x,y)=0$。

① ezplot('f(x,y)')

此命令在默认作图区间$[-2\pi,2\pi]$上画 $f(x,y)=0$ 的图形。例如

ezplot('sin(5 * x) - cos(3 * y)')

即在区间$[-2\pi,2\pi]$上画 $\sin(5x)=\cos(3y)$ 的图形(见图 2-45)：

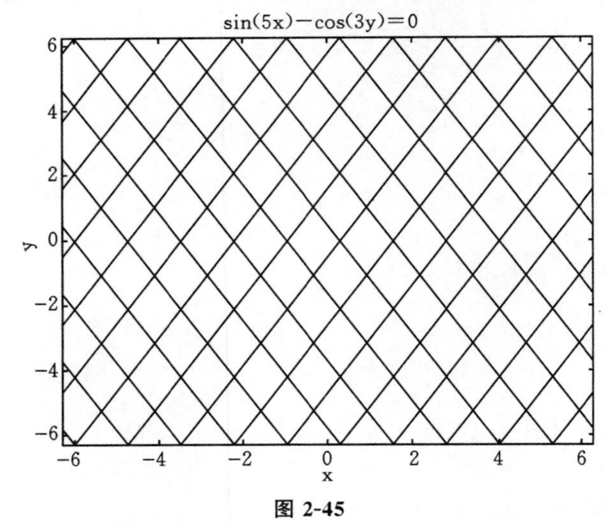

图 2-45

② ezplot('f(x,y)',[a1,a2,b1,b2])

此命令在区间 $a_1\leqslant x\leqslant a_2,b_1\leqslant y\leqslant b_2$ 上画 $f(x,y)=0$ 的图形。例如

```
ezplot('(x.^2+y.^2).^2-2*x*y',[-2,2,-1,1])
```

即在区间 $-2 \leqslant x \leqslant 2, -1 \leqslant y \leqslant 1$ 上画 $(x^2+y^2)^2 = 2xy$ 的图形(见图 2-46)：

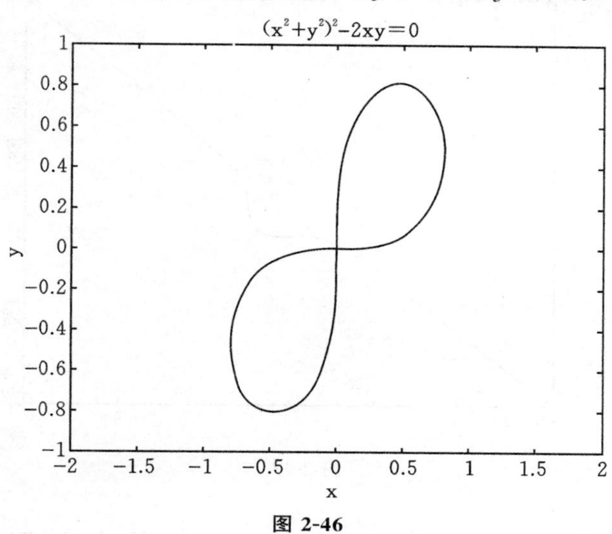

图 2-46

③ 画一个带有参数 k 的隐函数 $x^k - y^k = 1$，当 $k = 2$ 时的图形。

第一步　写一个名为 opt_ezplot_implicit_f 的 M-文件：

```
function z = f(x,y,k)
z = x.^k - y.^k - 1;
```

第二步　调用 opt_ezplot_implicit_f 作图：

```
ezplot(@(x,y)opt_ezplot_implicit_f(x,y,2))
```

其中 @(x,y) 表示 x, y 是变量。

执行后得到图像(见图 2-47)：

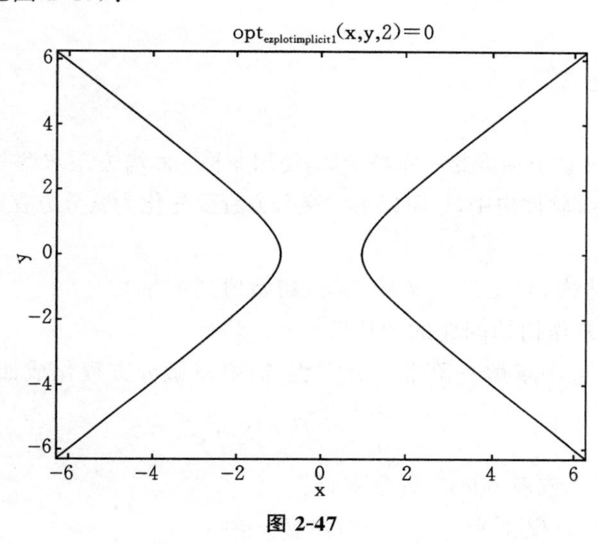

图 2-47

注：$k=3$ 时的图形如下（见图 2-48）：

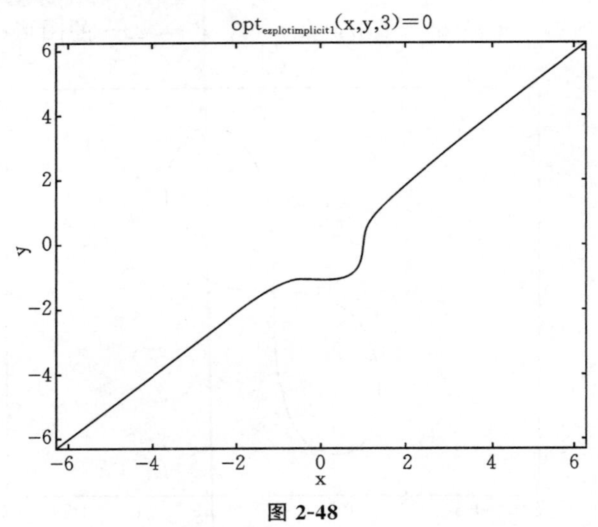

图 2-48

2.4 在 Matlab 中求解常微分方程

在 Matlab 软件包中，常用的求解常微分方程的函数是 ode23、ode45。

（1）ode23

ode23 函数对应于二三阶龙格-库塔（Runge-Kutta）函数，使用龙格-库塔方法求解下列常微分方程初值问题：

$$\begin{cases}\dfrac{\mathrm{d}y}{\mathrm{d}x}=f(x,y), \quad a\leqslant x\leqslant b,\\ y(x_0)=y_0。\end{cases}$$

其调用格式为

ode23（方程表达式，[a，b]，y0）

（2）ode45

ode45 函数对应于四五阶龙格-库塔函数，使用龙格-库塔方法求解一阶或高阶常微分方程初值问题。在 Matlab 软件包中，二阶以上的微分方程要先化为微分方程组，然后再求解。其调用格式为

ode45（方程表达式，自变量定义域区间，初始值列向量）

1. 一阶常微分方程初始问题的数值解

在 Matlab 软件包中求解一阶常微分方程，需要将微分方程化成如下形式

$$\frac{\mathrm{d}y}{\mathrm{d}x}=f(x,y),$$

然后使用 euler、ode23 或者 ode45 命令求解。

例 9 求解微分方程 $y'=y+x+1, y(0)=1$。

解 (1) 在 Mathematica 5.0 软件包中求解，程序如下：

```
Dsolve[{y'[x] == y[x] + x + 1, y[0] == 1}, y[x], x]
```

执行后得到结果：

$y[x] \to -2 + 2e^x - x$

在能够求出函数表达式时，Mathematica 软件包使用起来更方便。

(2) 在 Matlab 软件包中求解

第一步 写一个名为 fff.m 的 M-文件，存盘。

```
function dydx = fff(x,y)
dydx = y + x + 1;
```

第二步 另写一个执行文件，使用 ode23 求解。

```
[x,y] = ode23(@fff,[0,1],1)
plot(x,y,'-o')
```

执行后得到所求函数的数值解以及图形(见图 2-49)：

```
x =
         0
    0.0400
    0.1400
    0.2400
    0.3400
    0.4400
    0.5400
    0.6400
    0.7400
    0.8400
    0.9400
    1.0000
y =
    1.0000
    1.0824
    1.3108
    1.5737
    1.8748
    2.2180
    2.6079
    3.0493
    3.5476
    4.1089
    4.7397
    5.1546
```

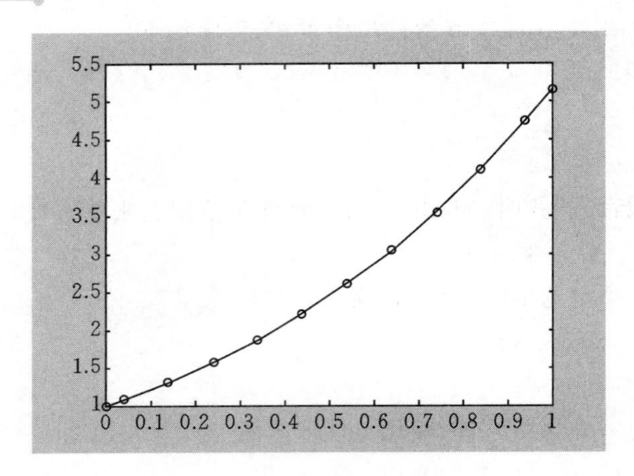

图 2-49

注意，程序运行后得不到函数表达式。

2. 二阶以上常微分方程初始问题的数值解

以范德波耳(Van Der Pol)方程

$$\begin{cases} y''-\mu(1-y^2)y'+y=0, & 0\leqslant x\leqslant 20, \\ y(0)=2, y'(0)=0。 \end{cases}$$

为例，说明如何求解高阶常微分方程初始问题的数值解。

在 Matlab 软件包中求解如下。

第一步　将微分方程化为一阶微分方程组，记

$$y_1 = y_0;$$

$$y_1' = y_2;$$

$$y_2' = \mu(1-y_1^2)y_2 - y_1;$$

第二步　取 $\mu=1$，写一个名为 vdp1.m 的 M-文件，存盘。

```
function dydt = vdp1(t,y,mu);
dydt = [y(2);mu * (1 - y(1))^2 * y(2) - y(1)];
```

第三步　另写一个执行文件，使用 ode45 求解。

```
[t,y] = ode45(@vdp1,[0,20],[2;0],1);
plot(t,y(:,1),'-',t,y(:,2),'-o')
title('Solution of Van der PolEquation,\mu = 1')
xlabel('time t')
ylabel('solution y')
legend('y_1','y_2')
```

执行后得到的结果及图像(见图 2-50)如下：

```
t =

         0
    0.0000
    0.0001
    0.0001
    0.0001
    0.0002
    0.0004
    0.0005
    0.0006
    0.0012
    0.0019
    0.0025
    0.0031
    0.0063
    0.0094
    0.0125
    0.0157
    0.0314
    0.0471
    0.0628
    0.0785
    0.1300
    0.1814
    0.2329
    0.2844
    0.3485
    0.4125
    0.4766
    0.5407
    0.6252
    0.7097
    0.7943
    0.8788
    1.0099
    1.1410
    1.2721
    1.4032
    1.5250
    1.6468
    1.7687
    1.8905
    2.0123
    2.1341
    2.2559
    2.3778
    2.4782
    2.5786
    2.6791
    2.7795
    2.8667
    2.9540
    3.0412
    3.1285
    3.1987
    3.2689
    3.3391
    3.4093
    3.4734
    3.5375
    3.6016
    3.6657
    3.7311
    3.7966
    3.8620
    3.9275
    4.0192
    4.1109
    4.2026
    4.2944
    4.4461
    4.5978
    4.7496
    4.9013
    5.0136
    5.1259
    5.2382
    5.3506
    5.4629
    5.5752
    5.6875
    5.7998
    5.9017
    6.0037
    6.1056
    6.2075
    6.2903
    6.3731
    6.4559
    6.5387
    6.5920
    6.6453
    6.6986
    6.7519
    6.8052
    6.8585
    6.9119
    6.9652
    7.0301
    7.0949
    7.1598
    7.2247
    7.3115
    7.3983
    7.4851
    7.5719
    7.7096
    7.8473
    7.9850
    8.1226
    8.2450
    8.3674
    8.4898
    8.6122
    8.7346
    8.8570
    8.9793
    9.1017
    9.2026
    9.3036
```

9.4045
9.5054
9.5891
9.6728
9.7565
9.8402
9.9090
9.9779
10.0468
10.1157
10.1738
10.2319
10.2900
10.3480
10.4154
10.4828
10.5502
10.6176
10.7105
10.8034
10.8963
10.9892
11.1464
11.3037
11.4610
11.6183
11.7288
11.8394
11.9499
12.0604
12.1710
12.2815
12.3920
12.5026
12.6061
12.7096
12.8131
12.9166
13.0008
13.0849
13.1690
13.2532
13.3077
13.3623
13.4169
13.4714
13.5260
13.5805
13.6351
13.6897
13.7578
13.8260
13.8941
13.9623
14.0551
14.1480
14.2409
14.3337
14.4918
14.6498
14.8079
14.9660
15.0764
15.1868
15.2972
15.4076
15.5180
15.6284
15.7389
15.8493
15.9530
16.0567
16.1604
16.2641
16.3484
16.4328
16.5171
16.6015
16.6562
16.7110
16.7657
16.8204
16.8752
16.9299
16.9846
17.0394
17.1079
17.1764
17.2449
17.3135
17.4071
17.5007
17.5943
17.6879
17.8487
18.0096
18.1704
18.3312
18.4407
18.5502
18.6597
18.7692
18.8786
18.9881
19.0976
19.2071
19.3121
19.4170
19.5220
19.6270
19.6982
19.7694
19.8407
19.9119
19.9339
19.9559
19.9780
20.0000

```
y =
    2.0000         0
    2.0000   -0.0001
    2.0000   -0.0001
    2.0000   -0.0002
    2.0000   -0.0002
    2.0000   -0.0005
    2.0000   -0.0007
    2.0000   -0.0010
    2.0000   -0.0012
    2.0000   -0.0025
    2.0000   -0.0037
    2.0000   -0.0050
    2.0000   -0.0062
    2.0000   -0.0124
    1.9999   -0.0185
    1.9998   -0.0246
    1.9998   -0.0306
    1.9990   -0.0599
    1.9979   -0.0878
    1.9963   -0.1144
    1.9943   -0.1398
    1.9851   -0.2150
    1.9724   -0.2797
    1.9565   -0.3355
    1.9379   -0.3840
    1.9116   -0.4361
    1.8822   -0.4813
    1.8501   -0.5211
    1.8155   -0.5570
    1.7666   -0.6004
    1.7141   -0.6410
    1.6582   -0.6806
    1.5990   -0.7204
    1.5004   -0.7854
    1.3928   -0.8575
    1.2750   -0.9406
    1.1455   -1.0390
    1.0124   -1.1485
    0.8648   -1.2804
    0.6994   -1.4399
    0.5126   -1.6314
    0.3009   -1.8563
    0.0592   -2.1120
   -0.2145   -2.3745
   -0.5176   -2.5907
   -0.7838   -2.6774
   -1.0515   -2.6259
   -1.3052   -2.4116
   -1.5300   -2.0456
   -1.6911   -1.6488
   -1.8166   -1.2341
   -1.9072   -0.8415
   -1.9657   -0.5055
   -1.9933   -0.2862
   -2.0069   -0.1049
   -2.0089    0.0426
   -2.0015    0.1615
   -1.9882    0.2498
   -1.9698    0.3230
   -1.9471    0.3842
   -1.9207    0.4361
   -1.8907    0.4817
   -1.8578    0.5218
   -1.8225    0.5579
   -1.7848    0.5912
   -1.7286    0.6350
   -1.6684    0.6774
   -1.6043    0.7200
   -1.5363    0.7643
   -1.4143    0.8447
   -1.2792    0.9391
   -1.1283    1.0539
   -0.9580    1.1970
   -0.8165    1.3265
   -0.6591    1.4811
   -0.4827    1.6641
   -0.2842    1.8758
   -0.0607    2.1114
    0.1902    2.3528
    0.4670    2.5614
    0.7622    2.6753
    1.0349    2.6300
    1.2940    2.4210
    1.5230    2.0666
    1.7104    1.6085
    1.8268    1.2141
    1.9117    0.8469
    1.9686    0.5281
    2.0013    0.2670
    2.0117    0.1284
    2.0153    0.0099
    2.0131   -0.0907
    2.0059   -0.1761
    1.9946   -0.2486
    1.9796   -0.3105
    1.9616   -0.3637
    1.9410   -0.4097
    1.9128   -0.4583
    1.8816   -0.5005
    1.8479   -0.5380
    1.8119   -0.5721
    1.7604   -0.6144
    1.7053   -0.6545
    1.6468   -0.6941
    1.5848   -0.7345
    1.4790   -0.8030
    1.3632   -0.8806
    1.2359   -0.9718
    1.0948   -1.0816
    0.9554   -1.1998
    0.8001   -1.3430
    0.6254   -1.5161
    0.4276   -1.7229
    0.2028   -1.9627
   -0.0536   -2.2262
   -0.3423   -2.4789
   -0.6574   -2.6529
   -0.9280   -2.6694
   -1.1920   -2.5300
```

-1.4329	-2.2327	0.0036	2.1772	1.0905	-1.0853	-1.7169	0.6471
-1.6372	-1.8071	0.2575	2.4108	0.9070	-1.2434	-1.6543	0.6897
-1.7714	-1.4087	0.5353	2.5992	0.7624	-1.3791	-1.5877	0.7331
-1.8727	-1.0204	0.8283	2.6802	0.6015	-1.5406	-1.5170	0.7787
-1.9435	-0.6711	1.1036	2.5907	0.4211	-1.7302	-1.3849	0.8662
-1.9872	-0.3791	1.3603	2.3335	0.2184	-1.9468	-1.2375	0.9710
-2.0064	-0.1842	1.5818	1.9418	-0.0092	-2.1832	-1.0712	1.1012
-2.0135	-0.0242	1.7579	1.4648	-0.2634	-2.4160	-0.8813	1.2669
-2.0105	0.1058	1.8640	1.0703	-0.5414	-2.6026	-0.7353	1.4057
-1.9994	0.2108	1.9386	0.7146	-0.8344	-2.6805	-0.5726	1.5704
-1.9850	0.2838	1.9860	0.4143	-1.1099	-2.5867	-0.3903	1.7631
-1.9667	0.3454	2.0105	0.1731	-1.3664	-2.3250	-0.1856	1.9817
-1.9450	0.3979	2.0164	0.0453	-1.5872	-1.9298	0.0440	2.2177
-1.9205	0.4433	2.0158	-0.0630	-1.7623	-1.4512	0.2995	2.4451
-1.8891	0.4890	2.0098	-0.1546	-1.8675	-1.0564	0.5777	2.6196
-1.8548	0.5292	1.9992	-0.2320	-1.9412	-0.7017	0.8691	2.6788
-1.8179	0.5654	1.9847	-0.2977	-1.9877	-0.4030	1.1466	2.5596
-1.7786	0.5990	1.9669	-0.3538	-2.0114	-0.1636	1.4020	2.2706
-1.7209	0.6426	1.9462	-0.4022	-2.0168	-0.0369	1.6188	1.8553
-1.6593	0.6851	1.9231	-0.4443	-2.0158	0.0705	1.7876	1.3677
-1.5936	0.7282	1.8912	-0.4902	-2.0093	0.1612	1.8729	1.0366
-1.5239	0.7733	1.8564	-0.5306	-1.9984	0.2378	1.9358	0.7357
-1.3958	0.8581	1.8190	-0.5669	-1.9835	0.3028	1.9787	0.4746
-1.2531	0.9588	1.7792	-0.6005	-1.9654	0.3584	2.0046	0.2562
-1.0930	1.0829	1.7214	-0.6438	-1.9444	0.4063	2.0096	0.1969
-0.9108	1.2396	1.6597	-0.6861	-1.9210	0.4480	2.0133	0.1413
-0.7665	1.3748	1.5940	-0.7290	-1.8887	0.4937	2.0158	0.0892
-0.6059	1.5357	1.5242	-0.7740	-1.8535	0.5338	2.0172	0.0404
-0.4259	1.7248	1.3953	-0.8590	-1.8157	0.5700		
-0.2236	1.9409	1.2518	-0.9603	-1.7754	0.6036		

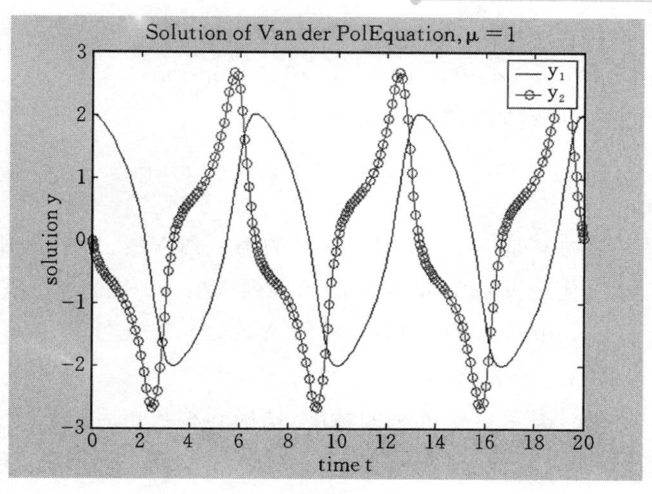

图 2-50

3. 在 Matlab 软件包中求解

$$\begin{cases}\dfrac{d^3y}{dx^3}=2\dfrac{d^2y}{dx^2}-3\dfrac{dy}{dx}+x^3,\\ y''(0)=0,\\ y'(0)=0,\\ y(0)=1。\end{cases}$$

在 Matlab 软件包中，需要对微分方程变形：令 $y(1)=y, y(2)=y'(1), y(3)=y'(2), y(4)=y'(3), \cdots$，其余类推。规定导函数 d$\boldsymbol{y}$ 是一个列向量：

$$d\boldsymbol{y}=\begin{pmatrix}y(2)\\ y(3)\\ y(4)\end{pmatrix}=\begin{pmatrix}y'(x)\\ y''(x)\\ y'''(x)\end{pmatrix},$$

然后，将 $y'''(x)$ 的表达式代入即可。

在 Matlab 软件包中编程求解，Matlab 软件包中最常用的求解微分方程的命令是 ode45。

第一步　写一个名为 opt_ode_1 的 M-文件：

```
function dy = f(x,y)
dy = [y(2);y(3);2 * y(3) - 3 * y(2) + x.^3];
```

第二步　存盘。

注意，(1) 这个名为 opt_ode_1 的 M-文件是我们自己定义的一个新的微分函数；

(2) d$\boldsymbol{y}$ 是一个三维向量：

$$d\boldsymbol{y}=\begin{pmatrix}y'\\ y''\\ y'''\end{pmatrix}=\begin{pmatrix}y(2)\\ y(3)\\ 2*y(3)-3*y(2)+x.\hat{}3\end{pmatrix}。$$

第三步　写一个名为 opt_ode_2 的 M-文件：

```
options = odeset('RelTol',1e-4,'AbsTol',[1e-4 1e-4 1e-5]);
[x,Y] = ode45(@opt_ode_1,[0,20],[1;0;0],options)
plot(x,Y(:,1),'-',x,Y(:,2),'-o')
xlabel('x')
ylabel('solution y')
```

注释:① 求解得到的**Y**是一个矩阵,矩阵**Y**的第一列 Y(:,1) 代表所求函数 $y(x)$,矩阵**Y**的第二列 Y(:,2) 代表 $y'(x)$,矩阵**Y**的第三列 Y(:,2) 代表 $y''(x)$。程序中

plot(x,Y(:,1),'-',x,Y(:,2),'—o')

表示画出函数 $y(x)$ 与 $y'(x)$ 的图像;

② 'RelTol',1e-4,表示自变量 x 的精度,精确到小数点后第4位;

③ 'AbsTol',[1e-4 1e-4 1e-5],表示 y,y',y'' 的精度,分别精确到小数点后第4位、第4位、第5位;

④ [0,20],表示求解范围$[x_0,b]$,起点是 $x_0=0$。Matlab软件包主要解决物理问题,而物理问题常常只考虑起点以后的情形,所以,Matlab软件包只求起点以后的解;

⑤ [1;0;0],表示初始值列向量$[y(0);y'(0);y''(0)]=[1;0;0]$。

将M-文件 opt_ode_2 存盘,按F5键执行,就可以得到数值解及解函数的图像(见图2-51)如下:

x =	0.0104	1.1546	3.8083	6.8966
0	0.0209	1.3027	3.9621	7.0780
0.0000	0.0314	1.4509	4.1159	7.2647
0.0000	0.0418	1.5990	4.2945	7.4515
0.0001	0.0523	1.7634	4.4731	7.6383
0.0001	0.0963	1.9279	4.6517	7.8250
0.0002	0.1403	2.0924	4.8303	8.0108
0.0002	0.1844	2.2568	5.0247	8.1966
0.0003	0.2284	2.4182	5.2190	8.3824
0.0004	0.3076	2.5796	5.4134	8.5682
0.0008	0.3869	2.7410	5.6077	8.7713
0.0012	0.4662	2.9024	5.7939	8.9744
0.0017	0.5454	3.0520	5.9801	9.1775
0.0021	0.6607	3.2016	6.1663	9.3807
0.0042	0.7760	3.3512	6.3524	9.5722
0.0063	0.8913	3.5007	6.5338	9.7638
0.0084	1.0065	3.6545	6.7152	9.9554

```
10.1470
10.3318
10.5165
10.7013
10.8860
11.0691
11.2522
11.4353
11.6184
11.7998
11.9811
12.1625
12.3438
12.5455
12.7471
12.9488
13.1504
13.3420
13.5335
13.7251
13.9167
14.1010
14.2853
14.4696
14.6538
14.8370
15.0201
15.2032
15.3863
15.5680
15.7496
15.9312
16.1129
16.3148
16.5168
16.7188
16.9208
17.1128
17.3048
17.4968
17.6888
17.8729
18.0569
18.2410
18.4250
18.6080
18.7909
18.9738
19.1568
19.3382
19.5197
19.7011
19.8825
19.9119
19.9413
19.9706
20.0000
```

```
Y =
   1.0e+008 *
   0.0000         0         0
   0.0000   -0.0000   -0.0000
   0.0000   -0.0000   -0.0000
   0.0000   -0.0000   -0.0000
   0.0000   -0.0000   -0.0000
   0.0000   -0.0000   -0.0000
   0.0000   -0.0000   -0.0000
   0.0000   -0.0000   -0.0000
   0.0000   -0.0000   -0.0000
   0.0000   -0.0000   -0.0000
   0.0000   -0.0000   -0.0000
   0.0000   -0.0000   -0.0000
   0.0000   -0.0000   -0.0000
   0.0000   -0.0000   -0.0000
   0.0000   -0.0000   -0.0000
   0.0000   -0.0000   -0.0000
   0.0000   -0.0000   -0.0000
   0.0000   -0.0000   -0.0000
   0.0000   -0.0000   -0.0000
   0.0000   -0.0000   -0.0000
   0.0000   -0.0000   -0.0000
   0.0000   -0.0000   -0.0000
   0.0000   -0.0000   -0.0000
   0.0000   -0.0000   -0.0000
   0.0000   -0.0000   -0.0000
   0.0000   -0.0000   -0.0000
   0.0000   -0.0000   -0.0000
   0.0000   -0.0000   -0.0000
   0.0000   -0.0000   -0.0000
   0.0000   -0.0000   -0.0000
   0.0000   -0.0000   -0.0000
   0.0000   -0.0000   -0.0000
   0.0000   -0.0000   -0.0000
   0.0000   -0.0000   -0.0000
  -0.0000   -0.0000   -0.0000
  -0.0000   -0.0000   -0.0000
  -0.0000   -0.0000   -0.0000
  -0.0000   -0.0000   -0.0000
  -0.0000   -0.0000   -0.0000
  -0.0000   -0.0000   -0.0000
```

-0.0000	-0.0000	-0.0000	0.0000	-0.0000	-0.0001
-0.0000	-0.0000	0.0000	0.0000	-0.0000	-0.0001
-0.0000	-0.0000	0.0000	-0.0000	-0.0000	-0.0001
-0.0000	-0.0000	0.0000	-0.0000	-0.0001	-0.0001
-0.0000	-0.0000	0.0000	-0.0000	-0.0001	-0.0001
-0.0000	-0.0000	0.0000	-0.0000	-0.0001	-0.0001
-0.0000	0.0000	0.0000	-0.0001	-0.0001	-0.0001
-0.0000	0.0000	0.0000	-0.0001	-0.0002	-0.0001
-0.0000	0.0000	0.0000	-0.0001	-0.0002	-0.0001
-0.0000	0.0000	0.0000	-0.0002	-0.0002	-0.0001
0.0000	0.0000	0.0000	-0.0002	-0.0002	-0.0001
0.0000	0.0000	0.0000	-0.0002	-0.0002	-0.0000
0.0000	0.0000	0.0000	-0.0003	-0.0002	0.0000
0.0000	0.0000	0.0000	-0.0003	-0.0002	0.0001
0.0000	0.0000	0.0000	-0.0004	-0.0002	0.0003
0.0000	0.0000	0.0000	-0.0004	-0.0001	0.0004
0.0000	0.0000	0.0000	-0.0004	-0.0000	0.0006
0.0000	0.0000	0.0000	-0.0004	0.0001	0.0009
0.0000	0.0000	0.0000	-0.0004	0.0003	0.0011
0.0000	0.0000	0.0000	-0.0003	0.0005	0.0015
0.0000	0.0000	0.0000	-0.0002	0.0008	0.0019
0.0000	0.0000	0.0000	0.0000	0.0012	0.0023
0.0000	0.0000	0.0000	0.0003	0.0017	0.0027
0.0000	0.0000	0.0000	0.0006	0.0022	0.0032
0.0000	0.0000	0.0000	0.0011	0.0029	0.0037
0.0000	0.0000	-0.0000	0.0018	0.0037	0.0041
0.0000	0.0000	-0.0000	0.0026	0.0045	0.0045
0.0000	0.0000	-0.0000	0.0036	0.0055	0.0046
0.0000	0.0000	-0.0000	0.0048	0.0063	0.0045
0.0000	0.0000	-0.0000	0.0060	0.0071	0.0040
0.0000	-0.0000	-0.0000	0.0075	0.0078	0.0030
0.0000	-0.0000	-0.0000	0.0090	0.0082	0.0013
0.0000	-0.0000	-0.0000	0.0105	0.0083	-0.0010

0.0120	0.0078	-0.0043
0.0134	0.0066	-0.0086
0.0144	0.0045	-0.0143
0.0150	0.0013	-0.0212
0.0148	-0.0033	-0.0298
0.0136	-0.0097	-0.0400
0.0111	-0.0181	-0.0519
0.0069	-0.0287	-0.0653
0.0005	-0.0419	-0.0802
-0.0085	-0.0579	-0.0962
-0.0207	-0.0769	-0.1128
-0.0386	-0.1015	-0.1310
-0.0619	-0.1297	-0.1474
-0.0912	-0.1608	-0.1599
-0.1270	-0.1938	-0.1657
-0.1672	-0.2254	-0.1617
-0.2134	-0.2550	-0.1446
-0.2649	-0.2798	-0.1100

-0.3203	-0.2959	-0.0525
-0.3752	-0.2984	0.0296
-0.4290	-0.2829	0.1442
-0.4779	-0.2429	0.2973
-0.5165	-0.1708	0.4951
-0.5381	-0.0584	0.7421
-0.5347	0.1043	1.0446
-0.4962	0.3275	1.4064
-0.4106	0.6224	1.8290
-0.2649	0.9967	2.3069
-0.0431	1.4629	2.8381
0.2721	2.0294	3.4112
0.6995	2.7021	4.0074
0.7806	2.8212	4.1044
0.8653	2.9431	4.2012
0.9535	3.0679	4.2976
1.0454	3.1955	4.3935

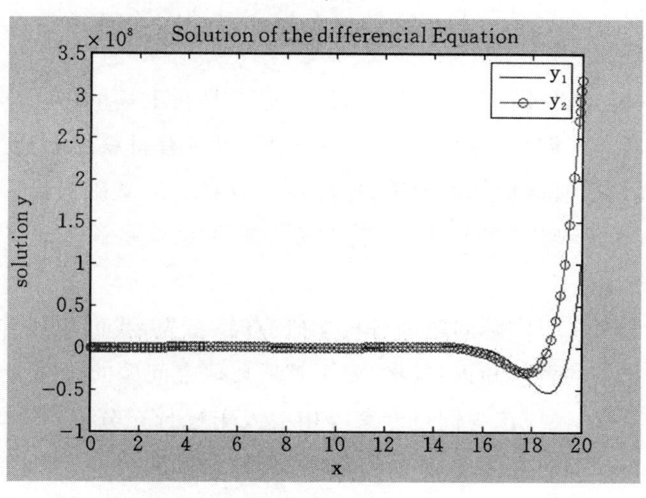

图 2-51

第 3 章 数学建模概论

一般来说，数学建模是科学研究过程中的一个环节。我们应当了解科学研究的大致过程以及建模的大概步骤。

科学研究过程就是对客观事物的认识过程。因此它仍然遵循着一般的认识规律。不过它把这个认识过程组织得更加具体、周详、精确。总的来说，可以说是一个科学研究思维的过程。科学研究思维过程包括四大阶段，即发现问题、了解情况、深入思考和实践验证。一项科学研究可以包括这个全过程，也可以只在其中的一个或一个以上的阶段里进行工作并取得成果。

科学研究开始于发现问题。人们在对客观事物的认识上产生了矛盾也就是出现了问题，必须解决这个矛盾或问题，提高认识，掌握了事物发展运动的规律，才能使事物按着人们的意图向前发展。为了解决这个矛盾才需要进行科学研究。所以科学研究的第一步就是善于认清矛盾，或者说善于发现问题。

一个科研工作者有了问题之后，就必然想对这一问题作深入的了解，了解关于这个问题的各方面的情况，了解它的来龙去脉，了解它的多方面的联系，为的是要把这一问题的有关现象或事实弄清楚。

深入了解的同时需要进行深入的思考。深入思考是在上述的占有丰富资料的基础上进行的。感性的东西并不能自发地变成理性的东西。仅占有材料还不能上升到理论。要想从占有的材料中找出带有规律性的理论，还得在占有材料的基础上下一番“去粗取精、去伪存真、由此及彼、由表及里”的功夫。这番功夫总起来说就是深入思考，详细分析，它包含着多种形式的脑力加工。

所以，当我们面对一个实际问题进行科学研究时，首先，我们应该针对所要研究的实际问题，去查找其相关的背景知识；其次，要了解所要研究问题的研究现状，包括国内的和国外的研究现状；再次，还应该与同行专家等相关人士进行充分的讨论，通过这些调查以后，科研小组提出自己的研究方向与可能的研究路线（注意，并不是所有的想法都能成功地转化为一个理论模型）；最后，建立自己的模型，得到自己的科研成果。

我们用下面的草图（见图 3-1）来说明：

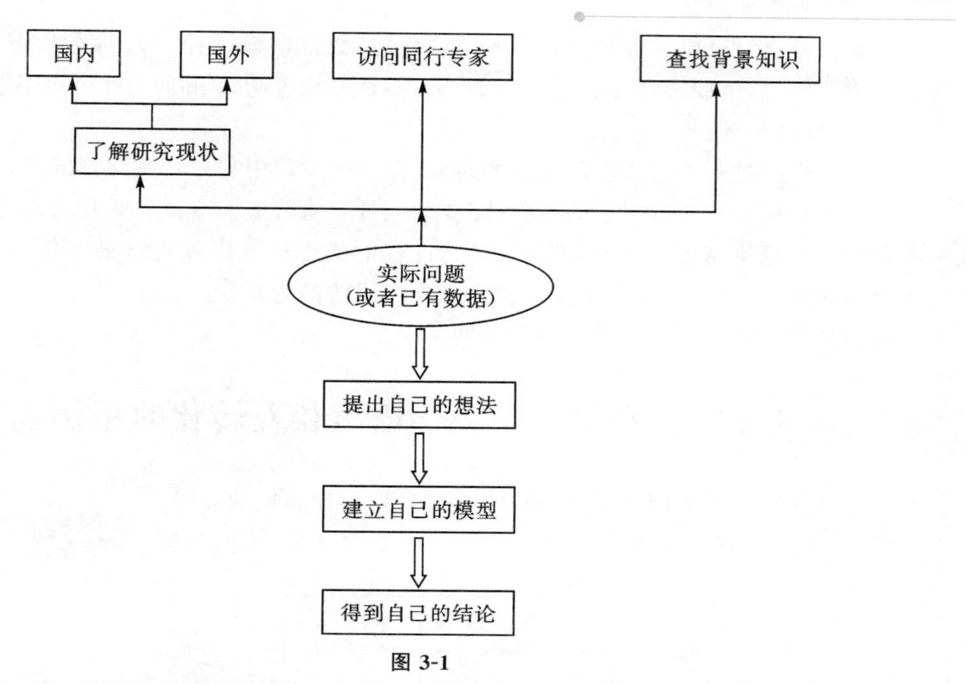

图 3-1

在科学研究过程中,数学建模是其核心。何为数学建模?总的来说,数学建模是一个过程,是一个解决实际问题的过程,它的大致步骤为(见图 3-2):

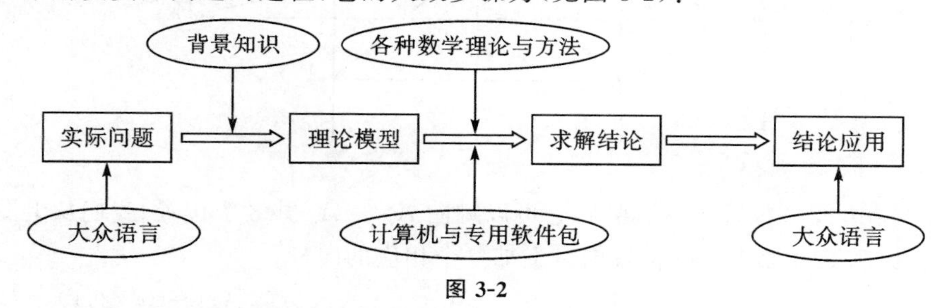

图 3-2

更简单地说,大约是三个步骤(见图 3-3):

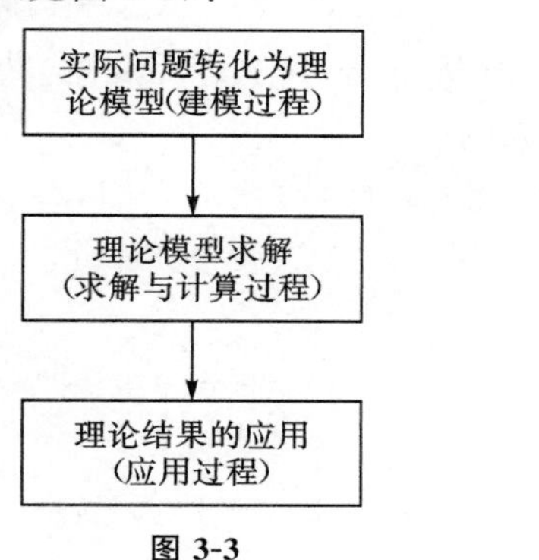

图 3-3

其中,建模过程主要依赖于问题的背景知识和各种理论方法,求解与计算过程在很大程度上要依赖于计算机和各种计算机专用软件包，数学建模过程中尤其要熟练掌握各种数学专用软件包，例如，Mathematica 软件包、Matlab 软件包、Lindo 与 Lingo 软件包以及 SPSS 统计软件包等。

数学建模的过程是解决实际问题的过程，在这个过程中需要特别注意的是，实际问题一般都是用普通大众语言叙述的，这就需要我们具有将普通大众语言转化为理论语言、实际问题转化为理论模型的能力，模型求解与计算的能力以及将理论结果转化为大众尽可能听得懂的语言，使得理论结果能够得到充分应用的能力。

我们列举一些简单的例子来做相应的说明。

3.1 大众语言与数学语言相互转化的示例

例 1 研究中国象棋的马，无论从何处起跳，回到原地的规律。

解 大众语言所说的跳马，在数学上是什么含义呢？我们分析一下，见图 3-4。

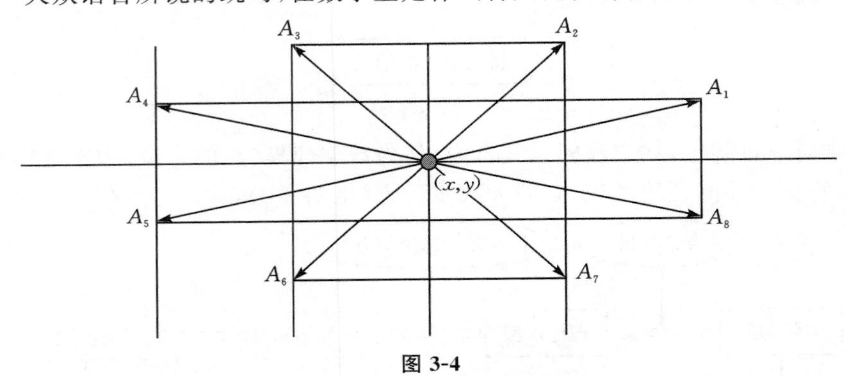

图 3-4

假设马在(x,y)位置，根据规则，它可以跳向 $A_1 \sim A_8$ 共 8 个位置。我们从上图看出，所谓的跳马，就是在原来马的位置向量上加一个相应的向量。

$A_1: +(2,1)$ $A_2: +(1,2)$ $A_3: +(-1,2)$ $A_4: +(-2,1)$

$A_5: +(-2,-1)$ $A_6: +(-1,-2)$ $A_7: +(1,-2)$ $A_8: +(2,-1)$

那么，假设中国象棋的马从(x,y)位置开始起跳，共用了 m 步跳回原处，其中 A_i 类跳法跳了 x_i 步，化为向量运算则有

$$(x,y)+x_1(2,1)+x_2(1,2)+x_3(-1,2)+x_4(-2,1)$$
$$+x_5(-2,-1)+x_6(-1,-2)+x_7(1,-2)+x_8(2,-1)=(x,y)$$

以及

$$x_1+x_2+x_3+x_4+x_5+x_6+x_7+x_8=m。$$

整理得方程组

$$\begin{cases}2x_1+x_2-x_3-2x_4-2x_5-x_6+x_7+2x_8=0,\\x_1+2x_2+2x_3-x_4-x_5-2x_6-2x_7-x_8=0,\\x_1+x_2+x_3+x_4+x_5+x_6+x_7+x_8=m。\end{cases}$$

将以上三式相加，得到

$$4x_1 + 4x_2 + 2x_3 - 2x_4 - 2x_5 - 2x_6 + 0x_7 + 2x_8 = m。$$

即 m 是一个偶数。再将这个数学表达式翻译成普通人能懂的语言：中国象棋的马，无论从哪里起跳，一定是偶数步回到原处。这样表达既好懂又好记。

大家还可以依此得到其他类似结论。

3.2　用数学建模方法解决实际问题的示例

例 2　(贷款买房问题)某人贷款 8 万元买房，每月还贷款 880.87 元，月利率 1%。

(1) 还贷整整 6 年后，此人想知道自己还欠银行多少钱，请你告诉他；

(2) 此人忘记这笔贷款期限是多少年，请你告诉他。

解　(1) 本月初欠款 = 上月欠款 × 1.01 − 880.87 元。

设第 n 个月后，此人欠银行的款项为 p_n，则 $p_n = p_{n-1} \times 1.01 - 880.87, p_0 = 80000$。

在 Mathematica 5.0 软件包中编程求解：

```
p = 80000;
Print["p0 =",p]
Do[p = 1.01p - 880.87,{k,72}]
Print["p72 =",p]
```

程序执行后得到：

```
p0 → 80000
p72 → 71532.10
```

即此人还款 6 年(72 个月)以后，还欠银行 71532.10 元。

(2) 求最小的 n，使得 $p_n \leqslant 0$。

以 100 年为限，在 Mathematica 5.0 软件包中编程求解：

```
p = 80000;
Print["p0 =",p]
Do[{p = 1.01p - 880.87,If[p ≤ 0,{Print["p",k," =",p],Break[]}]},{k,1200}]
```

程序执行后得到结果：

```
p0 → 80000
p240 →- 1.0814
```

即 240 个月(20 年)后，不欠银行款项，所以，这笔贷款是 20 年的贷款。

在 Matlab 软件包中求解如下：

(1) 设 $p(j,1)$ 表示从还款开始的第 j 个月初此人欠银行的款项。例如，$p(1,1) = 80000$。

在 Matlab 软件包中编程求解：

```
p = zeros(360,1);
```

```
p(1,1) = 80000;
for i = 2:73;
p(i,1) = p(i-1,1) * 1.01 - 880.87;
end
p(73,1)
```

程序执行后得到结果：

```
ans =
        7.1532e+004
```

即此人还款开始，6 年后（第 73 个月初）还欠银行 71532 元。

(2) 设 $p(j,1)$ 表示从还款开始的第 j 个月初此人欠银行的款项。

在 Matlab 软件包中编程求解最小的 j，使得 $p(j,1) \leqslant 0$：

```
p = zeros(360,1);
p(1,1) = 80000;
for i = 2:360;
p(i,1) = p(i-1,1) * 1.01 - 880.87;
if p(i,1) <= 0;
i
p(i,1)
break
end
end
```

程序执行后，输出结果：

```
i =
     241
ans =
        -1.0814
```

即这笔贷款将在还款后的第 241 个月初（20 年后）还完。

例 3 离心率，半径，选址问题

1. 点的几何离心率，集合的几何半径，几何中心

假设 S 是距离空间中的一个集合，距离函数为 $d(x,y)$，点 x 的坐标为 (a_1,b_1)，点 y 的坐标为 (a_2,b_2)，则

欧氏距离

$$d(x,y) = \sqrt{(a_1-a_2)^2+(b_1-b_2)^2};$$

布洛克（CityBlock）距离

$$d(x,y) = |a_1-a_2|+|b_1-b_2|。$$

(1) 点 x 的几何离心率

点 x 到集合 S 最远的距离，叫做它的**几何离心率**，记作 $e(x)$，即

$$\forall x \in S, e(x) = \max_{y \in S} d(x,y)。$$

(2) 集合 S 的几何半径、直径与几何中心

集合 S 中最小的离心率，叫做它的**几何半径**，记作 radius(S)，即

$$\text{radius}(S) = \min_{x \in S} e(x)。$$

集合中达到半径的点，叫做集合的**几何中心**。

例如，x_1 —— x_2 —— x_3 —— x_4 图中两点之间距离都为 1，则

$$e(x_1) = e(x_4) = 3, e(x_2) = e(x_3) = 2, \text{radius} = 2,$$

其中，点 x_2, x_3 是几何中心。

集合 S 中最大的离心率，叫做它的**几何直径**，记作 diameter(S)，即

$$\text{diameter}(S) = \max_{x \in S} e(x)。$$

2. 点的条件离心率，集合的条件半径，条件中心

(1) 点的条件离心率

假设 $Q \subseteq S$，点 x 到集合 Q 最远的距离，叫做它的关于 Q 的**条件离心率**，记作 $e(x,Q)$，即

$$\forall x \in S, e(x,Q) = \max_{y \in Q} d(x,y)。$$

(2) 集合 S 的条件半径与条件中心

集合 S 中最小的条件离心率，叫做它的关于 Q 的**条件半径**，记作 radius(S,Q)，即

$$\text{radius}(S,Q) = \min_{x \in S} e(x,Q)。$$

集合中达到条件半径的点，叫做集合的关于 Q 的**条件中心**。

注：在选址问题中，由于约束条件的限制，很多情况下，是求条件中心。

3. 选址问题案例

市区中有 9 家仓库，坐标见表 3-1：

表 3-1

x_j	4	3	5	9	12	6	20	17	8
y_j	10	8	18	1	4	5	10	8	9

假设街区道路都是十字网格形状，商家需要选址建设一个商店，商店应该位于仓库的中心，假设商店的坐标为 $M(a,b)$。由于市政规划的限制，商店选址必须满足 $5 \leqslant a,b \leqslant 8$ 的规定。请帮商家确定 $M(a,b)$。

分析　由于街区道路是十字网格形状，所以，距离使用布洛克距离。同时，这是一个条件中心问题，$[0,20] \times [0,20]$ 中全体十字网格点组成 S，9 个仓库组成 Q。

画出街区与仓库图　在 Matlab 软件包中编程如下：

```
x = [4,3,5,9,12,6,20,17,8];
y = [10,8,18,1,4,5,10,8,9];
plot(x,y,'b*')
grid on
```

执行程序得到图 3-5：

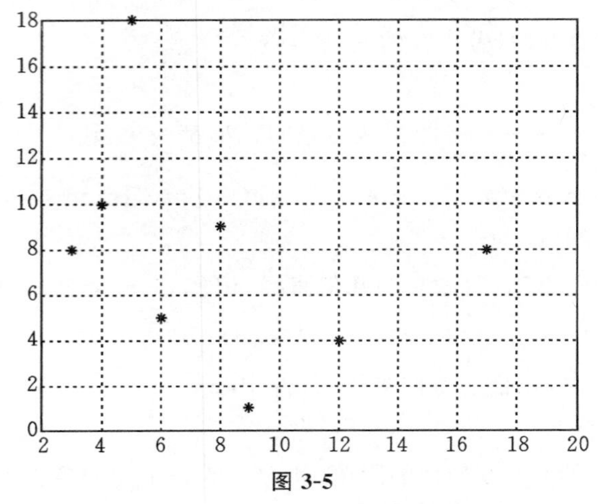

图 3-5

求解 在 Lingo 软件包中，利用“上界最小化”原理，得到商店 $M(a,b)$ 到各个仓库的布洛克距离 $\leqslant$ 上界 T，其中 a,b 可以是任一个网格点。然后，求解 T 的最小值 $\min T$。编程求解：

```
model:
!a cityblock distance madel;
sets:
locate/1..9/:x,y;
endsets
data:
x = 4,3,5,9,12,6,20,17,8;
y = 10,8,18,1,4,5,10,8,9;
enddata
min = T;
@for(locate(j):(@abs(a - x(j)) + @abs(b - y(j))) < T);
a > 5;
a < 8;
b > 5;
b < 8;
end
```

程序执行后得到结果：

```
Global optimal solution found.
Objective value:                         14.00000
Objective bound:                         14.00000
Infeasibilities:                         0.000000
Extended solver steps:                          0
Total solver iterations:                       36
              Variable        Value     Reduced Cost
                     T     14.00000         0.000000
                     A     8.000000         0.000000
                     B     8.000000         0.000000
```

即商店位于 $M(a,b)=M(8,8)$ 的地方，条件半径 radius$(S,Q)=14$。

画图　在 Matlab 软件包中作图：

```
x = [4,3,5,9,12,6,20,17,8];
y = [10,8,18,1,4,5,10,8,9];
a = 8;
b = 8;
plot(x,y,'b*',a,b,'ro','MarkerEdgeColor','k',...
              'MarkerFaceColor','r',...
              'MarkerSize',10)
grid on
```

图形如下（见图 3-6）：

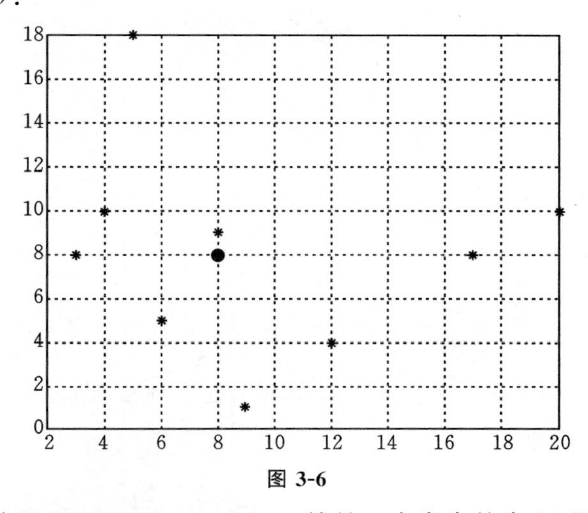

图 3-6

图中阴影圆圈所在位置，$M(a,b)=M(8,8)$，就是 9 个仓库的中心，即商店的建设位置。

3.3 数学模型的求解

在许多情况下，我们并不一定对问题的实际背景的理论有深刻的了解，但现实生活要求我们在背景知识的指导下，能够熟练使用计算机编程处理问题，求解并快速计算出结果。

例 4 （法医估计死亡时间）午夜 12 点，法医到达野外案发现场，测量尸体温度 30℃，此时，野外环境温度是 21℃，警察立即将尸体送往恒温 5℃ 的太平间，一个小时后，测得尸体温度为 15℃，于是，法医判断被害人死于晚上 11 点 22 分左右。

请问：法医是如何计算时间的？

分析 这是一个寻找尸体冷却规律的问题。

背景知识 牛顿冷却定律(Newton's Law of Cooling)：假设环境温度为恒温 T，在时刻 t，被测量物体的温度为 $\theta(t)$，则 $\theta(t)$ 满足下列线性微分方程：

$$\frac{\mathrm{d}\theta}{\mathrm{d}t}=-k(\theta-T),$$

其中，$k>0$ 是比例因子。

微分方程求解 假设 $\theta(0)=\theta_0$，则牛顿冷却定律的解为

$$\theta(t)=T+(\theta_0-T)\mathrm{e}^{-kt},$$

其中，$k>0$ 是比例因子和待定参数。

确定待定参数 如果还知道在 t_1 时刻的温度 $\theta(t_1)=\theta_1$，就可以确定待定参数 k：

$$\theta(t_1)=T+(\theta_0-T)\mathrm{e}^{-kt_1},$$

$$\theta_1-T=(\theta_0-T)\mathrm{e}^{-kt_1},$$

$$k=-\frac{1}{t_1}\ln\left(\frac{\theta_1-T}{\theta_0-T}\right)。$$

问题求解 根据问题所述，已知 $\theta_0=\theta$(午夜 12 点)$=\theta$(0 点)$=30$℃，$\theta_1=\theta$(1 点)$=15$℃，此时，在太平间，环境恒温是 $T=5$℃，于是

$$k=-\frac{1}{t_1}\ln\left(\frac{\theta_1-T}{\theta_0-T}\right)=-\frac{1}{1}\ln\left(\frac{15-5}{30-5}\right)=0.916291。$$

假设被害人死亡时间是 t_d，那么被害时体温是正常体温，即 $\theta_d=37$℃。此时，在野外，环境恒温是 $T=21$℃，则

$$t_d=-\frac{1}{k}\ln\left(\frac{\theta_d-T}{\theta_0-T}\right)=-\frac{1}{0.916291}\ln\left(\frac{37-21}{30-21}\right)=-0.627927h,$$

即死亡时间 $t_d=-0.627927h=-37.6756\text{min}$。于是，法医得出结论，被害人在午夜 12 点前大约 38 分钟死亡，即晚上 11 点 22 分左右。

例 5 （产品销售利润最大化问题）某玩具公司打算以每件 20 元的价格，从玩具工厂进某种玩具一批，现在，需要确定进货数量、合适的销售价格以及投入的广告费。

一般情况下，销售价格越高销量就会越低，此类商品市场调查数据见表 3-2：

表 3-2

售价：元	20	25	30	35	40	45	50	55	60
预期销量：千件	4.1	3.8	3.4	3.2	2.9	2.8	2.5	2.2	2

如果做广告，根据以往市场销售数据，有如下经验公式：

实际销量 salenum = 广告因子 factor × 预期销量 pre_sale。

注意，实际销量 salenum 和预期销量 pre_sale 是整数变量。

玩具公司保留的同类商品的广告因子数据见表 3-3：

表 3-3

广告费：万元	0	1	2	3	4	5	6	7
广告因子	1.0	1.4	1.7	1.85	1.95	2.0	1.95	1.8

请帮玩具公司决策：进货数量、销售价格和广告费各为多少时，利润最大？

解 （1）在 Matlab 软件包中，调用 cftool 工具箱，进行数据拟合：

```
% 售价(单位:元)和预期销量(单位:件)之间的关系
saleprice = [20,25,30,35,40,45,50,55,60];
pre_sale = 1000 * [4.1,3.8,3.4,3.2,2.9,2.8,2.5,2.2,2];
% 广告费(单位:元)和销售增长因子之间的关系
ad_rate = 10000 * [0,1,2,3,4,5,6,7];
factor = [1.0,1.4,1.7,1.85,1.95,2.0,1.95,1.8];
% 调用数据拟合工具箱
cftool
```

售价 saleprice 与预期销量 pre_sale 之间的拟合关系如下：

$$pre\_sale = -51.33 \times saleprice + 5042。$$

拟合图形见图 3-7：

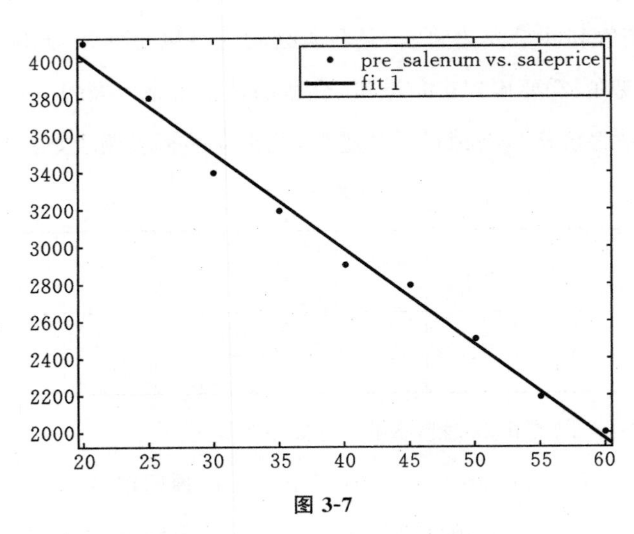

图 3-7

拟合效果如下：

Goodness of fit：

SSE：3.622e + 004

R-square：0.9909

Adjusted R-square：0.9896

RMSE：71.93

在 Matlab 软件包中求解，导致销量为 0 的售价：

```
solve('-51.33 * saleprice + 5042 = 0')
```

执行后得到结果：

```
ans =
        98.227157607636859536333528151179
```

即售价不得超过 99 元，于是，有约束条件

$$0 \leqslant saleprice \leqslant 99。$$

广告费 ad_rate 与广告因子 factor 之间的拟合关系如下：

$$factor = -4.256 \times 10^{-10} \times (ad\_rate)^2 + 4.092 \times 10^{-5} \times ad\_rate + 1.019。$$

拟合图形见图 3-8：

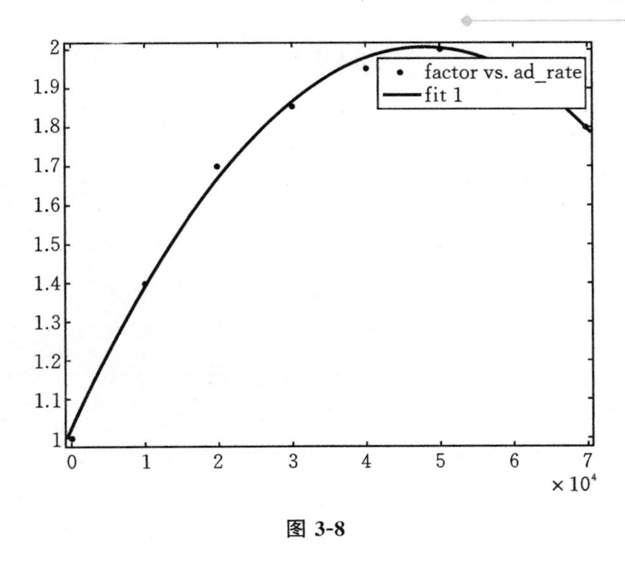

图 3-8

拟合效果如下：

Goodness of fit：

SSE：0.002515

R-square：0.997

Adjusted R-square：0.9957

RMSE：0.02243

通过经验数据观察，广告费太多，广告因子反而下降，所以，广告费的约束条件为

$$0 \leqslant ad\_rate \leqslant 70000。$$

（2）建立非线性优化模型

利润 profit ＝（售价 saleprice － 进价 20）× 实际销量 salenum － 广告费 da_rate，于是，得到下列非线性优化模型

maxprofit

$$\text{s.t.}\begin{cases} profit = (saleprice - 20) * salenum - ad\_rate, \\ salenum = factor * pre\_sale, \\ pre\_sale = -51.33 * saleprice + 5042, \\ factor = -4.256 * 10^{-10} * (ad\_rate)^2 + 4.092 * 10^{-5} * ad\_rate + 1.019, \\ 0 \leqslant saleprice \leqslant 99, 0 \leqslant ad\_rate \leqslant 70000, \text{and } pre\_sale, salenum \in \text{Integer}。\end{cases}$$

在 Lingo 软件包中求解：

```
max = profit;
profit = (saleprice - 20) * salenum - ad_rate;
salenum = factor * pre_sale;
pre_sale =- 51.33 * saleprice + 5042;
```

```
factor =-4.256 * 10^(-10) * (ad_rate)^2+4.092 * 10^(-5) * ad_rate+1.019;
saleprice > 0;
saleprice < 99;
ad_rate > 0;
ad_rate < 70000;
!整数约束条件;
@gin(salenum);
@gin(pre_sale);
```

程序执行后得到结果：

```
Local optimal solution found.
Objective value:                                   116666.2
Model Class:                                            NLP
```

Variable	Value	Reduced Cost
PROFIT	116666.2	0.000000
SALEPRICE	59.10773	0.000000
SALENUM	3830.000	0.9275018E-02
AD_RATE	33116.46	0.000000
FACTOR	1.907371	0.000000
PRE_SALE	2008.000	0.4604419E-02

即玩具公司的最优方案为：

进货策略：salenum = 3830 件左右（因为进货可能是以整箱为单位）；

实际销售 3830 件；

产品售价：saleprice = 59.11 元 / 件；

广告投入：ad_rate = 33116.46 元；

预计公司总利润：profit = 116666.20 元。

3.4 数学模型中的变量分析

在数学建模解决实际问题的过程中，细节不可忽视，往往细节决定成败。所以，在建模过程中，应把握细节，逐步提高建模能力。比如下面介绍的石油生产的非线性优化问题，从细节入手对每个量逐一建立方程，得出的最优解可为公司减少成本，获得最大利润。

例 6 （石油生产的非线性优化问题(Haverly，1978)）Oilco 公司生产 3 种汽油：普通汽油、无铅汽油、优质汽油。这 3 种汽油都是通过混合来自 Alaska 和 Texas 的铅和原油生产的。下表 3-4 给出汽油的相关数据：

表 3-4

汽油类型	规定：硫含量(%)	规定：辛烷值	最小日需求量(加仑)	售价(美元 / 加仑)
普通汽油	≤ 3	≥ 90	5000	0.86
无铅汽油	≤ 3	≥ 88	5000	0.93
优质汽油	≤ 2.8	≥ 94	5000	1.06

来自 Alaska 的原油由两种原油组成：Alaska1 和 Alaska2。Alaska 的原油在 Alaska 混合，然后通过输油管道运送到 Oilco 公司在 Texas 的炼油厂。每天最多可以从 Alaska 运送 10000 加仑原油。其他相关数据见表 3-5：

表 3-5

输入类型	硫含量(%)	辛烷值	最大可用量(加仑)	费用(美元 / 加仑)
Alaska1	4	91	0	0.78
Alaska2	1	97	0	0.88
Texas 原油	2	83	11000	0.75
铅	0	800	6000	1.30

请建立模型，优化这个石油生产过程。

解　(1) 建模

设变量如下：

汽油变量 $u = (u_1, u_2, u_3)$，其中，$u_1 =$ 普通汽油的日产量，$u_2 =$ 无铅汽油的日产量，$u_3 =$ 优质汽油的日产量。

原油变量 $a = (a_1, a_2, a_3, a_4)$，其中，$a_1 =$ Alaska1 的日购买量，$a_2 =$ Alaska2 的日购买量，$a_3 =$ Texas 原油的日购买量，$a_4 =$ 铅的日购买量。

$a_1 + a_2 =$ 每天 Alaska 原油的总购买量。

含量变量 $b = (b_1, b_2)$，其中，$b_1 =$ Alaska 原油的硫含量，$b_2 =$ Alaska 原油的辛烷值。

生产变量 $x = (x_1, x_2, \cdots, x_8)$，其中

$x_1 =$ 每天生产普通汽油的 Alaska 原油用量；

$x_2 =$ 每天生产普通汽油的 Texas 原油用量；

$x_3 =$ 每天生产普通汽油的铅用量；

$x_4 =$ 每天生产无铅汽油的 Alaska 原油用量；

$x_5 =$ 每天生产无铅汽油的 Texas 原油用量；

$x_6 =$ 每天生产优质汽油的 Alaska 原油用量；

$x_7 =$ 每天生产优质汽油的 Texas 原油用量；

$x_8 =$ 每天生产优质汽油的铅用量。

① 目标函数

每天的利润最大化

$$\max f = 0.86u_1 + 0.93u_2 + 1.06u_3 - 0.78a_1 - 0.88a_2 - 0.75a_3 - 1.30a_4。$$

② 约束条件

资源限制：Alaska 原油日购买量 $a_1 + a_2 \leqslant 10000$；

Texas 原油日购买量 $a_3 \leqslant 11000$；

铅的日购买量 $a_4 \leqslant 6000$。

需求限制：普通汽油日需求量 $u_1 \geqslant 5000$；

无铅汽油日需求量 $u_2 \geqslant 5000$；

优质汽油日需求量 $u_3 \geqslant 5000$。

含量等式：Alaska 原油的硫含量 $b_1 = \dfrac{0.04a_1 + 0.01a_2}{a_1 + a_2}$；

Alaska 原油的辛烷值 $b_2 = \dfrac{91a_1 + 97a_2}{a_1 + a_2}$；

Alaska 原油日用总量 $a_1 + a_2 = x_1 + x_4 + x_6$；

铅的日买量 $a_4 = x_3 + x_8$；

Texas 原油日用量 $a_3 = x_2 + x_5 + x_7$。

产量等式：普通汽油日产量 $u_1 = x_1 + x_2 + x_3$；

无铅汽油日产量 $u_2 = x_4 + x_5$；

优质汽油日产量 $u_3 = x_6 + x_7 + x_8$。

含硫量限制：普通汽油$\dfrac{b_1 \cdot x_1 + 0.02x_2 + 0 \cdot x_3}{u_1} \leqslant 0.03$；

无铅汽油$\dfrac{b_1 \cdot x_4 + 0.02x_5}{u_2} \leqslant 0.03$；

优质汽油$\dfrac{b_1 \cdot x_6 + 0.02x_7 + 0 \cdot x_8}{u_3} \leqslant 0.028$。

辛烷值限制：普通汽油$\dfrac{b_2 \cdot x_1 + 83x_2 + 800x_3}{u_1} \geqslant 90$；

无铅汽油$\dfrac{b_2 \cdot x_4 + 83x_5 + 800x_6}{u_2} \geqslant 88$；

优质汽油$\dfrac{b_2 \cdot x_6 + 83x_7 + 800x_8}{u_3} \geqslant 94$。

非负限制：全体变量 $\geqslant 0$。

(2) 求解

在 Lingo 软件包中求解：

```
model：
max = 0.86 * u1+0.93 * u2+1.06 * u3-0.78 * a1-0.88 * a2-0.75 * a3-1.30 * a4;
a1 + a2 < 10000;
a3 < 11000;
```

```
a4 < 6000;
u1 > 5000;
u2 > 5000;
u3 > 5000;
b1 = (0.04 * a1 + 0.01 * a2)/(a1 + a2);
b2 = (91 * a1 + 97 * a2)/(a1 + a2);
a1 + a2 = x1 + x4 + x6;
a3 = x2 + x5 + x7;
a4 = x3 + x8;
u1 = x1 + x2 + x3;
u2 = x4 + x5;
u3 = x6 + x7 + x8;
y1 = (b1 * x1 + 0.02 * x2)/u1;
y1 < 0.03;
y2 = (b1 * x4 + 0.02 * x5)/u2;
y2 < 0.03;
y3 = (b1 * x6 + 0.02 * x7)/u3;
y3 < 0.028;
z1 = (b2 * x1 + 83 * x2 + 800 * x3)/u1;
z1 > 90;
z2 = (b2 * x4 + 83 * x5)/u2;
z2 > 88;
z3 = (b2 * x6 + 83 * x7 + 800 * x8)/u3;
z3 > 94;
a = a1 + a2;
end
```

程序执行后得到结果：

```
Local optimal solution found.
Objective value:                                  4432.370
Total solver iterations:                                81

            Variable           Value        Reduced Cost
                  U1        5000.000            0.000000
                  U2        5000.000            0.000000
                  U3        11134.97            0.000000
                  A1        9047.619            0.000000
```

A2	952.3810	0.000000
A3	11000.00	0.000000
A4	134.9656	0.000000
B1	0.3714286E−01	0.000000
B2	91.57143	0.000000
X1	1761.933	0.000000
X4	2916.667	0.000000
X6	5321.401	0.000000
X2	3210.316	0.000000
X5	2083.333	0.000000
X7	5706.351	0.000000
X3	27.75135	0.000000
X8	107.2142	0.000000
Y1	0.2592991E−01	0.000000
Y2	0.3000000E−01	0.000000
Y3	0.2800000E−01	0.000000
Z1	90.00000	0.000000
Z2	88.00000	0.000000
Z3	94.00000	0.000000
A	10000.00	0.000000

即 Oilco 公司每天的纯利润为 4432.37 美元。具体生产方案见表 3-6：

表 3-6

汽油类型	日产量	Alaska 原油用量	Texas 原油用量	铅用量	含硫量	辛烷值
普通汽油	5000	1761.933	3210.316	27.75135	0.0259	90
无铅汽油	5000	2916.667	2083.333		0.03	88
优质汽油	11134.97	5321.401	5706.351	107.2142	0.028	94

注：Alaska 原油日用量 = 10000 加仑，其中，Alaska1 = 9047.619 加仑，Alaska2 = 952.3810 加仑。

如果使用非线性优化模型对这个生产过程进行优化，Oilco 公司每年至少节约 3000 万美元。

第4章 数学规划模型与Lingo软件实现

一般的优化问题(Optimization problem)通常涉及两个方面:(1) 目标函数(Objective functions);(2) 约束条件(Constrained conditions 或者 Subject to,简记为 s. t.)。特别地,当目标函数和约束条件都是线性函数时,就称其为线性规划(Linear programming);如果一个线性规划问题中要求全体变量取整数值,则称为整数规划;如果要求全体变量取值为0或1,则称为(0,1)规划;如果要求部分变量取整数值、部分变量取值为0或1、部分变量的取值没有限制,则称为混合规划。一般地,线性规划问题有下列矩阵形式:

$$\min f = c\boldsymbol{x}$$

$$\text{s. t.} \begin{cases} \boldsymbol{Ax} \geqslant \boldsymbol{b}, \\ \boldsymbol{x} \geqslant \boldsymbol{0}。 \end{cases}$$

我们可以使用 Mathematica、Lindo、Lingo、Matlab 等软件包求解线性规划问题,尤其是 Mathematica 软件包、Lindo 软件包和 Lingo 软件包功能较为突出。当问题有解时,Mathematica 软件包可以给出精确解,而不是近似小数解。Lindo 软件包不但可以同时求出问题的解(近似小数解)、对偶解(Dual prices)、松弛解(Slack or Surplus),还可以进行灵敏度分析。当问题较大时,例如变量很多,或者数据很多时,利用 Lingo 软件包求解优化问题效果更好。

4.1 数学规划模型概况及Lingo软件简介

4.1.1 数学规划模型概况

在工程技术、经济管理、交通运输等众多领域中,有大量问题需要寻求优化方案来辅助人们进行科学决策。优化问题一般是指用"最好"的方式使用或分配有限的资源,即劳动力、原材料、设备、资金等,使得投入最小或利润最大。

例1 (运输问题)设有甲、乙两个蔬菜生产基地,产量分别为2000吨和1100吨,同时供应A、B、C、D四个市场,这四个市场的需要量分别为1700吨、1100吨、200吨和100吨,而从各基地到各市场的运费见表4-1(元/吨):

表4-1

基地 \ 市场	A	B	C	D
甲	21	25	7	15
乙	47	51	37	15

试制订一个调动方案，使总的运费最小。

分析 设 $x_{11},x_{12},x_{13},x_{14}$ 分别表示从甲地调往各市场的蔬菜量，$x_{21},x_{22},x_{23},x_{24}$ 分别表示从乙地调往各市场的蔬菜量，则调动方案便是满足下列条件（称为约束条件）的一组变量 $x_{ij}(i=1,2;j=1,2,3,4)$ 的值：

$$\begin{cases} x_{11}+x_{12}+x_{13}+x_{14}=2000, \\ x_{21}+x_{22}+x_{23}+x_{24}=1100, \\ x_{11}+x_{21}=1700, \\ x_{12}+x_{22}=1100, \\ x_{13}+x_{23}=200, \\ x_{14}+x_{24}=100, \\ x_{ij}\geqslant 0。 \end{cases}$$

其中 $i=1,2;j=1,2,3,4$。于是问题归结为求总运费

$$f=21x_{11}+25x_{12}+7x_{13}+15x_{14}+47x_{21}+51x_{22}+37x_{23}+15x_{24},$$

在上述约束条件下的最小值。

例 2 （生产计划问题）某工厂有 n 种产品 $A_1,A_2,\cdots,A_n$，每件产品的利润分别为 r_1，$r_2,\cdots,r_n$，而所需设备数分别为 $a_1,a_2,\cdots,a_n$，所需原料的消耗分别为 $b_1,b_2,\cdots,b_n$，所需劳动力分别为 $c_1,c_2,\cdots,c_n$。设该厂现有的设备、原料和劳动力的总数分别为 a,b,c，产品 A_i 在市场上的需求量不超过 $q_i(i=1,2,\cdots,n)$。问工厂在制订生产计划时应如何确定这 n 种产品的产量？

分析 设产品 A_i 的产量为 x_i，则它们应满足约束条件：

$$\begin{cases} \sum_{i=1}^{n} a_i x_i \leqslant a, \\ \sum_{i=1}^{n} b_i x_i \leqslant b, \\ \sum_{i=1}^{n} c_i x_i \leqslant c, \\ x_i \leqslant q_i, x_i \geqslant 0, \end{cases}$$

其中 $i=1,2,\cdots,n$。于是问题便归结为求总利润

$$f=\sum_{i=1}^{n} r_i x_i$$

在上述约束条件下的最大值。

上述这些优化问题称为数学规划问题，其求解模型称为数学规划模型。根据问题的性质和目的，数学规划主要分为线性规划、非线性规划、动态规划和目标规划等。它们在本质上都是条件极值问题，但实际问题中的目标函数和约束条件往往较为复杂，且所涉及的变量个数很多，因而必须建立一套系统的理论和方法才能比较有效地求解这类优化问题。

数学规划模型可以表述为

$$\text{目标函数}\quad \min f(\boldsymbol{x})\,(\text{或}\ \max f(\boldsymbol{x}))$$
$$\text{约束条件}\quad \text{s. t. }\boldsymbol{x} \in S$$

其中，$S \subset \mathbf{R}^n$，$\boldsymbol{x} = (x_1, x_2, \cdots, x_n)$，s. t. 是“受约束于”的意思。

当目标函数和所有约束条件表达式都是线性式时，称为**线性规划**，否则称为**非线性规划**。

有多种数学软件可求解数学规划模型，其中 Lingo 软件因其编程的简洁性及在求解非线性规划时的优越性，被广泛应用。

4.1.2　Lingo 软件简介

Lingo软件是美国LINDO系统公司(Lindo System Inc)开发的求解数学规划系列软件中的一个，它的主要功能是求解大型线性、非线性和整数规划模型，目前的版本号是 V14.0，其中 Demo 版是免费的，其他版本需要购买。本章在 Lingo 11.0 版本中讨论问题。

启动 Lingo 11.0 后，在主窗口弹出标题为“LINGO Model－LINGO1”的窗口，称为模型窗口，用于输入模型。将例 1 的模型输入后，得到如图 4-1 所示界面。

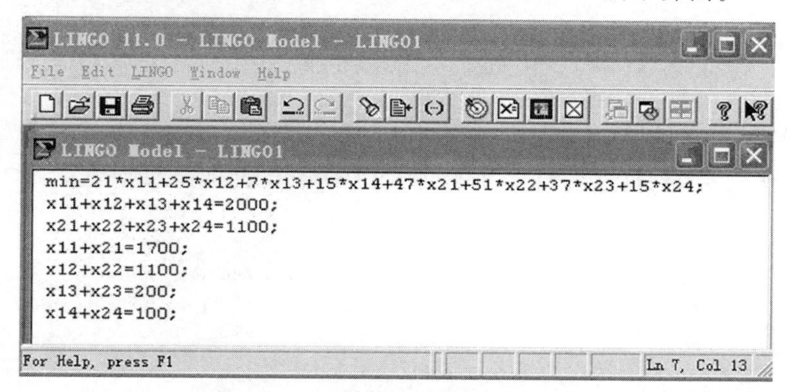

图 4-1　Lingo 主窗口和模型窗口

注：Lingo 默认所有决策变量都非负，因而变量非负条件可以不必输入。

选菜单 File/Save As(或按 F5)将输入的模型存盘，默认文件格式的扩展名为.lg4，该格式文件仅在 Lingo 系统中才可打开。

选菜单 Lingo/Solve(或按 Ctrl＋S)，或点击“Solve”(求解)按钮即可求解。如果模型有语法错误，则弹出标题为“LINGO Error Message”(错误信息)窗口，指出错误所在行号和错误类型编号(具体含义按 F1 帮助或查阅使用手册)，改正错误后再求解。

Lingo 的语法规定：

(1) Lingo 模型以语句“model:”开头，以“end”结束。对于比较简单的模型，这两个语句可以省略；

(2) 每个语句必须以分号“;”结束，每行可以有多个语句，语句可以跨行；

(3) 求目标函数的最大值或最小值分别用 max 或 min 来表示;

(4) 变量名必须以字母开头,可以由字母、数字和下划线组成,长度不超过 32 个字符,不区分大小写;

(5) 以"!"开头,以";"结束的语句表示注释语句,注释语句仅便于模型阅读,不参与运算;

(6) 如果对变量的取值范围没有作特殊规定,则默认所有决策变量都非负。

如果语法通过,Lingo 将用内部所带的求解程序求出模型的解,然后弹出标题为"LINGO Solver Status"(求解状态)窗口,如图 4-2 所示,其内容包含变量个数、约束条件个数、优化状态、非零变量个数、耗费内存、花费时间等信息。

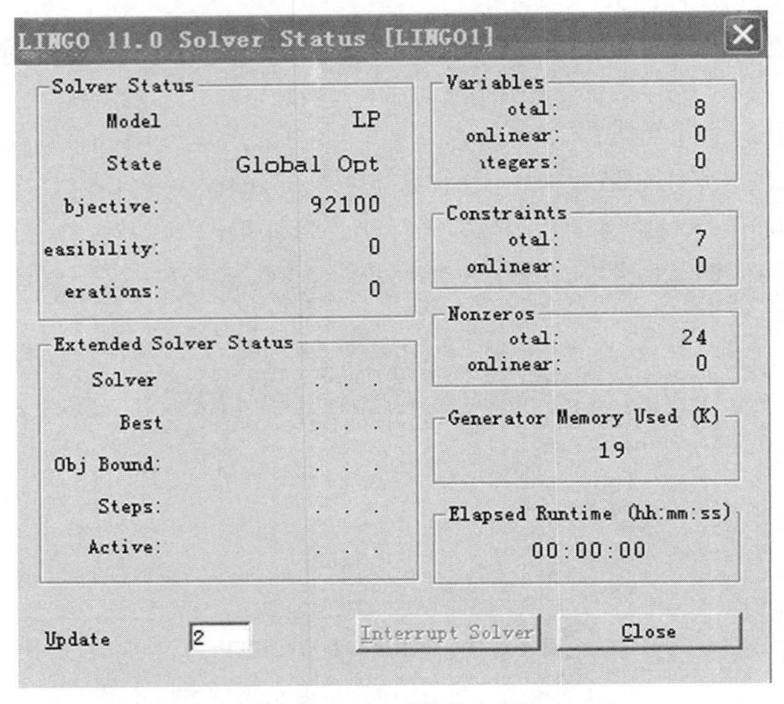

图 4-2 Lingo 求解状态窗口

点击"Close"按钮关闭求解状态窗口,出现标题为"Solution Report"(解的报告)的信息窗口,如图 4-3 所示,显示优化计算的步数、优化后的目标函数值、各变量的计算结果。

对本章例 1 模型求解后的报告解读:找到全局最优解,目标函数值为 92100,变量值分别为 X11 = 1700,X12 = 100,X13 = 200,X14 = 0,X21 = 0,X22 = 1000,X23 = 0,X24 = 100。"Reduced Cost"的含义是缩减成本系数,"Row"是输入模型中的行号,"Slack or Surplus"的意思为松弛或剩余,即约束条件左右两边的差值,如果约束条件无法满足,即没有可行解,则松弛或剩余值为负数,"Dual Price"的意思是对偶价格,表示约束值每增加一个单位对目标函数值的贡献大小,因而也常被称为影子价格。

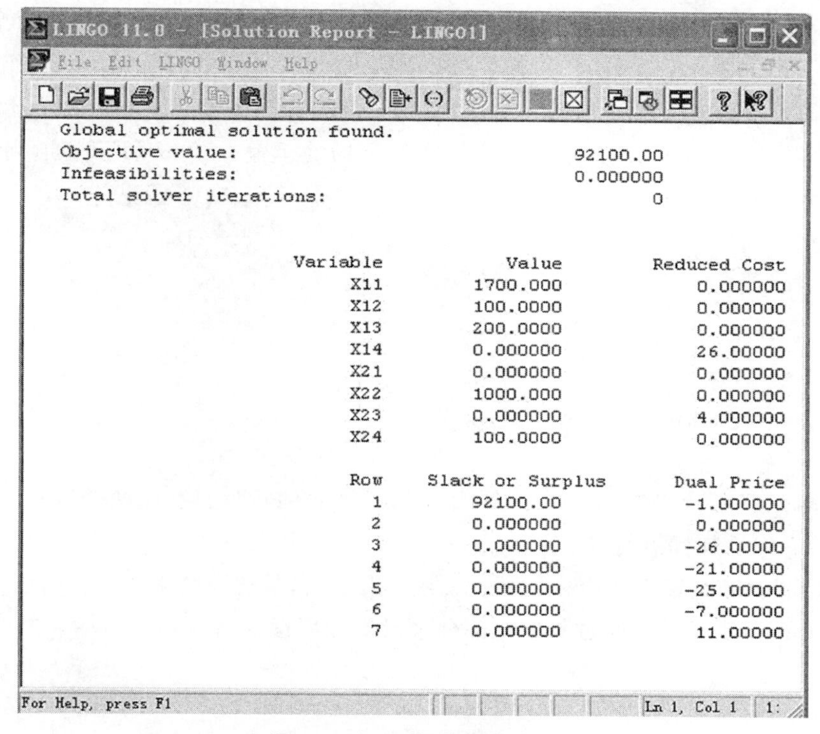

图 4-3　Lingo 解的报告窗口

大型模型中，变量和约束条件个数都比较多，若仍然用直接输入方式显然不妥。例如，目标函数中有求和表达式 $\sum_{i=1}^{10}\sum_{j=1}^{30}c_{ij}x_{ij}$，若用直接输入方式，将有 300 个 c_{ij} 与 x_{ij} 的乘积再相加，输入量大，也不便于阅读和修改。Lingo 建模语言通过引入集合的概念，为建立大规模数学规划模型提供了方便。下面以本章例 1 的模型为例，说明集合在 Lingo 模型中的应用。

(1) 集合的定义：每个集合在使用之前需要预先定义，蔬菜生产基地集合的定义语句如下：

jd/j1,j2/:ai;

其中，jd 是集合名称，j1、j2 是集合内元素，当元素个数较多时，可以用特定的省略号“..”，ai 是集合的属性，可以看成是一个一维数组，这里表示各蔬菜生产基地的产量。

本例还需要定义市场集合：

sc/s1..s4/:dj;

该集合有 4 个元素，dj 是集合的属性(有 4 个分量)，表示各市场的需求量。

以上两个集合称为初始集合，其属性相当于一维数组。

为了表示模型中从基地到市场的运输关系以及与此相关的运输单价 c_{ij} 和运输量 x_{ij}，需要再定义一个运输关系的集合：

links(jd,sc):c,x;

该集合由初始集合jd和sc组成，称为衍生集合，c和x是该衍生集合的两个属性。可以指定其元素，如果不规定元素，则默认为初始集合的所有元素的所有可能的组合。这里，links集合的元素为jd的2个元素和sc的4个元素的所有组合共8个元素。属性c和x都相当于二维数组，各有8个分量，c表示基地到市场的运输单价，x表示基地到市场的运输量。

本模型完整的集合定义为：

```
sets:
jd/j1,j2/:ai;
sc/s1..s4/:dj;
links(jd,sc):c,x;
endsets
```

注：集合定义部分以语句“sets:”开始，以语句“endsets”结束，这两个语句必须单独成行，endsets后面不加标点符号。

(2) 数据初始化：以上集合中的属性x是决策变量，是待求的未知数，属性ai、dj和c都是已知数，Lingo建模语言通过数据化部分来对已知属性赋值，格式为：

```
data:
ai = 2000,1100;
dj = 1700,1100,200,100;
c = 21,25,7,15
    47,51,37,15;
enddata
```

注：数据初始化部分以语句“data:”开始，以语句“enddata”结束，这两个语句必须单独成行，enddata后面不加标点符号，数据之间的逗号也可以用空格代替。

(3) 目标函数和约束条件：本例的目标函数可以简写为：

$$\min f = \sum_{i=1}^{2}\sum_{j=1}^{4} c_{ij}x_{ij},$$

用Lingo语句表示为：

```
min = @sum(links(i,j):c(i,j) * x(i,j));
```

其中，@sum是Lingo的内部函数，其作用是对某集合的所有元素求指定表达式的和，第一个参数是集合名称，第二个参数是指定的表达式。

本例的约束条件可以简化为两个式子(第三类非负约束系统默认)：

① $\sum_{j=1}^{4} x_{ij} = a_i (i = 1,2)$，用Lingo语句表示为：

```
@for(jd(i):@sum(sc(j):x(i,j)) = ai(i));
```

② $\sum_{i=1}^{2} x_{ij} = d_j (j = 1,2,3,4)$，用 Lingo 语句表示为：

```
@for(sc(j):@sum(jd(i):x(i,j)) = dj(j));
```

综上所述，本例完整的 Lingo 模型如下：

```
model:
sets:    !集合定义;
jd/j1,j2/:ai;
sc/s1..s4/:dj;
links(jd,sc):c,x;
endsets
data:    !原始数据;
ai = 2000,1100;
aj = 1700,1100,200,100;
c = 21,25,7,15
    47,51,37,15;
enddata
min = @sum(links(i,j):c(i,j) * x(i,j));      !目标函数;
@for(jd(i):@sum(sc(j):x(i,j)) = ai(i));    !约束条件;
@for(sc(j):@sum(jd(i):x(i,j)) = dj(j));
end
```

4.2　线性规划

目标函数和所有约束条件表达式对于决策变量而言都是线性式即为线性规划。

我们给出线性规划的一个标准模型：

目标　　$\min z = \sum_{j=1}^{n} c_j x_j$

约束条件　　$\text{s.t.} \begin{cases} \sum_{j=1}^{n} a_{ij} x_j \leqslant b_i, i = 1,2,\cdots,m, \\ x_j \geqslant 0, \qquad j = 1,2,\cdots,n。\end{cases}$

一般的线性规划问题中对目标函数可能求极大值，也可能求极小值，约束条件可能是等式也可能是不等式。它的求解可直接借助于数学软件 Lingo(或 Matlab) 完成，但要注意，Lingo 中规定所有决策变量非负，此时要将它转化为标准形式。其方法举例如下：

引入自由变量：标准模型中要求 $x_j \geqslant 0$，若问题中的 x_j 可取任意值，则称 $x_j (j = 1,2,\cdots,n)$

为自由变量。此时可令

$$x_j = x_j^{(1)} - x_j^{(2)},$$

其中，$x_j^{(1)} \geqslant 0, x_j^{(2)} \geqslant 0$，这样就消去了自由变量。

例 3 （配料问题）某营养师要为某类人群拟订本周蔬菜类菜单，当前可供选择的蔬菜品种、价格、营养成分含量、人群所需养分的最低数量见表 4-2。此类人群每周需要 14 份蔬菜，为了满足各种口味的需求，规定一周内的卷心菜不多于 2 份，胡萝卜不多于 3 份，其他蔬菜每种不多于 4 份且至少 1 份。在满足要求的前提下，制订费用最少的一周菜单方案。

表 4-2

		每份蔬菜所含养分数量(mg)					每份价格(元)
		铁	磷	维生素 A	维生素 C	烟酸	
A_1	青豆	0.45	20	415	22	0.3	2.1
A_2	胡萝卜	0.45	28	4065	5	0.35	1.0
A_3	花菜	0.65	40	850	43	0.6	1.8
A_4	卷心菜	0.4	25	75	27	0.2	1.2
A_5	芹菜	0.5	26	76	48	0.4	2.0
A_6	土豆	0.5	75	235	8	0.6	1.2
每周最低需求		6	125	12500	345	5	

解 配料问题又称调和问题，是线性规划应用问题中的常见类型。

用 x_i 表示 6 种蔬菜的份数，a_i 表示蔬菜单价，b_i 表示每周最低营养需求，c_{ij} 表示第 i 种蔬菜的第 j 种养分含量，建立如下线性规划模型：

$$\min z = \sum_{i=1}^{6} a_i x_i$$

$$\text{s.t.}\begin{cases} \sum_{i=1}^{6} c_{ij} x_i \geqslant b_j, j = 1,2,\cdots,5; \\ \sum_{i=1}^{6} x_i = 14; \\ x_2 \leqslant 3, x_4 \leqslant 2; \\ 1 \leqslant x_i \leqslant 4, i = 1,3,5,6。 \end{cases}$$

在 Lingo 中编辑程序如下：

```
model:
sets:
shc/a1..a6/:ai,x;   yf/b1..b5/:bj;
jiage(shc,yf):c;
endsets
data:
ai = 2,1,1.8,1.2,2,1.2;
bj = 6,125,12500,345,5;
c = 0.45,20,415,22,0.3
    0.45,28,4065,5,0.35
    0.65,40,850,43,0.6
    0.4,25,75,27,0.2
    0.5,26,76,48,0.4
    0.5,75,235,8,0.6;
enddata
min = @sum(shc:ai * x);
@for(shc(i):@gin(x(i)));
@for(shc(i):x(i) >= 1);
@sum(shc(i):x(i)) = 14;
x(2) <= 3;x(4) <= 2;
@for(shc(i) | i#ne#2#and#i#ne#4:x(i) <= 4);
@for(yf(j):@sum(shc(i):x(i) * c(i,j)) >= bj(j));
end
```

运行结果为：

```
Objective Value:20.60000
        X(A1)      1.000000      2.000000
        X(A2)      3.000000      1.000000
        X(A3)      2.000000      1.800000
        X(A4)      2.000000      1.200000
        X(A5)      3.000000      2.000000
        X(A6)      3.000000      1.200000
```

求解得到优化结果为：每周青豆、胡萝卜、花菜、卷心菜、芹菜、土豆的份数分别为 1、3、2、2、3、3，总费用为 20.6 元。

例 4　(选址问题)某油田计划在铁路线一侧建造两家炼油厂，同时在铁路线上增建一个车站，用来运送成品油。两炼油厂的具体位置由附图 4-4 所示，其中 A 厂位于郊区（图中的 Ⅰ 区域），B 厂位于城区（图中的 Ⅱ 区域），两个区域的分界线用图中的虚线表示。图中各字母表示的距离（单位：千米）分别为 $a=5, b=8, c=15, l=20$。

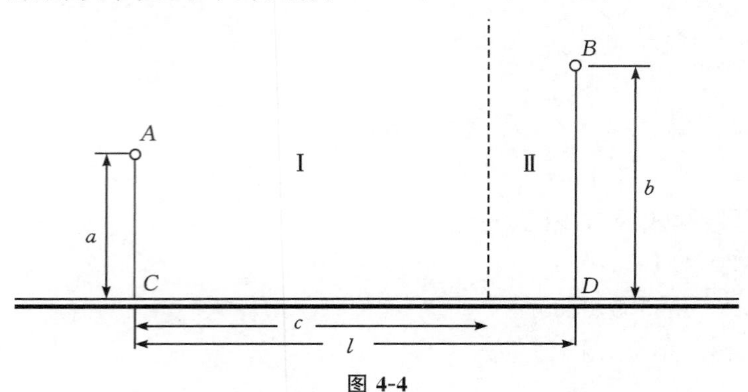

图 4-4

为节省费用，根据炼油厂的生产能力，选用相适应的油管。管线铺设费用分别为输送 A 厂成品油的每千米 5.6 万元，输送 B 厂成品油的每千米 6.0 万元，共用管线费用为每千米 7.2 万元，铺设在城区的管线还需增加拆迁和工程补偿等附加费用每千米 21 万元，请给出管线最佳布置方案。

解 过 A、B 作到铁路的垂线，交点分别为 C、D，以 C 为原点、$\overrightarrow{CD}$ 为 x 轴、$\overrightarrow{CA}$ 为 y 轴建立平面直角坐标系（见图 4-5）。设两个炼油厂输出油管道的结点为 $P(x,y)$，结点 P 到炼油厂 A、B 的距离分别为 x_1、x_2，到 x 轴、y 轴的距离分别为 x_3、x_4（其中结点 P 到 x 轴的距离即为到铁路的垂直距离）。

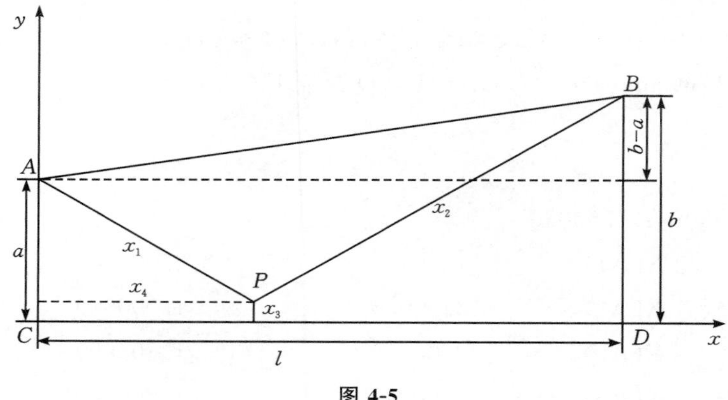

图 4-5

若不考虑铺设在城区的管线需增加的附加费用，此时只要找出结点 P 的坐标即可。考虑到城区拆迁费用比较大，为了减少其所占分量，不妨将结点 P 到炼油厂 B 中间的直线用折线替换，由于从炼油厂 B 到结点 P 的输油管线必经过两区域的交界线，在交界线上寻求点 Q，使得 A 到 P 的距离，P 到 Q 的距离及 Q 到 B 的距离乘以相应的价格系数后能满足所求费用最少的目标。设 PQ 的距离为 x_7，QB 的距离为 x_5，而两结点 P 与 Q 在垂直方向的分

量差为 x_6。见图 4-6：

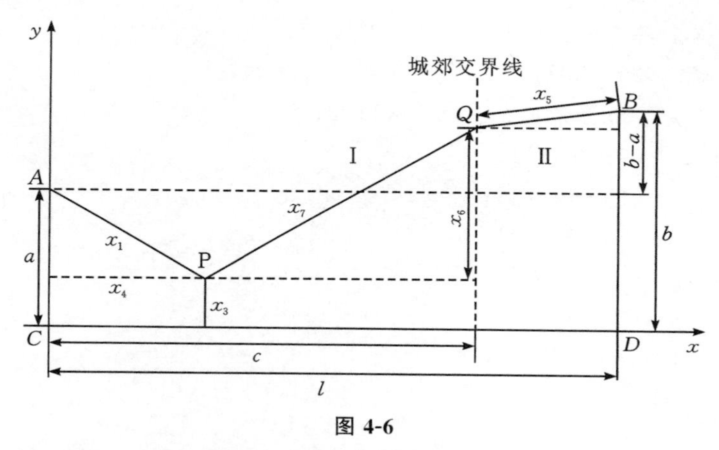

图 4-6

由于各输油管线费用不同，结合价格系数建立目标函数：

$$\min z = m_1x_1 + m_2x_7 + m_3x_3 + (m_2 + m_4)x_5,$$

其中，m_1 为 A 炼油厂的输油管道价格系数，m_2 为 B 炼油厂的输油管道价格系数，m_3 为公共管道价格系数，m_4 为城区拆迁费用系数。

约束条件：

$$\text{s.t.}\begin{cases} x_1 + x_7 + x_5 \geqslant \sqrt{l^2 + (b-a)^2}, & ① \\ (x_7 + x_5)^2 \geqslant (l - x_4)^2 + (b - x_3)^2, & ② \\ x_1^2 = x_4^2 + (a - x_3)^2, & ③ \\ x_7^2 - x_6^2 = (c - x_4)^2, & ④ \\ x_5^2 - (l - c)^2 = (b - x_3 - x_6)^2, & ⑤ \\ 0 \leqslant x_1 \leqslant \sqrt{a^2 + l^2}, & ⑥ \\ 0 \leqslant x_3 \leqslant b, & ⑦ \\ l - c \leqslant x_5 \leqslant \sqrt{b^2 + (l-c)^2}. & ⑧ \end{cases}$$

以上约束条件是将几何条件转换为代数约束条件所得：

① 两点间线段最短，当 A、P、Q、B 四点共线时，则可取等号；

② 同 ①，当 P、Q、B 三点共线时，则可取等号；

③ 根据三角形勾股定理对线段 x_1、x_2、x_5 列方程分别得出 ③、④、⑤ 等式；

⑥ 由于结点 P 不可超出炼油厂 B 的右侧，故长度变量 x_1 应小于梯形对角线 AD；

⑦ 结点 P 不可超出炼油厂 B 上方，故 x_3 最大不超过参数 b；

⑧ 由于结点 Q 在城郊交界线上，故 BQ 线段最短为垂直于城郊区交界线情况，而最长即 Q 点于交界线上运动时不超出 x 轴下方。

代入相应参数，在 Lingo 中编辑程序如下：

```
model:
min = 5.6 * x1 + 6 * x7 + 7.2 * x3 + 27 * x5;
x1 + x7 + x5 > 20.2237;
(x7 + x5)^2 > (20 - x4)^2 + (8 - x3)^2;
x1^2 = x4^2 + (5 - x3)^2;
x7^2 - x6^2 = (15 - x4)^2;
x5^2 - 25 = (8 - x3 - x6)^2;
@bnd(0,x1,20.6155);
@bnd(0,x3,8);
@bnd(5,x5,10);
end
```

运行结果为：

```
Local optimal solution found.
Objective value:                                249.4422
Total solver iterations:                               4
```

Variable	Value	Reduced Cost
X1	8.315667	0.3288000E－08
X7	10.91195	0.000000
X3	0.1326951	0.000000
X5	5.053607	0.8155844E－08
X4	6.742378	0.000000
X6	7.133180	0.000000

利用所得距离变量的最优值，求出结点 P 与结点 Q 的坐标如下：

$$\begin{cases} x_P = x_4 = 6.742378, \\ y_P = x_3 = 0.1326951, \end{cases} \begin{cases} x_Q = c = 15, \\ y_Q = x_3 + x_6 = 6.26588, \end{cases}$$

即当输油管线的结点 P 到 y 轴的距离为 6.742378 千米，到 x 轴的距离为 0.1326951 千米；结点 Q 到 y 轴的距离为 15，到 x 轴的距离为 6.26588 千米时，则铺设输油管线总费用最少。此时，目标规划最优值为 $z = 249.4422$ 万元。

4.3 整数规划与非线性规划

决策变量只能取正整数的数学规划称为**整数规划**，目标函数或约束条件表达式对于决策变量而言存在非线性式则称为非线性规划。

例 5 （整数规划）钢管原材料每根长 19 米，现需要 A，B，C，D 四种钢管部件，长度分别为 4 米，5 米，6 米，8 米，数量分别为 50，10，20，15 根，因不同下料方式之间的转换会增加成本，因而要求不同的下料方式不超过 3 种，试安排下料方式，使所需钢管原材料最少。

解　虽然可以通过手工方式列举出所有余料小于部件最小长度 4 的下料方式，但工作量大，且不具有普遍性。设法将下料方式作为约束条件，放在规划中一起解决。

假设用到 k 种下料方式，部件种类有 m 种，用 $x_i(i=1,2,\cdots,k)$ 表示第 i 种下料方式所切割的原料钢管数量，它们是非负整数，用 n_{ij} 表示第 i 种下料方法得到部件 $j(j=1,2,\cdots,m)$ 的数量，b_j 表示第 j 种部件的需求量，L 表示钢管原料的长度，l_j 表示部件长度，则下料方式应当满足以下条件：每根钢管切割出的部件总长不超过 L，余料不超过 $\min\{l_j\}$。建立如下数学模型：

$$\min z=\sum_{i=1}^{k}x_i$$

$$\text{s.t.}\begin{cases}\sum\limits_{i=1}^{k}n_{ij}x_i\geqslant b_j, & j=1,2,\cdots,m,\\ L-\min\{l_j\}<\sum\limits_{j=1}^{m}l_jn_{ij}\leqslant L, & i=1,2,\cdots,k。\end{cases}$$

模型中的 x_i 和 n_{ij} 都是决策变量且取非负整数，本例中 $k=3$，$m=4$。模型的约束条件有两类，一类是可能的下料方式应满足的条件，另一类是各种部件满足需求量，目标函数是需要的钢管原料总根数最少。

在 Lingo 中编辑程序如下：

```
model:
sets:
cutfa/1,2,3/:x;
buj/1..4/:l,need;
shul(cutfa,buj):n;
endsets
data:
l = 4 5 6 8;
need = 50 10 20 15;
zl = 19;
enddata
min = @sum(cutfa:x);
@for(buj(j):@sum(cutfa(i):n(i,j) * x(i)) > need(j));
@for(cutfa(i):@sum(buj(j):n(i,j) * l(j)) < zl);
@for(cutfa(i):@sum(buj(j):n(i,j) * l(j)) > 16);
@for(shul:@gin(n));@for(cutfa:@gin(x));
end
```

运行结果为：

```
Local optimal solution found.
objective value:                                     28.00000
objective bound:                                     28.00000
Infeasibilities:                                     0.000000
Extended solver steps:                                    179
Total solver iterations:                                 8481

                                   Variable             Value
                                         ZL          19.00000
                                       X(1)          8.000000
                                       X(2)          10.00000
                                       X(3)          10.00000
                                       L(1)          4.000000
                                       L(2)          5.000000
                                       L(3)          6.000000
                                       L(4)          8.000000
                                    NEED(1)          50.00000
                                    NEED(2)          10.00000
                                    NEED(3)          20.00000
                                    NEED(4)          15.00000
                                     N(1,1)          0.000000
                                     N(1,2)          0.000000
                                     N(1,3)          0.000000
                                     N(1,4)          2.000000
                                     N(2,1)          2.000000
                                     N(2,2)          1.000000
                                     N(2,3)          1.000000
                                     N(2,4)          0.000000
                                     N(3,1)          3.000000
                                     N(3,2)          0.000000
                                     N(3,3)          1.000000
                                     N(3,4)          0.000000
```

由程序运行结果可知,最优解下料方式为(见表 4-3):

表 4-3

切割方法	部件长度(米)				余料长度(米)	切割根数
	4	5	6	8		
1	2	1	1	0	0	10
2	3	0	1	0	1	10
3	0	0	0	2	3	8
合计	50	10	20	16	34	28

以上切割方案余料总长 34 米，且多出一根 8 米长的部件，能找到没有多余部件的切割方案吗?请读者自己思考。

例 6　(非线性规划)无线传感器网络由多个传感器(称为节点)组成，应用于目标检测时，应依据节点的感知半径，合理安排节点的数量和放置位置，使得整个监测区域能被监测且节点数量最少。设有一个 100 米 × 100 米的监测区域，区域内任何位置皆可放置节点，节点的感知半径为 1.1 米，设计节点的优化部署方案。

解　首先将网络监测区域按 100 × 100 的粒度进行网格化(节点的感知半径为 1.1 米)，每个网格用其中心点来表示，整个监测区域离散化为网格点的集合，节点可以部署在任意网格点之上，以监测感知范围内的所有网格点。对某一网格点 P 被节点覆盖的情况，采用检测向量来描述，检测向量的每一个分量分别对应一个网格点，分布在某些网格点上的节点能感知 P 点，则对应分量取 1，否则取 0。

设所有的网格点集合为 $G=\{1,2,\cdots,n\}$，在网格点 k 处的节点感知半径为 R_k，网格点 i 与 j 之间的距离为 d_{ij}，构建如下决策变量：

节点的部署方案记为：$S=\{s_1,s_2,\cdots,s_n\}$，其中

$$s_k=\begin{cases}1,\text{在网格点 } k \text{ 处放置节点},\\0,\text{其他。}\end{cases}$$

网格点 i 的检测向量记为：$\boldsymbol{V}_i=(v_{i1},v_{i2},\cdots,v_{in})(i=1,2,\cdots,n)$，其中

$$v_{ij}=\begin{cases}1,\text{部署在 } j \text{ 处的节点能够检测到网格点 } i \text{ 处的目标},\\0,\text{其他。}\end{cases}$$

优化目标为

$$\min\sum_{i=1}^{n}s_i\text{。}$$

约束条件有两类，一是要满足完全覆盖的要求，即 $\sum_{k=1}^{n}v_{ik}\geqslant 1,\ \forall\, i\in G$，二是要满足分

辨率的要求,使得检测向量各不相同,即 $\sum_{k=1}^{n} | v_{ik} - v_{jk} | > 0, \forall i,j \in G$。

从而构建如下组合优化模型:

$$\min \sum_{i=1}^{n} s_i$$

$$\text{s. t.} \begin{cases} v_{ik} d_{ik} \leqslant s_k R_k, \forall k \in S, i \in G, i \neq k, \\ \dfrac{d_{ik}}{R_k} > s_k - v_{ik}, \forall k \in S, i \in G, i \neq k, \\ v_{ik} = s_k, \forall k \in S, i \in G, i = k, \\ \sum_{k=1}^{n} v_{ik} \geqslant 1, \forall i \in G, \\ \sum_{k=1}^{n} | v_{ik} - v_{jk} | > 0, \forall i,j \in G, \\ s_i = \{0,1\}, v_{ij} = \{0,1\}, \forall i,j \in G. \end{cases}$$

上述模型是一个非线性的优化模型,软件 Lingo 可以很好地完成其计算。

为提高软件的运行效率,模型的运算可分两步来完成。首先,不考虑分辨率要求,仅考虑完全覆盖的要求,计算出此时节点密度的最小值 t。在 Lingo 中编辑程序如下:

```
model:
sets:
set1/1..100/:s;
link(set1,set1):v,d;
endsets
data:
d = @ole('e:\distance.xls','A1:CV100');
enddata
min = @sum(set1(i):s(i));
@for(set1(i):@for(set1(j) | i#NE#j:v(i,j) * d(i,j) <= s(j) * 1.1));
@for(set1(i):@sum(set1(k):v(i,k)) >= 1);
@for(set1(i):@for(set1(j) | i#EQ#j:v(i,j) = s(j)));
@for(set1(i):@bin(s(i)));
@for(link(i,j):@bin(v(i,j)));
end
```

运行结果为(见图 4-7):

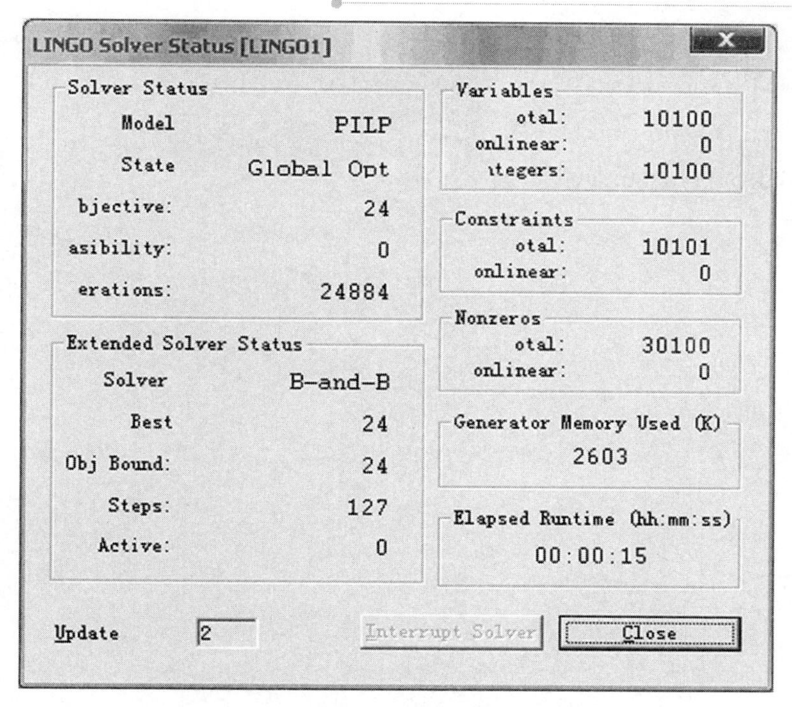

图 4-7

结果显示，当节点密度达到 24% 时，通过优化部署，可以达到区域的完全覆盖。在此基础上，再考虑分辨率要求，因为此时的节点密度最小值一定比第一步更大，所以可增加一个约束条件 $\sum_{i=1}^{m} s_i \geqslant t$，如此改变约束条件，可使得运行过程中的搜索范围大大缩小，从而有利于提高求解速度。在 Lingo 中编辑程序如下：

```
model:
sets:
set1/1..100/:s;
link(set1,set1):v,d;
endsets
data:
d = @ole('e:\distance.xls','A1:CV100');
enddata
min = @sum(set1(i):s(i));
@for(set1(i):@for(set1(j) | i#NE#j:v(i,j) * d(i,j) <= s(j) * 1.1));
@for(set1(i):@for(set1(j) | j#GT#i:@sum(set1(k):(v(i,k) - v(j,k))^2) >= 1));
```

```
@for(set1(i):@for(set1(k) | i#NE#k:(d(i,k)/1.1) > s(k) - v(i,k)));
@for(set1(i):@for(set1(j) | i#EQ#j:v(i,j) = s(j)));
@for(set1(i):@bin(s(i)));
@for(link(i,j):@bin(v(i,j)));
s(3) = 1;
s(7) = 1;
s(9) = 1;
s(11) = 1;
s(15) = 1;
s(23) = 1;
s(28) = 1;
s(30) = 1;
s(36) = 1;
s(31) = 1;
s(44) = 1;
s(49) = 1;
s(52) = 1;
s(57) = 1;
s(65) = 1;
s(70) = 1;
s(71) = 1;
s(78) = 1;
s(86) = 1;
s(90) = 1;
s(92) = 1;
s(94) = 1;
s(98) = 1;
s(73) = 1;
@sum(set1(i):s(i)) <= 50;
@sum(set1(i):s(i)) >= 24;
end
```

运行结果为(见图 4-8):

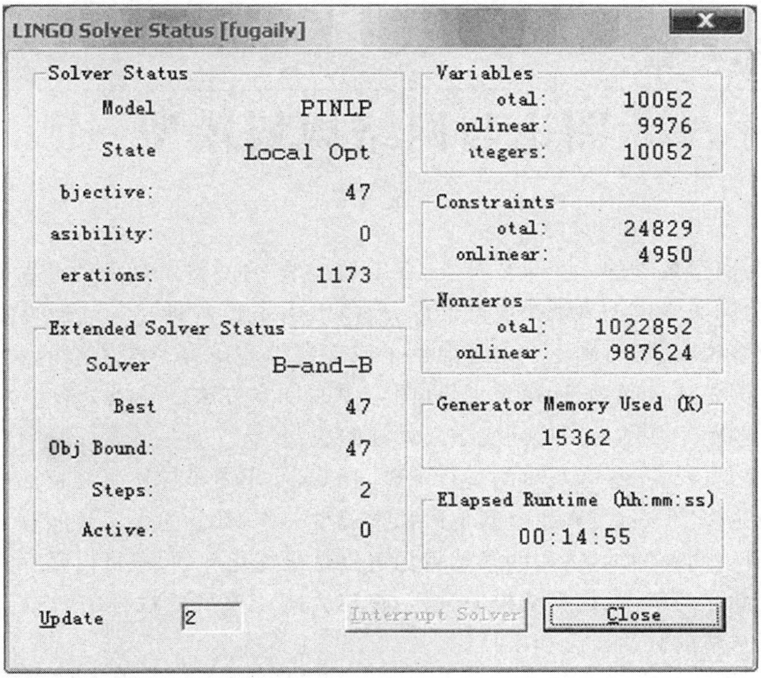

LINGO Solver Status [fugailv]

Solver Status
Model　PINLP
State　Local Opt
bjective:　47
asibility:　0
erations:　1173

Extended Solver Status
Solver　B-and-B
Best　47
Obj Bound:　47
Steps:　2
Active:　0

Variables
otal:　10052
onlinear:　9976
ıtegers:　10052

Constraints
otal:　24829
onlinear:　4950

Nonzeros
otal:　1022852
onlinear:　987624

Generator Memory Used (K)
15362

Elapsed Runtime (hh:mm:ss)
00:14:55

Update　2　Interrupt Solver　Close

图 4-8

结果表明，当节点密度达到 47% 时，经过优化部署，不仅网络可以覆盖所有的网格点，而且每一个网格点的检测向量各不相同，从而可以确定目标的准确位置，软件运行结果中的节点优化部署方案省略。

第5章 图论与网络规划模型

图论作为离散数学的一个重要分支,在工程技术、自然科学和经济管理中的许多方面都能提供有力的数学模型来解决实际问题,所以吸引了很多研究人员去研究图论中的方法和算法。应该说,我们对图论中的经典例子或多或少还是有一些了解的,比如哥尼斯堡七桥问题、中国邮递员问题、四色定理等。图论中的许多方法已经成为数学模型中的重要方法。许多难题由于归结为图论问题被巧妙地解决。

图论建模是指对一些客观事物进行抽象、化简,并用图来描述事物特征及内在联系的过程。建立图论模型的目的和建立其他的数学模型一样,都是为了简化问题,突出要点,以便更深入地研究问题的本质;它的求解目标可以是最优化问题,也可以是存在性或是构造性问题,并且和几何模型、运筹学模型一样,在建立图论模型的过程中,也需要用到集合、映射、函数等基本的数学概念和工具。

本章将从图论的角度来说明如何将一个工程问题转化为合理而且可求解的数学模型,着重介绍图论中的典型算法。这里只是一些基础、简单的介绍,目的在于了解这方面的知识和应用,拓宽大家的思路,希望起到抛砖引玉的作用,要掌握更多的图论知识,还需要我们进一步的学习和实践。

5.1 图的基本概念

1. 图的定义

定义5.1 图G是一个偶对(V,E),其中$V(G)=\{v_1,v_2,\cdots,v_n\}$为图$G$的**顶点集**或**节点集**,$E(G)=\{e_1,e_2,\cdots,e_m\}$为图$G$的**边集**或**弧集**(常用$A$表示),记$e_k=(v_i,v_j)(k=1,2,\cdots,m)$。

若e_k是无序对,则称G为**无向图**;若$e_k=(v_i,v_j)$是有序对,则称G为**有向图**,v_i为e_k的起点,v_j为e_k的终点,称去掉有向图的方向得到的图为**基础图**。

注:边上赋权的无(有)向图称为赋权无(有)向图或网络。我们对图和网络不作严格区分,因为任何图总是可以赋权的。

一个图称为**有限图**,如果它的顶点集和边集都有限。图G的顶点数用符号$|V|$或$\nu(G)$表示,边数用$|E|$或$\varepsilon(G)$表示。

端点重合为一点的边称为**环**。连接两个相同顶点的边的条数称为边的**重数**,重数大于1的边称为**重边**。在有向图中,两个顶点相同但方向相反的边称为**对称边**。一个图称为**简单图**,如果它既没有环也没有重边。

2. 完全图、二分图、子图

每一对不同的顶点都有一条边相连的简单图称为**完全图**。n 个顶点的完全图记为 K_n；完全图的有向图称为**竞赛图**。

若 $V(G) = X \cup Y, X \cap Y = \varnothing, |X||Y| \neq 0$(这里 $|X|$ 表示集合 X 中的元素个数)，X 中无相邻顶点对，Y 中亦然，则称 G 为**二分图**；特别地，若对 $\forall x \in X, y \in Y$，有 $xy \in E(G)$，则称 G 为**完全二分图**，记为 $K_{|X|,|Y|}$。

图 H 叫做图 G 的**子图**，记作 $H \subset G$，如果 $V(H) \subset V(G), E(H) \subset E(G)$。若 H 是 G 的子图，则称 G 为 H 的**母图**。

G 的**支撑子图**(又称**生成子图**)是指满足 $V(H) = V(G)$ 的子图 H。

3. 顶点的度

定义 5.2　设 $v \in V(G)$，G 中与 v 关联的边数(每个环算作两条边)称为 v 的**度**，记作 $d(v)$。若 $d(v)$ 是奇数，称 v 是**奇度顶点**；若 $d(v)$ 是偶数，称 v 是**偶度顶点**。

对有向图，以 v 为起点的有向边数称为 v 的**出度**，记作 $d^+(v)$；以 v 为终点的有向边数称为 v 的**入度**，记作 $d^-(v)$；顶点 v 的度 $d(v) = d^+(v) + d^-(v)$。

关于顶点的度，我们有如下结果：

定理 5.3　(1) 对无向图 $G = (V, E)$，均有 $\sum\limits_{v \in V} d(v) = 2|E|$；

(2) 对有向图 $G = (V, E)$，均有 $\sum\limits_{v \in V} d^+(v) = \sum\limits_{v \in V} d^-(v) = |E|$。

4. 迹、路、圈与连通

定义 5.4　无向图 G 的一条**途径**是指一个有限的非空序列 $W = v_0 e_1 v_1 e_2 \cdots e_k v_k$，其中 $e_i \in E(G), 1 \leqslant i \leqslant k, v_j \in V(G), 0 \leqslant j \leqslant k$，$e_i$ 与 v_{i-1}, v_i 关联，称 k 为 W 的长。

若途径的边互不相同，则称 W 为**迹**；若途径的顶点互不相同，则称 W 为**路**；如果 $v_0 = v_k$，并且没有其他相同的顶点，则称 W 为**圈**。

定义 5.5　若图 G 的两个顶点 u, v 间存在道路，则称 u 和 v **连通**。u, v 间的最短轨的长叫做 u, v 间的**距离**，记作 $d(u, v)$。若图 G 的任二顶点均连通，则称 G 是**连通图**。

5. 图与网络的数据结构

为了在计算机上实现网络优化的算法，首先我们必须有一种方法(即数据结构)在计算机上来描述图与网络。一般来说，算法的好坏与网络的具体表示方法，以及中间结果的操作方案是有关系的。这里我们介绍计算机上用来描述图与网络的 5 种常用表示方法：邻接矩阵表示法、关联矩阵表示法、弧表表示法、邻接表表示法和星形表示法。

首先假设 $G = (V, A)$ 是一个简单有向图，$|V| = n, |A| = m$，并假设 V 中的顶点用自然数 $1, 2, \cdots, n$ 表示或编号，A 中的弧用自然数 $1, 2, \cdots, m$ 表示或编号。对于有多重边或无向网络的情况，我们只是在讨论完简单有向图的表示方法之后，给出一些说明。

(1) 邻接矩阵表示法

邻接矩阵表示法是将图以邻接矩阵的形式存储在计算机中。图 $G = (V, A)$ 的邻接矩

阵 $\boldsymbol{C}$ 是如下定义的:$\boldsymbol{C}$ 是一个 $n \times n$ 的 0-1 矩阵,即

$$\boldsymbol{C} = (c_{ij})_{n\times n} \in \{0,1\}^{n\times n},$$

其中,

$$c_{ij} = \begin{cases} 1, & (i,j) \in A, \\ 0, & (i,j) \notin A。 \end{cases}$$

例 1 对于下图所示的有向图(见图 5-1),可以用邻接矩阵表示。

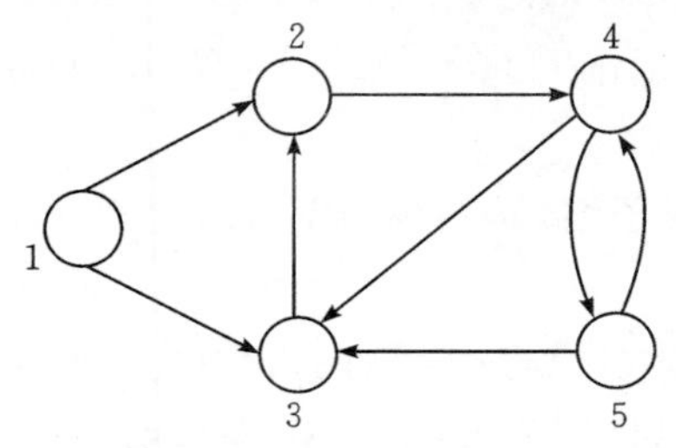

图 5-1 有向图

解 有向图的邻接矩阵为:

$$\begin{pmatrix} 0 & 1 & 1 & 0 & 0 \\ 0 & 0 & 0 & 1 & 0 \\ 0 & 1 & 0 & 0 & 0 \\ 0 & 0 & 1 & 0 & 1 \\ 0 & 0 & 1 & 1 & 0 \end{pmatrix}。$$

同样,对于网络中的权,也可以用类似邻接矩阵的 $n \times n$ 矩阵表示。只是此时一条弧所对应的元素不再是 1,而是相应的权而已。无向图的邻接矩阵为**对称阵**。

(2) 关联矩阵表示法

关联矩阵表示法是将图以关联矩阵的形式存储在计算机中。图 $G = (V,A)$ 的关联矩阵 $\boldsymbol{B}$ 是如下定义的:$\boldsymbol{B}$ 是一个 $n \times m$ 的矩阵,即

$$\boldsymbol{B} = (b_{ik})_{n\times m} \in \{-1,0,1\}^{n\times m},$$

其中,

$$b_{ik} = \begin{cases} 1, & \exists j \in V, k = (i,j) \in A, \\ -1, & \exists j \in V, k = (j,i) \in A, \\ 0, & \text{其他}。 \end{cases}$$

例 2 对于例 1 所示的图,如果关联矩阵中每列对应弧的顺序为(1,2),(1,3),(2,4),(3,2),(4,3),(4,5),(5,3) 和(5,4),则其关联矩阵表示为:

$$\begin{pmatrix} 1 & 1 & 0 & 0 & 0 & 0 & 0 & 0 \\ -1 & 0 & 1 & -1 & 0 & 0 & 0 & 0 \\ 0 & -1 & 0 & 1 & -1 & 0 & -1 & 0 \\ 0 & 0 & -1 & 0 & 1 & 1 & 0 & -1 \\ 0 & 0 & 0 & 0 & 0 & -1 & 1 & 1 \end{pmatrix}。$$

(3) 弧表表示法

弧表表示法将图以弧表的形式存储在计算机中。所谓图的弧表，也就是图的弧集合中的所有有序对。弧表表示法直接列出所有弧的起点和终点，共需 $2m$ 个存储单元（m 是图中的顶点数），因此，当网络比较稀疏时比较方便。此外，对于网络图中每条弧上的权，也要对应地用额外的存储单元表示。

例 3　对于例 1 所示的图，假设弧(1,2)，(1,3)，(2,4)，(3,2)，(4,3)，(4,5)，(5,3)和(5,4)上的权分别为 8,9,6,4,0,3,6 和 7，则弧表表示如下（见表 5-1）：

表 5-1　图的弧表表示法

起点	1	1	2	3	4	4	5	5
终点	2	3	4	2	3	5	3	4
权	8	9	6	4	0	3	6	7

(4) 邻接表表示法

邻接表表示法将图以邻接表的形式存储在计算机中。所谓图的邻接表，也就是图的所有节点的邻接表的集合；而对每个节点，它的邻接表就是从它出发的所有弧（后面简称为出弧）。邻接表表示法就是对图的每个节点，用一个单向链表列出从该节点出发的所有弧，链表中每个单元对应于一条出弧。为了记录弧上的权，链表中每个单元除列出弧的另一个端点外，还可以包含弧上的权等作为数据域。图的整个邻接表可以用一个指针数组表示。

例 4　对于例 1 所示的图，例 3 所给的数据，邻接表表示为（见图 5-2）：

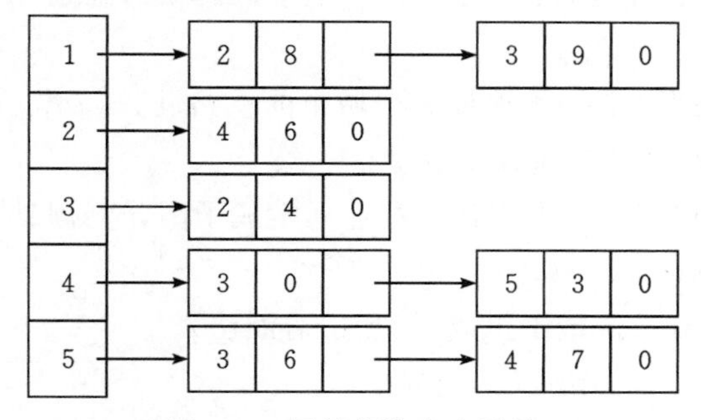

图 5-2　图的邻接表表示法

(5) 星形表示法

星形表示法的思想与邻接表表示法的思想有一定的相似之处。对每个节点，它也是记录从该节点出发的所有弧，但它不是采用单向链表，而是采用一个单一的数组表示。也就是说，在该数组中首先存放从节点 1 出发的所有弧，然后接着存放从节点 2 出发的所有弧，依此类推，最后存放从节点 n 出发的所有孤。对每条弧，要依次存放其起点、终点、权的数值等有关信息。这实际上相当于对所有弧给出了一个顺序和编号，只是从同一节点出发的弧的顺序可以任意排列。

5.2 最短路问题与最大流问题

5.2.1 最短路问题

1. 最短路问题

背景：给定连接若干城市的铁路网，寻求从指定城市 v_0 到各城 v 去的最短道路。

数学模型：图 G 为一赋权图，对任给的 $v \in V(G)$，寻求路 $P(v_0,v)$，使得

$$W(P(v_0,v)) = \min\{W(P), P \text{ 取自所有 } v_0 \text{ 到 } v \text{ 的路}\},$$

其中 $W(P)$ 是路 P 上各边权之和。这一问题可用迪杰斯特拉(Dijkstra)算法解决。

基本思想：从起点 v_0 开始，逐步寻找到达各点的最短路，在每一步都对顶点记录一个数，称之为该点的标号，它表示 v_0 到该点的最短距离的上界，或就是 v_0 到该点的最短距离。实际上每一步都通过把至少一个具有 T 标号的点变成 P 标号(即把一个不是最短距离标号的顶点变成是最短距离标号的顶点)，这样最多经过 $|V(G)|-1$ 步就可完成。

步骤：记 $l(v)$ 为 v_0 到 v 的距离。

① $l(v_0)=0, l(v)=\infty(v \neq v_0), S_0=\{v_0\}, i=0$；

② 对 $\forall v \notin S_i$，用 $\min\{l(v), l(v_i)+w(v_i,v)\}$ 代替 $l(v)$，这样找到点 $v_{i+1} \notin S_i$ 使得 $l(v)$ 取最小值，令 $S_{i+1}=S_i \cup \{v_{i+1}\}$；

③ 当 $i=|V(G)|-1$ 时停止，否则，令 $i=i+1$，转到 ②。

例如，CMCM94A(公路选址问题)就是一个求最短路的问题。

2. 最小生成树

背景：(筑路选线问题)欲修筑连接 n 个城市的铁路，已知 i 城与 j 城之间的铁路造价为 C_{ij}。设计一个线路图，使总造价最低。

数学模型：在连通加权图上求权最小的连通生成子图，这就归结为最小生成树问题。

(1) 克罗斯克尔(Kruskal)算法

基本思想：从“边”着手选最小生成树(加边避圈法)。

步骤：设 G 为由 m 个节点组成的连通赋权图。

① 先把 G 中所有的边按权值大小由小到大重新排列，并取权最小的一条边为树 T 中的边，即选 $e_1 \in E(G)$，使得 $w(e_1)$ 最小；

② 从剩下的边中按 ① 中的排列取下一条边。若该边与前面已取进 T 中的边构成一个回路，则舍弃该边，否则也把它取进 T 中。若 $e_1, e_2, \cdots, e_i$ 已经选好，则从 $E(G)-\{e_1, e_2, \cdots, e_i\}$ 中选取 e_{i+1}，使得 $G[\{e_1, e_2, \cdots, e_i, e_{i+1}\}]$ 中无圈，且 $w(e_{i+1})$ 最小；

③ 重复步骤 ②，直到 T 中有 $|V(G)|-1$ 条边为止，则 T 为 G 的最小生成树。

(2) 普莱姆(Prim)算法

基本思想：从“点”着手选最小生成树。

步骤：

① 在图 G 中任取一个节点记为 v_0，并放入 T 中；

② 令 $S = V(G) - V(T)$；

③ 在所有连接 $V(T)$ 节点与 S 节点的边中，选出权值最小的边 (u_0, v_0)，即

$$w(u_0, v_0) = \min\{w(u,v) \mid u \in V(T), v \in S\};$$

④ 将边 (u_0, v_0) 放入 T 中；

⑤ 重复步骤 ② ～ ④，直到 G 中节点全部取完。

3. 斯坦纳(Steiner)生成树

实际背景：在已有网络上选择连通几个城市的最廉价交通或通讯网。

数学模型：从已知的加权连通图上求取最小的树状子图，使此树包含指定的顶点子集。如图 5-3 所示：

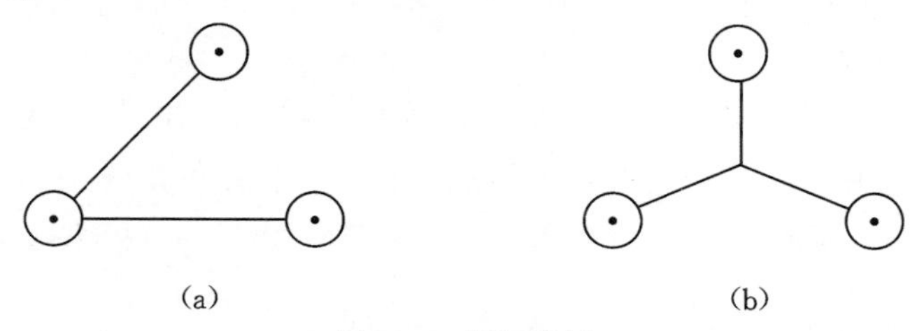

图 5-3　斯坦纳树

第一个的边长为 $\sqrt{3}$，第二个的边长为 1，第二个总费用更少。

基本思想：与传统的最小生成树相比，引入若干“虚拟站”并构造一个新的斯坦纳树，这样可以降低由一组站生成的传统的最小生成树所需的费用(降低的费用大概为 13.4%)。而且为构造一个有 n 个顶点的网络的费用，最低的斯坦纳树决不需要多于 $(n-2)$ 个虚设站。当然，有时最小斯坦纳生成树与最小生成树相同。

(1) Melzak 算法

其基础是 3 点斯坦纳树，即 3 点费马(Fermat)问题的几何作图法。

(2) 模拟退火算法

模拟退火法(Simulated Annealing, SA)是模拟热力学中经典粒子系统的降温过程，来求解极值问题。当孤立粒子系统的温度以足够慢的速度下降时，系统近似处于热力学平衡状态，最后系统将达到本身的最低能量状态，即基态，这相当于能量函数的全局极小点。其步骤如下(也称为 Metropolis 过程)：

① 给定初始温度 T_0 及初始点，计算该点的函数值 $f(x)$；

② 随机产生扰动 Δx，得到新点 $x' = x + \Delta x$，计算新点函数值 $f(x')$ 及函数值

$$\Delta f = f(x') - f(x);$$

③ 若 $\Delta f \leqslant 0$，则接受新点，作为下一次模拟的初始点；

④ 若 $\Delta f > 0$，则计算新点接受概率：$P(\Delta f) = \exp\left(-\dfrac{\Delta f}{K \cdot T}\right)$，产生 $[0,1]$ 区间上均匀分布的伪随机数 r，$r \in [0,1]$，如果 $P(\Delta f) \geqslant r$，则接受新点作为下一次模拟的初始点；

否则放弃新点，仍取原来的点作为下一次模拟的初始点。

例如，MCM91B(通讯网络中的极小生成树)就是一个求斯坦纳生成树问题。

5.2.2 最大流问题

在实际生活中有许多流量问题，例如在交通运输网络中的人流、车流、货物流，供水网络中的水流，金融系统中的现金流，通讯系统中的信息流等。20 世纪 50 年代以福特(Ford)、富克逊(Fulkerson)为代表建立的"网络流理论"是网络应用的重要组成部分。在最近的奥林匹克信息学竞赛中，利用网络流算法高效地解决问题已不是什么稀罕的事了。本节着重介绍最大流(包括最小费用)算法，并通过实际的例子，讨论如何在问题的原型上建立一个网络流模型，然后用最大流算法高效地解决问题。

1. 基本概念及相关定理

(1) 网络与网络流

定义 5.6 给定一个有向图 $N=(V,E)$，在 V 中指定一点，称为**源点**(记为 v_s)，指定另一点称为**汇点**(记为 v_t)，其余的点叫**中间点**，对于 E 中每条弧 (v_i,v_j) 都对应一个正整数 $c(v_i,v_j)\geqslant 0$(或简写成 c_{ij})，称为**容量**，则赋权有向图 $N=(V,E,C,v_s,v_t)$ 称为一个**网络**。

如图 5-4(a)所给出的一个赋权有向图 N 就是一个网络，指定 v_1 为源点，v_4 为汇点，弧旁的数字为 c_{ij}。所谓网络上的**流**，是指定义在弧集合 E 上的一个函数 $f=f(v_i,v_j)$，并称 $f(v_i,v_j)$ 为弧 (v_i,v_j) 上的**流量**(下面简记为 f_{ij})。如图 5-4(b)所示的网络 N，弧上两个数，第一个数表示容量 c_{ij}，第二个数表示流量 f_{ij}。

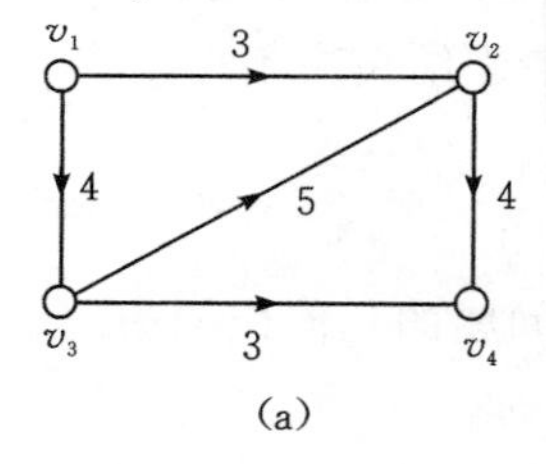

(a)

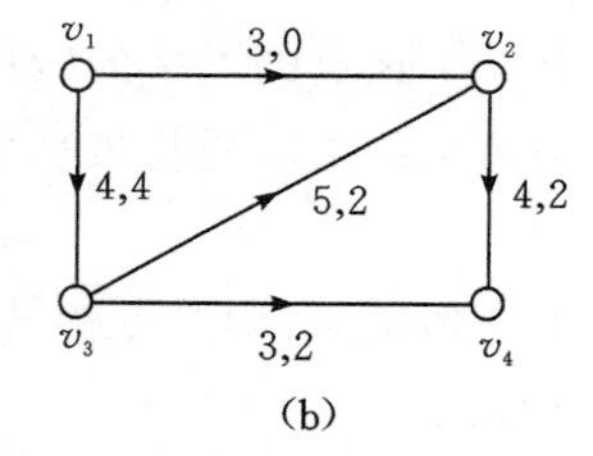

(b)

图 5-4 网络

(2) 可行流与最大流

在运输网络的实际问题中，我们可以看出，对于流有两个显然的要求：一是每个弧上的流量不能超过该弧的最大通过能力(即弧的容量)；二是中间点的流量为 0，源点的净流出量和汇点的净流入量必相等且为这个方案的总输送量。因此有

定义 5.7 满足下列条件：

(1) 容量约束：$0\leqslant f_{ij}\leqslant c_{ij}$，$(v_i,v_j)\in E$；

(2) 守恒条件：对于中间点，流入量 = 流出量。

对于源点与汇点：源点的净流出量 $v_s(f)=$ 汇点的净流入量 $(-v_t(f))$ 的流 f，称为网络 N 上的**可行流**，并将源点 s 的净流量称为流 f 的流值 $v(f)$。网络 N 中流值最大的流 f^* 称为 N 的**最大流**。

(3) 可增广路径

所谓可增广路径,是指这条路径上的流可以修改,通过修改,使得整个网络的流值增大。

定义 5.8　设 f 是一个可行流,P 是从源点 s 到汇点 t 的一条路,若 P 满足下列条件:

(1) 在 P 上的所有前向弧($v_i \to v_j$)都是非饱和弧,即 $0 \leqslant f_{ij} < c_{ij}$;

(2) 在 P 上的所有后向弧($v_i \leftarrow v_j$)都是非零弧,即 $0 < f_{ij} \leqslant c_{ij}$;

则称 P 为(关于可行流 f 的)一条**可增广路径**。

(4) 割及其容量

定义 5.9　如果 A 是 V 的一个子集,$A^- = V - A, s \in A, t \in A^-$,则称边集$(A, A^-)$为网络 N 的一个**割**。

显然,若把某一割的弧从网络中丢去,则从 v_s 到 v_t 就不存在路。所以直观上讲,割是从 v_s 到 v_t 的必经之道。给一割(A, A^-),把其中所有弧的容量和称为这个割的容量,记为 $c(A, A^-)$,即 $c(A, A^-) = \sum c(e)$。

网络 N 中容量最小的割(A, A^-)称为 N 的**最小割**。不难证明,任何一个可行流的流量 $v(f)$ 都不会超过任一割的容量,即

$$v(f) \leqslant c(A, A^-)。$$

定理 5.10　当且仅当不存在关于 f^* 的增广路径,可行流 f^* 为最大流。

定理 5.11　(最大流最小割定理)在一个网络 N 中,从 v_s 到 v_t 最大流的容量等于分离 v_s, v_t 的最小割的容量。

2. 最大网络流

最大流问题实际上是求一可行流$\{f_{ij}\}$,使得 $v(f)$ 达到最大。定理 5.10 已为我们提供了寻求网络中最大流的一个方法。若给了一个可行流 f,可以判断 N 中有无关于 f 的增广路径,如果有增广路径,则改进 f,得到一个流量增大的新的可行流;如果没有增广路径,则得到最大流。下面介绍另一个寻求最大流的方法。

寻求最大流的标号算法(Ford-Fulkerson 算法):从一个可行流(一般取零流)开始,不断进行以下的标号过程与调整过程,直到找不到关于 f 的可增广路径为止。

步骤:

① 标号过程

在这个过程中,网络中的点分为已标号点和未标号点,已标号点又分为已检查和未检查两种。每个标号点的标号信息表示两个部分:第一标号表明它的标号从哪一点得到的,以便从 v_t 开始反向追踪找出增广路径;第二标号是为了表示该顶点是否已检查过。

标号开始时,给 v_s 标上$(s, 0)$,这时 v_s 是标号但未检查的点,其余都是未标号的点,记为$(0, 0)$。

取一个标号而未检查的点 v_i,对于一切未标号的点 v_j:

(a) 对于弧(v_i, v_j),若 $f_{ij} < c_{ij}$,则给 v_j 标号$(v_i, 0)$,这时,v_j 点成为标号而未检查的点;

(b) 对于弧(v_i, v_j)，若 $f_{ji} > 0$，则给 v_j 标号$(-v_i, 0)$，这时，v_j 点成为标号而未检查的点。

于是 v_i 成为标号且已检查的点，将它的第二个标号记为 1。重复上述步骤，一旦 v_t 被标上号，表明得到一条从 v_i 到 v_t 的增广路径 P，转入调整过程。

若所有标号都已检查，而标号过程进行不下去时，则算法结束，这时的可行流就是最大流。

② 调整过程

从 v_t 点开始，通过每个点的第一个标号，反向追踪，可找出增广路径 P。例如，设 v_t 的第一标号为 v_k(或 $-v_k$)，则弧(v_k, v_t)(或相应的(v_t, v_k))是 P 上的弧。接下来检查 v_k 的第一标号，若为 v_i(或 $-v_i$)，则找到((v_i, v_k)(或相应的(v_k, v_i))。再检查 v_i 的第一标号，依此类推，直到 v_s 为止。这时整个增广路径就找到了。在上述找增广路径的同时计算 Q：

$$Q = \min\{\min(c_{ij}, -f_{ij}), \min f_{ij}^*\}。$$

对流 f 进行如下的修改：

$$\begin{cases} f'_{ij} = f_{ij} + Q, 若(v_i, v_j) \in P 的前向弧的集合； \\ f'_{ij} = f_{ij} - Q, 若(v_i, v_j) \in P 的后向弧的集合； \\ f'_{ij} = f_{ij}^*, \quad 若(v_i, v_j) \notin P。 \end{cases}$$

接着，清除所有标号，对新的可行流 f'，重新进入标号过程。

5.2.3 最小费用最大流问题

上面的网络，可看作辅送一般货物的运输网络，此时，最大流问题仅表明运输网络运输货物的能力，但没有考虑运送货物的费用。在实际问题中，运送同样数量货物的运输方案可能有多个，因此从中找一个输出费用最小的方案是一个很重要的问题，这就是最小费用最大流所要讨论的内容。

1. 最小费用最大流问题的模型

给定网络 $N = (V, E, C, W, s, t)$，每一弧(v_i, v_j)，除了已给容量 c_{ij} 外，还给了一个单位流量的费用 $w(v_i, v_j) \geq 0$(简记为 w_{ij})。所谓最小费用最大流问题就是要求一个最大流 f，使得流的总输送费用 $w(f) = \sum w_{ij} f_{ij}$ 最小。

2. 用对偶法解最小费用最大流问题

(1) 对偶法的基本思路

① 取 $f = \{0\}$；

② 寻找从 v_s 到 v_t 的一条最小费用可增广路径 P；

③ 若不存在 P，则 f 为 N 中的最小费用最大流，算法结束；若存在 P，则用求最大流的方法将 f 调整成 f^*，使 $v(f^*) = v(f) + Q$，并将 f^* 赋值给 f，转 ②。

(2) 迭代法求最小费用可增广路径

在前面我们已经知道了最大流的求法。在最小费用最大流的求解中，每次要找一条最小费用的增广路径，这也是与最大流求法唯一不同之处。于是，对于求最小费用最大流问题余下的问题是怎样寻求关于 f 的最小费用增广路径 P。为此，我们构造一个赋权有向图 $b(f)$，它的顶点是原网络 N 中的顶点，而把 N 中每一条弧 (v_i,v_j) 变成两个相反方向的弧 (v_i,v_j) 和 (v_j,v_i)。定义 $w(f)$ 中的弧的权如下：

如果 $f_{ij} < c_{ij}$，则 $b_{ij} = w_{ij}$；如果 $f_{ij} = c_{ij}$，则 $b_{ij} = +\infty$；如果 $f_{ij} > 0$，则 $b_{ji} = w_{ij}$；如果 $f_{ij} = c_{ij}$，则 $b_{ji} = +\infty$。

于是在网络 N 中找关于 f 的最小费用增广路径就等价于在赋权有向图 $b(f)$ 中，寻求从 v_s 到 v_t 的最短路。求最短路有三种经典算法，它们分别是迪杰斯特拉算法、弗洛伊德(Floyd)算法和迭代算法。由于在本问题中，赋权有向图 $b(f)$ 中存在负权，故我们只能用后两种方法求最短路，其中对于本问题最高效的算法是迭代算法。

为了程序的实现方便，我们只要对原网络做适当的调整。将原网络中的每条弧 (v_i,v_j) 变成两条相反的弧：

前向弧 (v_i,v_j)，其容量 c_{ij} 和费用 w_{ij} 不变，流量为 f_{ij}；后向弧 (v_j,v_i)，其容量 c_{ij} 和费用 $-w_{ij}$，流量为 $-f_{ij}$。

迭代法求最短增广路径的具体算法如下：

```
① Best 赋初值(除源点的 value 值为 0,其余点的 value 值均为 MaxInt)
② repeat
③ Quit: = True;
④ for i: = 1 to n do
⑤   if 源点到 i 有道路 then
⑥     for j: = 1 to n do
⑦       if((vi,vj) 的流量可改进)and
⑧         (i 的 value 值 + (vi,vj) < j 的 value 值)then
⑨       begin
⑩         j 的 value 值: = i 的 value 值 + (vi,vj);
⑪         j 的 fa 值: = i;
⑫         Quit: = false;
⑬       end;
⑭ until Quit;
```

(3) 流的调整

若找到 v_s 到 v_t 的最小费用可增广路径，则我们可以从 best[t]. fa 开始反向跟踪找到整个从源点到汇点的可增广路径 P，然后修改可增广路径的流量，改进量

$$Q = \min\{|f_{ij}|:(v_i,v_j) \in P\}。$$

注意，在修改增广路径上的弧 (v_i,v_j) 的流量 f_{ij} 后，还要修改弧 (v_j,v_i) 的流量 $f_{ji} = -f_{ij}$。为了简化程序设计，下面的改进流的过程 Add-Path，仅以 1 作为改进量。

```
procedure Add_Path;
var i,j:integer;
begin
i: = t;
while i <> s do
begin
j: = beat[i]. fa;inc(Net[j,i]. f);
Net[i,j]. f: =- Net[j,i]. f;i: = j;
end;
inc(Minw,best[t]. value);
end;
```

5.3 最优连线问题与旅行商问题

1. 边的遍历(中国邮差问题)

一名邮差负责投递某个街区的邮件。如何为他设计一条最短的投递路线,使他从邮局出发,经过投递区内每条街道至少一次,最后返回邮局?这一问题是我国的管梅谷教授首先提出的,所以称之为中国邮差问题(Chinese Postman Problem)。

若街区的街道用边表示,街道长度用边的权表示,邮局与街道交叉口用点表示,可以将这个问题描述为:在一个赋权无向连通图中,寻找一个回路(或者叫巡回),并且使得该回路的边权之和最小,这样的回路称为最佳回路。

(1) 弗罗莱(Fleury)算法

1921年,弗罗莱给出求欧拉回路的算法,其基本思想是:从任一点出发,每当访问一条边时,先进行检查可供选择的边,如果可供选择的边不止一条,则不选桥(即割边)作为访问边,直到没有可选择的边为止。

算法步骤:

① $\forall v_0 \in V(G)$,令 $T_0 = v_0$;

② 假设迹 $T_i = v_0 e_1 v_1 \cdots e_i v_i$ 已经选定,那么按下述方法从 $E - \{e_1, \cdots, e_i\}$ 中选取边 e_{i+1}:

(a) e_{i+1} 和 v_i 相关联;

(b) 除非没有别的边可选择,否则 e_{i+1} 不能是 $G_i = G - \{e_1, \cdots, e_i\}$ 的桥;

③ 当第 ② 步不能再执行时,算法停止。

(2) 邮差问题的求解

中国邮差问题的数学模型已经可以完全用图的模型来概括,因此也可以用图的相关知识来求解。

若此问题对应的连通赋权图 G 是欧拉图，则可用弗罗莱算法求欧拉回路。

而对于非欧拉图，则其任何一个回路必然经过某些边多于一次。解决这类问题的一般方法是在一些点对之间引入重边（重边与它的平行边具有相同的权），使得原图成为欧拉图，但要求添加的重复边的权之和最小。

若 G 正好有两个奇顶点，则可用埃德蒙兹（Edmonds）和约翰逊（Johnson）给出的埃德蒙兹-约翰逊算法来解决，该算法描述如下：

设 G 是连通赋权图，$u, v \in V$ 为仅有的两个奇顶点。

① 用弗洛伊德算法求出 u 与 v 的最短距离 $d(u, v)$ 以及最短路径 P；

② 在 P 的各相邻点之间依次添加相等的平行边得到 $G' = G \cup P$；

③ 用弗罗莱算法求 G' 的欧拉回路即为中国邮差问题的解。

若 G 的奇顶点有 $2n(n \geqslant 2)$ 个，则采用埃德蒙兹最小匹配算法，该算法的基本思想是：先将奇点进行最佳匹配，再沿点对之间的最短路径添加重边可得到 G^* 为欧拉图，G^* 的最佳回路即为原图的最佳回路。算法步骤为：

① 求出 G 中所有奇点之间的最短路径和距离；

② 以 G 的所有奇点为顶点集，构造一完全图，边上的权为两端点在原图 G 中的最短距离，将此图记为 G'；

③ 求出 G' 中的最小理想匹配 M，得到奇顶点的最佳匹配；

④ 在 G 中沿配对顶点之间的最短路径添加重边得到欧拉图 G^*；

⑤ 用弗罗莱算法求出 G^* 的欧拉回路，这就是 G 的最佳回路。

例 5　若某街区示意图如图 5-5 所示，求一条最佳邮差回路。

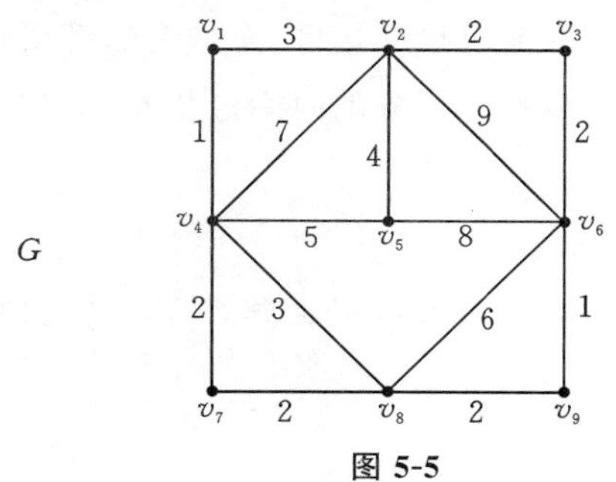

图 5-5

解　首先观察该图中有 4 个奇点分别为：$\deg(v_2) = \deg(v_4) = \deg(v_6) = 5, \deg(v_5) = 3$。

分别求出这 4 个点之间的最短距离和最短路径（可用弗洛伊德算法求解）：

$d(v_2, v_4) = 4, P: v_2v_1v_4$；　　$d(v_2, v_5) = 4, P: v_2v_5$；

$d(v_2, v_6) = 4, P: v_2v_3v_6$；　　$d(v_4, v_5) = 5, P: v_4v_5$；

$d(v_4, v_6) = 6, P: v_4v_8v_9v_6$；　　$d(v_5, v_6) = 8, P: v_5v_6$；

以 v_2, v_4, v_5, v_6 为顶点，以它们之间的距离为权构造完全图 G'（见图 5-6）。

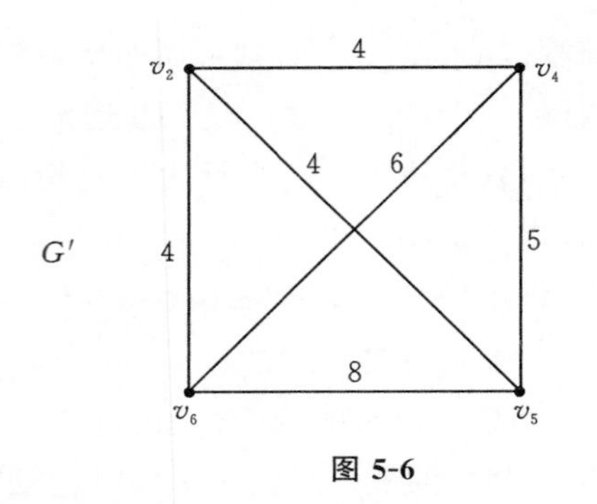

图 5-6

求出 G' 中的权重之和最小的完美匹配 $M=\{v_2v_6, v_4v_5\}$(可用匈牙利算法)。

在 G 中沿着 v_2 到 v_6 的最短路径 $v_2v_3v_6$ 顺次添加重边,沿着 v_4 到 v_5 的最短路径 v_4v_5 添加重边可得到 G^*(见图 5-7)。

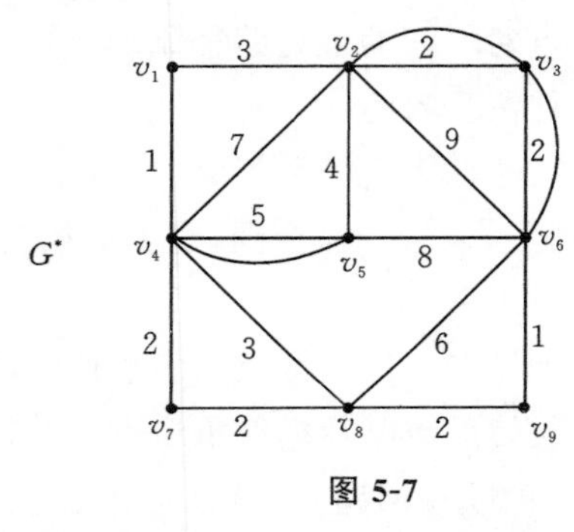

图 5-7

显然 G^* 为欧拉图,可用弗罗莱方法求出其欧拉回路即为所求的最佳邮差回路。

若邮局有 $k(k\geqslant 2)$ 位邮差,同时投递信件,全城街道都要投递,完成任务返回邮局。这时如何分配投递路线,使得完成投递任务的时间最早?我们把这一问题称为多邮差问题。

(3) 多邮差问题

多邮差问题的数学模型如下:

$G(V,E)$ 是连通图,$v_0\in V(G)$,求 G 的回路 $C_1,\cdots,C_k$,使得

① $v_0\in V(C_i), i=1,2,\cdots,k$;

② $\max\limits_{1\leqslant i\leqslant k}\sum\limits_{e\in E(C_i)} w(e)=\min$;

③ $\bigcup\limits_{i=1}^{k} E(C_i)=E(G)$。

显然,必须尽量均匀地分配任务给每个邮差,即每个邮差所走的路线尽量要均等才能使总任务完成的时间最早。

2. 点的遍历(旅行商问题)

(1) 旅行商问题

一名推销员准备前往若干城市推销产品。如何设计一条最短的旅行路线,使得他从驻

地出发，经过每个城市恰好一次，最后返回驻地？这个问题就是著名的旅行商问题(Traveling Salesman Problem)或叫 TSP 问题。

定义 5.12　图 $G=(V,E)$ 中，一条恰好遍历所有顶点一次的路径被称为**汉密尔顿路径**。同样地，一条恰好遍历所有顶点一次的圈 C 称为**汉密尔顿圈**。

对于汉密尔顿图的判别不如欧拉图那样容易，因此只能根据定义判别。同时也只有一些充分或者必要的条件，还未找到有效的充要条件。

(2) 旅行商问题的求解

假设每个城市都可以直达其他城市，将每个城市用点表示，将城市之间的交通里程用带权的边表示，则旅行商问题可以用图来建立模型。其描述为：在一个赋权完全图中，找出一个有最小权的汉密尔顿圈，称这种圈为**最优圈**。

由于汉密尔顿图的判别缺少有效的方法，因此旅行商问题也没有一个确切的方法来求解，也就是说还没有求解旅行商问题的有效算法。所以希望有一个方法以获得相当好的解，但未必是最优解。

一个可行的办法是首先求一个汉密尔顿圈 C，然后适当修改 C 以得到具有较小权的另一个汉密尔顿圈。这种修改的方法叫做**改良圈算法**。由于每次一般是用两条较小权的边替换权较大的两条边，因此又叫**二边逐次修正法**。算法描述如下：

设初始圈 $C=v_1v_2\cdots v_nv_1$。

① 对于 $1<i+1<j<n$，构造新的汉密尔顿圈

$$C_{ij}=v_1v_2\cdots v_iv_jv_{j-1}v_{j-2}\cdots v_{i+1}v_{j+1}v_{j+2}\cdots v_nv_1,$$

它是由 C 中删去边 v_iv_{i+1} 和 v_jv_{j+1}，添加边 v_iv_j 和 $v_{i+1}v_{j+1}$ 而得到的。若

$$w(v_iv_j)+w(v_{i+1}v_{j+1})<w(v_iv_{i+1})+w(v_jv_{j+1}),$$

则以 C_{ij} 代替 C，C_{ij} 叫做 C 的改良圈；

② 转 ①，直至无法改进，停止。

用二边逐次修正圈算法得到的结果几乎可以肯定不是最优的。为了得到更高的精确度，可以选择不同的初始圈，重复进行几次算法，以求得较精确的结果。

这个算法的优劣程度有时能用克鲁斯卡尔算法加以说明。假设 C 是 G 中的最优圈，则对于任何顶点 v，$C-v$ 是在 $G-v$ 中的汉密尔顿路径，因而也是 $G-v$ 的生成树。由此推知：若 T 是 $G-v$ 中的最优树，同时 e 和 f 是和 v 关联的两条边，并使得 $w(e)+w(f)$ 尽可能小，则 $w(T)+w(e)+w(f)$ 将是 $w(C)$ 的一个下界。

二边逐次修正法现在已被进一步发展，圈的修改过程一次替换三条边比一次仅替换两条边更有效。但是并不是一次替换的边越多越好。

例 6　某公司派推销员从北京(B)乘飞机到上海(S)、拉萨(L)、成都(C)、大连(D)、武汉(W)五城市做产品推销，每城市只去一次再回北京，应如何安排飞行路线，使旅程最短？各城市之间的航线距离见表 5-2(单位：10^3 千米)：

表 5-2 里程表

	B	S	L	C	D	W
B	0	1.49	3.89	2.16	0.90	1.23
S	1.49	0	4.30	2.41	2.27	0.92
L	3.89	4.30	0	2.17	4.80	3.64
C	2.16	2.41	2.17	0	3.06	1.49
D	0.90	2.27	4.80	3.06	0	2.08
W	1.23	0.92	3.64	1.49	2.08	0

解 假设每个城市之间都有直飞的航线，则可以将该问题转换为在一个 6 阶完全图中如何找到一个最优汉密尔顿圈的问题。用点表示城市，带权边表示航线距离，可以得到如下的图(见图 5-8)：

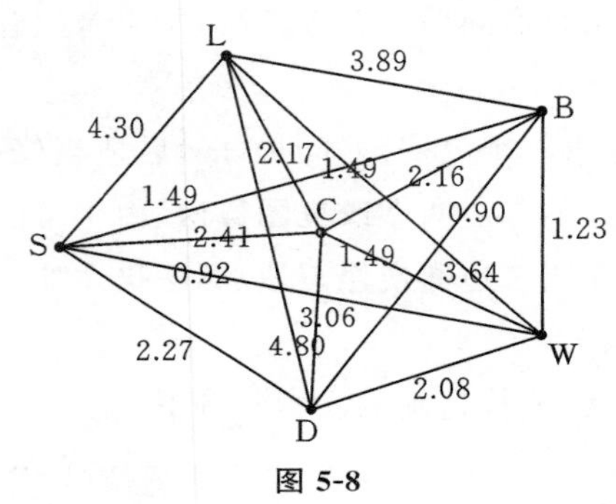

图 5-8

由于完全图中任意两点都是相邻的，因此以任意一个顶点作为起点以及终点且遍历所有顶点都可以得到一个圈。不妨令初始圈为 C_0：LSDCWBL，权重之和 $W_0 = 16.24$。

下面对该圈进行修正：

找初始圈 C_0 中两条不相邻的边 DC 和 WB，有 $W_{DC} + W_{WB} > W_{DB} + W_{CW}$，故用 SC 和 DW 替换 SD 与 CW，得到新圈 C_1：LSCDWBL，权重之和 $W_1 = 14.34$；重复上述步骤，直到找到比较满意的圈为止。

第6章 统计回归模型

数理统计是以概率论为理论基础，用观察和试验的方法研究随机现象，首先通过观察或试验以收集必要的数据，然后对所收集的数据进行整理、分析，从而对所研究的问题作出合理的、科学的推断或预测。

6.1 统计的基本概念

6.1.1 总体与样本

1. 总体与个体

在概率统计中，我们把对某个问题的研究对象全体组成的集合称为总体，而把组成总体的每个元素称为个体。例如，某班的全体学生构成一个总体，则每个学生为个体。在处理实际问题时，人们关心的不是总体中每个个体的特殊属性，而是表征总体状况的某一个或几个数量指标 X。对于一个总体来说，它的每一个数量指标 X 对于不同的个体，其指标值可能是不同的，即数量指标 X 是一个随机变量(或随机向量)，所以我们常常把研究对象的某一个数量指标 X 的可能取值的全体组成的集合称为总体，而直接把总体与随机变量 X 等同起来，X 的概率分布称为总体分布，X 的数字特征称为总体的数字特征。

2. 样本

要了解总体 X 的分布规律，就必须从该总体中按一定法则抽取一部分个体进行观测或试验，以获得有关总体的信息，从总体中抽取有限个个体的过程称为抽样，所抽取的部分个体称为样本，样本中所含个体的数目称为样本的容量。例如，为研究某批电视机的质量，通常把使用寿命 X 作为体现质量特征的数量指标，为了解总体 X 的概率分布情况，我们从这批电视机中抽样 n 台进行观测或试验，第 i 台电视机的使用寿命记为 $X_i(i=1, 2,\cdots,n)$，这样$(X_1,X_2,\cdots,X_n)$就是来自总体 X 的一个容量为 n 的样本。需要注意的是，由于样本是从总体中随机抽取的，在抽取之前无法预知它们的数值，因此，样本$(X_1,X_2,\cdots, X_n)$是一个 n 维随机向量，在抽取以后，通过观测或试验得到一组数值，用$(x_1,x_2,\cdots,x_n)$表示，称为样本的观测值。

抽取样本的目的是对总体的特性作出估计与推断，为了能使样本很好地反映总体的特性，数理统计中常用的一种抽样方法是简单随机抽样，指的是对总体 X 的 n 次抽样结果 $X_1,X_2,\cdots,X_n$ 相互独立，且每个 X_i 与总体 X 同分布，这样的样本称为简单随机样本。

3. 样本的联合分布

设总体 X 的分布函数为 $F(x)$，$(X_1,X_2,\cdots,X_n)$为来自总体 X 的样本，那么样本的联合分布函数为

$$F(x_1,x_2,\cdots,x_n)=\prod_{i=1}^{n}F(x_i)。$$

如果总体 X 是离散型随机变量，其分布律为 $P\{X=x\}=p(x)$，那么样本$(X_1,X_2,\cdots,X_n)$的联合分布律为

$$P\{X_1=x_1,X_2=x_2,\cdots,X_n=x_n\}=\prod_{i=1}^{n}p(x_i)。$$

如果总体 X 是连续型随机变量，其分布密度为 $f(x)$，那么样本$(X_1,X_2,\cdots,X_n)$的联合分布密度为

$$f(x_1,x_2,\cdots,x_n)=\prod_{i=1}^{n}f(x_i)。$$

4. 经验分布函数分布

设总体 X 的分布函数为 $F(x)$，$(X_1,X_2,\cdots,X_n)$是来自总体 X 的样本，$(x_1,x_2,\cdots,x_n)$为样本观测值，现将 $x_1,x_2,\cdots,x_n$ 从大到小排列，记为 $x_{(1)},x_{(2)},\cdots,x_{(n)}$，则 $x_{(1)}\leqslant x_{(2)}\leqslant\cdots\leqslant x_{(n)}$，定义函数

$$F_n(x)=\begin{cases}0,\text{当 } x<x_{(1)},\\ \quad\cdots\cdots\cdots\cdots\\ \dfrac{k}{n},\text{当 } x_{(k)}\leqslant x\leqslant x_{(k+1)},\\ \quad\cdots\cdots\cdots\cdots\\ 1,\text{当 } x\geqslant 1。\end{cases}$$

显然，$F_n(X)$是非降右连续函数，且 $F_n(-\infty)=0$，$F_n(+\infty)=1$。由此可见，$F_n(x)$是一个分布函数，称为经验分布函数。

定理 6.1 （格列汶科(Glivenko) 定理）设$(X_1,X_2,\cdots,X_n)$是来自分布函数为 $F_n(x)$的总体的样本，$F_n(x)$是经验分布函数，则有

$$P\left\{\lim_{n\to\infty}\sup_{-\infty<x<+\infty}|F_n(x)-F(x)|=0\right\}=1。$$

从定理 6.1 可以看出对大样本，经验分布函数可以作为总体分布函数的很好的近似。

6.1.2 统计量

数理统计的任务就是从总体中抽取样本，进而利用所获得的样本信息对总体的某些概率特征进行推断，为了有效地搜集到样本的信息，往往需要考虑各种不含任何未知参数的样本的函数，这种函数就是数理统计学中讨论的统计量。下面介绍一些常用的统计量。

1. 样本的数字特征

定义 6.2 设$(X_1,X_2,\cdots,X_n)$是来自总体X的样本，则称统计量$\overline{X}=\dfrac{1}{n}\sum\limits_{i=1}^{n}X_i$ 为**样本均值**，称统计量 $S^2=\dfrac{1}{n-1}\sum\limits_{i=1}^{n}(X_i-\overline{X})^2$ 为**样本方差**，称统计量 $S=\sqrt{\dfrac{1}{n-1}\sum\limits_{i=1}^{n}(X_1-\overline{X})^2}$ 为**样本标准差**，称统计量 $A_k=\dfrac{1}{n}\sum\limits_{i=1}^{n}X_i^k$ 为**样本 k 阶原点矩**，称统计量 $B_k=\dfrac{1}{n}\sum\limits_{i=1}^{n}(X_i-\overline{X})^k$

为**样本 k 阶中心矩**。

2. 顺序统计量

定义 6.3　设$(X_1, X_2, \cdots, X_n)$是来自总体 X 的样本，将它们按大小排列成 $X_{(1)} \leqslant X_{(2)} \leqslant \cdots \leqslant X_{(n)}$，$X_{(1)}, X_{(2)}, \cdots, X_{(n)}$ 都称为**顺序统计量**。

可以看出，$X_{(1)} = \min(X_1, X_2, \cdots, X_n)$，$X_{(n)} = \max(X_1, X_2, \cdots, X_n)$，称 $X_{(1)}$ 为**最小顺序统计量**，$X_{(n)}$ 为**最大顺序统计量**，称 $R_n = X_{(n)} - X_{(1)}$ 为**极差**。

6.1.3　数理统计中几个常见分布

本节我们主要介绍χ^2 分布、t 分布、F 分布及其性质，这些分布在统计中有重要的应用。

1. χ^2 分布

定义 6.4　设随机变量 $X_1, X_2, \cdots, X_n$ 相互独立，且 $X_i \sim N(0,1)(i = 1, 2, \cdots, n)$，则称随机变量$\chi^2 = X_1^2 + X_2^2 + \cdots + X_n^2$ 服从自由度为 n 的χ^2 分布，记为$\chi^2 \sim \chi^2(n)$。

$\chi^2(n)$ 的分布密度为

$$f_{\chi^2}(x) = \begin{cases} \dfrac{1}{2^{\frac{n}{2}}\Gamma\left(\dfrac{n}{2}\right)} x^{\frac{n}{2}-1} \mathrm{e}^{-\frac{x}{2}}, & x > 0, \\ 0, & x \leqslant 0, \end{cases}$$

其中，$\Gamma(x) = \int_0^{+\infty} t^{x-1} \mathrm{e}^{-t} \mathrm{d}t$ 称为伽马(Gamma)函数，且 $\Gamma(1) = 1$，$\Gamma\left(\dfrac{1}{2}\right) = \sqrt{\pi}$。$\chi^2(n)$的分布密度的图像为(见图 6-1)：

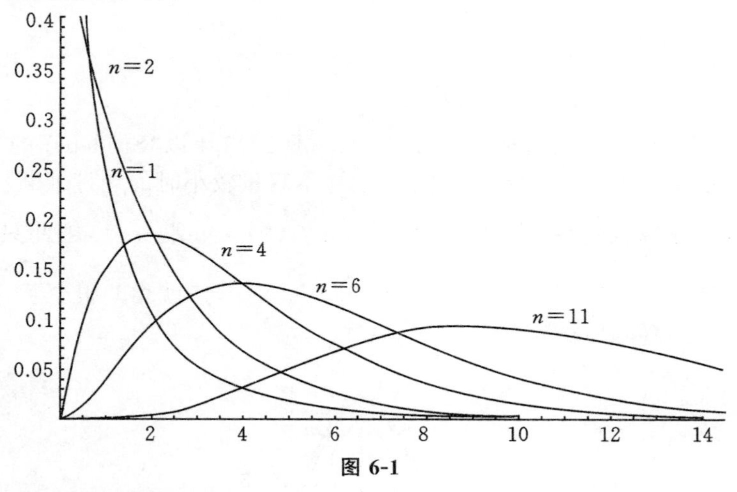

图 6-1

χ^2 分布具有如下性质：

(1) 分布具有可加性，设随机变量 $X_1, X_2, \cdots, X_n$ 相互独立，且 $X_i \sim \chi^2(n_i)(i = 1, 2, \cdots, n)$，则

$$\sum_{i=1}^{n} X_i \sim \chi^2\left(\sum_{i=1}^{n} n_i\right);$$

(2) 设 $X \sim \chi^2(n)$，则 $E(X)=n, D(X)=2n$。

如果$\chi^2 \sim \chi^2(n)$，在给定自由度n及数$\alpha(0<\alpha<1)$的情况下，可以查表得数$\chi_\alpha^2(n)$满足，

$$P\{\chi^2 \geqslant \chi_\alpha^2(n)\}=\int_{\chi_\alpha^2(n)}^{+\infty} f_{\chi^2}(x)\mathrm{d}x=\alpha,$$

其中，$\chi_\alpha^2(n)$称为χ^2分布的α临界值(或α上侧分位数)，$\chi_\alpha^2(n)$的图像为(见图 6-2)：

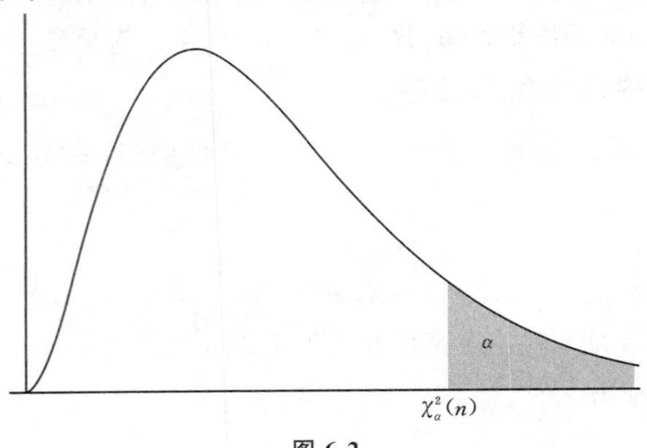

图 6-2

2. t 分布

定义 6.5 设随机变量 X 与 Y 相互独立，且 $X \sim N(0,1)$，$Y \sim \chi^2(n)$，则称随机变量 $t=\dfrac{X}{\sqrt{Y/n}}$ 服从自由度为 n 的 t 分布，记为 $t \sim t(n)$。

$t(n)$ 的分布密度为

$$f_1(x)=\frac{\Gamma\left(\frac{n+1}{2}\right)}{\sqrt{n\pi\Gamma\left(\frac{n}{2}\right)}}\left(1+\frac{x^2}{n}\right)^{-\frac{n+1}{2}}。$$

t 分布是英国统计学家戈塞特(W. S. Gosset)于 1908 年以“Student”的笔名发表的研究成果，所以 t 分布又称为学生分布，它常用于样本容量较小时的统计推断。显然 $f_t(x)$ 是偶函数，其图像关于纵轴对称，我们可以证明，$\lim\limits_{n\to\infty} f_t(x)=\dfrac{1}{\sqrt{2\pi}}\mathrm{e}^{-\frac{x^2}{2}}$，因此只要 n 充分大，t 分布近似于 $N(0,1)$。实际上，当 $n>30$ 时，$t(n)$ 与 $N(0,1)$ 就相差很少了。图 6-3 给出了 $n=2,9,25,\infty$ 及 $N(0,1)$ 的密度曲线。

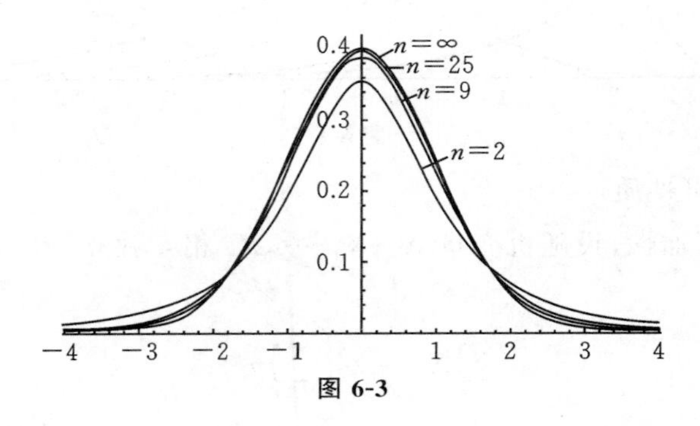

图 6-3

如果 $t\sim t(n)$，在给定自由度 n 及数 $\alpha(0<\alpha<1)$ 的情况下，可查表得数 $t_\alpha(n)$（见图 6-4）满足

$$P\{t\geqslant t_\alpha(n)\}=\int_{\alpha(n)}^{+\infty}f_t(x)\mathrm{d}x=\alpha,$$

其中，$t_\alpha(n)$ 称为 t 分布的 α 临界值（或 α 上侧分位数）。

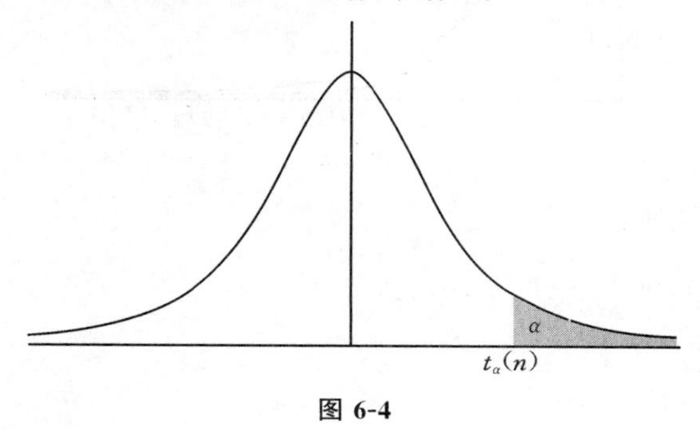

图 6-4

3. F 分布

定义 6.6　设随机变量 X 与 Y 相互独立，且 $X\sim\chi^2(n)$，$Y\sim\chi^2(m)$，则称随机变量 $F=\dfrac{X/n}{Y/m}$ 服从第一自由度为 n，第二自由度为 m 的 F 分布，记为 $F\sim F(n,m)$。

$F(n,m)$ 的分布密度为

$$f_F(x)=\begin{cases}\dfrac{\Gamma\left(\dfrac{n+m}{2}\right)}{\Gamma\left(\dfrac{n}{2}\right)\Gamma\left(\dfrac{m}{2}\right)}n^{\frac{n}{2}}m^{\frac{m}{2}}\ \dfrac{x^{\frac{n}{2}-1}}{(nx+m)^{\frac{n+m}{2}}},&x>0,\\0,&x\leqslant 0。\end{cases}$$

分布密度 $f_F(x)$ 的图像随自由度 n,m 的不同而有所改变，图 6-5 画出了 $f_F(x)$ 的图像。

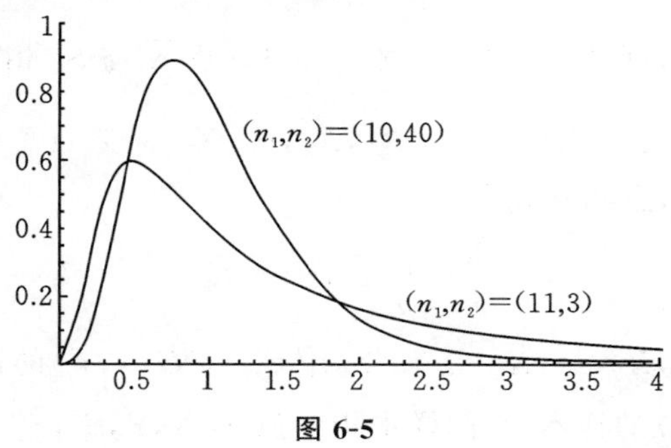

图 6-5

如果 $F\sim F(n,m)$，在自由度 n,m 及数 α 的情况下，可查表得数 $F_\alpha(n,m)$（见图 6-6）满足

$$P\{F\geqslant F_\alpha(n,m)\}=\int_{F_\alpha(n,m)}^{+\infty}f_F(x)\mathrm{d}x=\alpha。$$

其中，$F_\alpha(n,m)$ 称为 F 分布的 α 临界值（或 α 上侧分位数）。

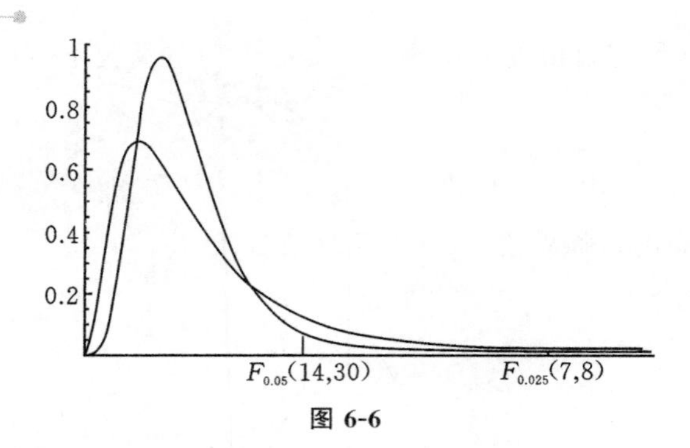

图 6-6

F 分布具有如下性质：

(1) $X \sim F(n,m)$，则$\dfrac{1}{X} \sim F(m,n)$；

(2) $F_{1-\alpha}(n,m) = \dfrac{1}{F_{\alpha}(m,n)}$；

(3) 设 $X \sim t(n)$，则 $X^2 \sim F(1,n)$。

6.1.4 正态总体统计量的分布

我们在利用统计量进行统计推断或对统计推断方法的优良性进行评价时，必须了解统计量的分布。本节主要讨论了正态总体的几个常用统计量的分布，它们在估计理论、假设检验、方差分析等数理统计学的内容中有重要的作用。

定理 6.7 设总体 $X \sim N(\mu,\sigma^2)$，$(X_1,X_2,\cdots,X_n)$是来自总体 X 的样本，$\overline{X}$ 是样本均值，则

$$\overline{X} \sim N\left(\mu,\frac{\sigma^2}{n}\right),U = \frac{\overline{X}-\mu}{\sigma/\sqrt{n}} \sim N(0,1)。$$

定理 6.8 设总体 $X \sim N(\mu,\sigma^2)$，$(X_1,X_2,\cdots,X_n)$是来自总体 X 的样本，$\overline{X}$，S^2 分别是样本均值和样本方差，则$\dfrac{(n-1)S^2}{\sigma^2} \sim \chi^2(n-1)$，且 $\overline{X}$ 与 S^2 相互独立。

定理 6.9 设总体 $X \sim N(\mu,\sigma^2)$，$(X_1,X_2,\cdots,X_n)$是来自总体 X 的样本，$\overline{X}$，S^2 分别是样本均值和样本方差，且相互独立，则

$$\frac{\overline{X}-\mu}{S/\sqrt{n}} \sim t(n-1)。$$

定理 6.10 设$(X_1,X_2,\cdots,X_n)$是来自总体 $X \sim N(\mu_1,\sigma_1^2)$的样本，$(Y_1,Y_2,\cdots,Y_m)$是来自总体 $Y \sim N(\mu_2,\sigma_2^2)$ 的样本，且两样本相互独立，$\overline{X}$，$\overline{Y}$，S_1^2，S_2^2 分别为两个样本的样本均值和样本方差，则有

(1) 当 $\sigma_1^2 \neq \sigma_1^2$ 时，有

$$U = \frac{(\overline{X}-\overline{Y})-(\mu_1-\mu_2)}{\sqrt{\dfrac{\sigma_1^2}{n}+\dfrac{\sigma_2^2}{m}}} \sim N(0,1)；$$

(2) 当 $\sigma_1^2=\sigma_2^2=\sigma^2$ 时,有

$$t=\frac{(\overline{X}-\overline{Y})-(\mu_1-\mu_2)}{S_w\sqrt{\frac{1}{n}+\frac{1}{m}}}\sim t(n+m-2),$$

其中

$$S_w=\sqrt{\frac{(n-1)S_1^2+(m-1)S_2^2}{m+n-2}}。$$

定理6.11　设$(X_1,X_2,\cdots,X_n)$是来自总体$X\sim N(\mu_1,\sigma_1^2)$的样本,$(Y_1,Y_2,\cdots,Y_n)$是来自总体$Y\sim N(\mu_2,\sigma_2^2)$的样本,且两样本相互独立,$S_1^2$,$S_2^2$ 分别为两样本的样本方差,则

$$F=\frac{S_1^2/\sigma_1^2}{S_2^2/\sigma_2^2}\sim F(n-1,m-1)。$$

6.2　参数估计

总体Y的分布函数参数估计是统计推断的基本问题,实际问题中,总体的分布函数往往是未知的,有时尽管知道它的类型,但分布中含有未知参数,如何根据样本去估计总体分布中的未知参数或总体的某些数字特征呢?这就是参数估计问题。参数估计有两种形式:参数的点估计和区间估计。

6.2.1　参数的点估计

1. 矩估计法

基本思想:设$(X_1,X_2,\cdots,X_n)$是来自总体X的样本,如果总体X的j阶原点矩$E(X^j)$存在,由辛钦大数定律可知,样本的j阶原点矩$A_j=\frac{1}{n}\sum_{i=1}^{n}X_i^j$依概率收敛于总体$j$阶原点矩$E(X^j)$,这就是说,在样本容量$n$较大时,样本的$j$阶原点矩$A_j=\frac{1}{n}\sum_{i=1}^{n}X_i^j$应接近于$E(X^j)$。因此,在$E(X^j)$未知的情况下,我们往往用样本的$j$阶原点矩$A_j=\frac{1}{n}\sum_{i=1}^{n}X_i^j$来作为总体$j$阶原点矩$E(X^j)$的估计量,这就是矩估计法的基本思想。

矩估计法的方法要点:设总体X的分布函数为$F(x;\theta_1,\theta_2,\cdots,\theta_k)$,其中$\theta_1,\theta_2,\cdots,\theta_k$是未知参数,且总体$X$的$k$阶原点矩$E(X^k)$存在,根据总体$X$的分布求得$E(X^j)(j=1,2,\cdots,k)$,它们是$\theta_1,\theta_2,\cdots,\theta_k$的函数,并记

$$E(X^j)=v_j(\theta_1,\theta_2,\cdots,\theta_k)(j=1,2,\cdots,k),$$

将$E(X^j)$替换成相应的估计量$A_j=\frac{1}{n}\sum_{i=1}^{n}X_i^j$,则得到关于$\theta_1,\theta_2,\cdots,\theta_k$的方程组

$$\begin{cases} \frac{1}{n}\sum_{i=1}^{n} X_i = v_1(\theta_1,\theta_2,\cdots,\theta_k), \\ \frac{1}{n}\sum_{i=1}^{n} X_i^2 = v_2(\theta_1,\theta_2,\cdots,\theta_k), \\ \cdots\cdots\cdots\cdots \\ \frac{1}{n}\sum_{i=1}^{n} X_i^k = v_k(\theta_1,\theta_2,\cdots,\theta_k)。 \end{cases}$$

方程组的解记为 $\hat{\theta}_i = \hat{\theta}_i(X_1,X_2,\cdots,X_n)(i=1,2,\cdots,k)$，并以 $\hat{\theta}_i$ 作为未知参数 θ_i 的估计量，称 $\hat{\theta}_i$ 为未知参数 θ_i 的矩估计量。

例 1 设总体 X 的分布密度为

$$f(x) = \begin{cases} \frac{\alpha - x}{\alpha^2}, 0 < x < \alpha, \\ 0, \quad 其他。 \end{cases}$$

其中，α 为未知参数，$(X_1,X_2,\cdots,X_n)$ 是来自总体 X 的样本，试求 α 的矩估计量。

解 由于

$$E(X) = \int_{-\infty}^{+\infty} xf(x)\mathrm{d}x = \int_0^{\alpha} \frac{x(\alpha - x)}{\alpha^2}\mathrm{d}x = \frac{\alpha}{6},$$

则有 $\overline{X} = \frac{\alpha}{6}$，所以 α 的矩估计量为 $\hat{\alpha} = 6\overline{X}$。

2. 极大似然估计

基本思想：极大似然估计法是参数点估计中最重要的方法，它是美国著名统计学家费歇(R. A. Fisher)在 1912 年的一项工作中提出来的，这种估计方法的直观想法是，在条件不确定的随机试验中，如果事件 A 已经发生，则根据事件 A 发生的概率最大原则去推断试验条件。

极大似然估计法的方法要点：按总体为离散型或连续型随机变量分别讨论。

设总体 X 是**离散型随机变量**，分布律为 $P\{X=x\} = p(x;\theta_1,\theta_2,\cdots,\theta_l)$，其中 θ_1，$\theta_2,\cdots,\theta_l$ 为未知参数，$(\theta_1,\theta_2,\cdots,\theta_l)$ 取值于一个 l 维向量空间 Θ，Θ 称为参数空间，$(X_1,X_2,\cdots,X_n)$ 是来自总体 X 的样本，其观察值为 $(x_1,x_2,\cdots,x_n)$，样本的联合分布律为

$$\begin{aligned} L(\theta_1,\theta_2,\cdots,\theta_l) &= P\{X_1=x_1,X_2=x_2,\cdots,X_n=x_n\} \\ &= \prod_{i=1}^{n} P\{X_i=x_i\} = \prod_{i=1}^{n} p(x_i;\theta_1,\theta_2,\cdots,\theta_l), \end{aligned}$$

将 $L(\theta_1,\theta_2,\cdots,\theta_l)$ 看作 $(\theta_1,\theta_2,\cdots,\theta_l)$ 的函数，称它为似然函数。

若存在 $\hat{\theta}_i = \hat{\theta}_i(x_1,x_2,\cdots,x_n)(i=1,2,\cdots,l)$ 使得

$$L(\hat{\theta}_1,\hat{\theta}_2,\cdots,\hat{\theta}_l) = \max_{(\theta_1,\theta_2,\cdots,\theta_l)\in\Theta} L(\theta_1,\theta_2,\cdots,\theta_l),$$

则称 $\hat{\theta}_i = \hat{\theta}_i(x_1,x_2,\cdots,x_n)$ 为 θ_i 的极大似然估计值，相应的样本函数 $\hat{\theta}_i = \hat{\theta}_i(X_1,X_2,\cdots,X_n)$ 称为 θ_i 的极大似然估计量。由定义知，未知参数 $\theta_1,\theta_2,\cdots,\theta_l$ 的极大似然估计值 $\hat{\theta}_1$，

$\hat{\theta}_2,\cdots,\hat{\theta}_l$ 就是似然函数 $L(\theta_1,\theta_2,\cdots,\theta_l)$ 的最大值点。因此，求极大似然估计的方法是：先写出似然函数 $L(\theta_1,\theta_2,\cdots,\theta_l)$，然后求似然函数的最大值点。

为了计算方便，并考虑到函数 $L(\theta_1,\theta_2,\cdots,\theta_l)$ 与函数 $\ln L(\theta_1,\theta_2,\cdots,\theta_l)$ 有相同的最大值点，我们往往将求似然函数 $L(\theta_1,\theta_2,\cdots,\theta_l)$ 的最大值点转化为求函数 $\ln L(\theta_1,\theta_2,\cdots,\theta_l)$ 的最大值点，若似然函数 $L(\theta_1,\theta_2,\cdots,\theta_l)$ 关于 $\theta_1,\theta_2,\cdots,\theta_l$ 的偏导数存在，则可建立如下方程组

$$\begin{cases}\dfrac{\partial \ln L(\theta_1,\theta_2,\cdots,\theta_l)}{\partial \theta_1}=0,\\[2mm] \dfrac{\partial \ln L(\theta_1,\theta_2,\cdots,\theta_l)}{\partial \theta_2}=0,\\ \cdots\cdots\cdots\cdots \\ \dfrac{\partial \ln L(\theta_1,\theta_2,\cdots,\theta_l)}{\partial \theta_l}=0,\end{cases}$$

并称此方程组为似然方程组（或似然方程），如果似然方程组（或方程）的解 $(\hat{\theta}_1,\hat{\theta}_2,\cdots,\hat{\theta}_l)$ 唯一，则它就是函数 $\ln L(\theta_1,\theta_2,\cdots,\theta_l)$ 的最大值点，即 $\hat{\theta}_1,\hat{\theta}_2,\cdots,\hat{\theta}_l$ 分别是未知参数 $\theta_1,\theta_2,\cdots,\theta_l$ 的极大似然估计。

设总体 X 是**连续型随机变量**，分布密度为 $f(x;\theta_1,\theta_2,\cdots,\theta_l)$，其中 $\theta_1,\theta_2,\cdots,\theta_l$ 为未知参数，$(\theta_1,\theta_2,\cdots,\theta_l)\in\Theta$，$(X_1,X_2,\cdots,X_n)$ 是来自总体 X 的样本，观察值 $(x_1,x_2,\cdots,x_n)$，我们定义似然函数为

$$L(\theta_1,\theta_2,\cdots,\theta_l)=\prod_{i=1}^{n} f(x_i;\theta_1,\theta_2,\cdots,\theta_l)。$$

若存在 $\hat{\theta}_i=\hat{\theta}_i(x_1,x_2,\cdots,x_n)(i=1,2,\cdots,l)$ 使得

$$L(\hat{\theta}_1,\hat{\theta}_2,\cdots,\hat{\theta}_l)=\max_{(\theta_1,\theta_2,\cdots,\theta_l)\in\Theta} L(\theta_1,\theta_2,\cdots,\theta_l),$$

则称 $\hat{\theta}_i=\hat{\theta}_i(x_1,x_2,\cdots,x_n)$ 为 θ_i 的极大似然估计值，相应的样本函数 $\hat{\theta}_i=\hat{\theta}_i(X_1,X_2,\cdots,X_n)$ 为 θ_i 的极大似然估计量，它的求法与离散型情况相同。

对于极大似然估计，我们作如下两点注解：

① 似然函数 $L(\theta_1,\theta_2,\cdots,\theta_l)$ 是相对未知参数 $\theta_1,\theta_2,\cdots,\theta_l$ 而言的，也就是说将未知参数 $\theta_1,\theta_2,\cdots,\theta_l$ 视为变量，而将样本观察值 $(x_1,x_2,\cdots,x_n)$ 视为常量。

② 如果似然函数 $L(\theta_1,\theta_2,\cdots,\theta_l)$ 关于 $\theta_1,\theta_2,\cdots,\theta_l$ 的偏导数不存在或似然方程组（或似然方程）无解，这时我们只能根据极大似然估计的定义来直接求解。

例 2　总体 X 的分布密度为

$$f(x;\theta)=\begin{cases}\theta c^{\theta}x^{-(\theta+1)}, & x\geqslant c,\\ 0, & x<c,\end{cases}$$

其中，$c>0$ 为已知常数，未知参数 $\theta>0$，设 $(X_1,X_2,\cdots,X_n)$ 是来自总体 X 的样本，求未知参数 θ 的极大似然估计量。

解　设 $(x_1,x_2,\cdots,x_n)$ 为样本的观察值，似然函数为

$$L(\theta)=\prod_{i=1}^{n}f(x_i;\theta)=\theta^n c^{n\theta}\left(\prod_{i=1}^{n}x_i\right)^{-(\theta+1)},$$

取对数，得

$$\ln L(\theta)=n\ln\theta+n\theta\ln c-(\theta+1)\sum_{i=1}^{n}\ln x_i,$$

似然方程为

$$\frac{\mathrm{d}\ln L(\theta)}{\mathrm{d}\theta}=\frac{n}{\theta}+n\ln c-\sum_{i=1}^{n}\ln x_i=0,$$

解得 θ 的极大似然估计值为 $\hat{\theta}=\left(\frac{1}{n}\sum_{i=1}^{n}\ln x_i-\ln c\right)^{-1}$。

6.2.2 评价点估计量优劣的标准

对同一总体中的同一个未知参数，用不同方法求得的估计量可能相差甚远，有时甚至用一种方法也可能得到不同的估计量。因此需要有一些标准去评价估计量的优劣，下面介绍三种最常见的评价标准：无偏性、有效性、一致性。

1. 无偏性

定义 6.12 设 $\hat{\theta}=\hat{\theta}(X_1,X_2,\cdots,X_n)$ 是未知参数 θ 的估计量，如果 $E(\hat{\theta})=\theta$，则称 $\hat{\theta}$ 是 θ 的**无偏估计量**或称估计量 $\hat{\theta}$ 具有**无偏性**。如果 $\lim\limits_{n\to\infty}E(\hat{\theta})=\theta$，则称 $\hat{\theta}$ 是 θ 的**渐近无偏估计量**。

从定义可以看出，由某一个样本观察值 $(x_1,x_2,\cdots,x_n)$ 所获得的估计值 $\hat{\theta}$ 与未知参数 θ 之间存在着随机误差，估计的效果不会很好，但在大量重复使用无偏估计时，多次估计的算术平均值接近被估计的参数。

定理 6.13 设总体 X 数学期望为 $E(X)=\mu$，方差 $D(X)=\sigma^2$，$(X_1,X_2,\cdots,X_n)$ 是来自总体 X 的样本，则样本均值 $\overline{X}=\frac{1}{n}\sum_{i=1}^{n}X_i$ 和样本方差 $S^2=\frac{1}{n-1}\sum_{i=1}^{n}(X_i-\overline{X})^2$ 分别是 μ,σ^2 的无偏估计量，即 $E(\overline{X})=\mu,E(S^2)=\sigma^2$。

未知参数的无偏估计量可能有很多，这就需要从中挑选出比较好的无偏估计，我们自然会想到，以估计量与未知参数 θ 的偏离程度来衡量估计量的好坏，于是我们用估计量的方差大小作为评价无偏估计量的好坏的标准，这就是估计量的有效性。

2. 有效性

定义 6.14 设 $\hat{\theta}_1=\hat{\theta}_1(X_1,X_2,\cdots,X_n)$ 和 $\hat{\theta}_2=\hat{\theta}_2(X_1,X_2,\cdots,X_n)$ 都是 θ 的无偏估计量，如果 $D(\hat{\theta}_1)<D(\hat{\theta}_2)$，则称 $\hat{\theta}_1$ 比 $\hat{\theta}_2$ 有效。

3. 一致性

定义 6.15 设 $\hat{\theta}_n=\hat{\theta}_n(X_1,X_2,\cdots,X_n)$ 是 θ 的一个估计量，如果 $\hat{\theta}_n$ 依概率收敛于 θ，即对任意给定的正数 ε，有

$$\lim_{n\to\infty}P\{|\hat{\theta}_n-\theta|>\varepsilon\}=0,$$

则称 $\hat{\theta}_n$ 是 θ 的**一致估计**，或称为**相合估计**。

一致性是对估计量的一个最基本的要求，在样本容量 n 增大时，来自总体的信息就越多，我们自然要求估计量更接近未知参数的真实值。

6.2.3　参数的区间估计

上节讨论了参数的点估计，用估计值 $\hat{\theta}=\hat{\theta}(x_1,x_2,\cdots,x_n)$ 作为未知参数 θ 的近似值，这种估计的缺点在于，它不能反映估计的可信程度，也无法看出它的精度有多大，而区间估计正好弥补了这个缺陷。

定义 6.16　设总体 X 的分布中含有未知参数 θ，$(X_1,X_2,\cdots,X_n)$ 是来自总体 X 的样本，对于常数 $\alpha\in(0,1)$，存在两个统计量 $\hat{\theta}_1=\hat{\theta}_1(X_1,X_2,\cdots,X_n)$ 及 $\hat{\theta}_2=\hat{\theta}_2(X_1,X_2,\cdots,X_n)$，使得 $P\{\hat{\theta}_1<\theta<\hat{\theta}_2\}=1-\alpha$，则称随机区间 $(\hat{\theta}_1,\hat{\theta}_2)$ 为参数 θ 的置信水平（或置信度）为 $1-\alpha$ 的**置信区间**，$\hat{\theta}_1$ 和 $\hat{\theta}_2$ 分别称为**置信下限**和**置信上限**。

从定义可以看出，置信区间 $(\hat{\theta}_1,\hat{\theta}_2)$ 以 $1-\alpha$ 的概率包含参数真值，其频率解释是，如果重复抽样多次，获得许多组样本观察值，相应地有许多具体的区间估计值，这些区间中大约有 $100(1-\alpha)\%$ 的区间包含了未知参数的真值，大约有 $100\alpha\%$ 的区间没有包含。下面我们主要对正态总体中参数的区间估计进行讨论。

1. 单个正态总体参数的区间估计

总体 $X\sim N(\mu,\sigma^2)$，$(X_1,X_2,\cdots,X_n)$ 是来自总体 X 的样本，求 μ 及 σ^2 的置信区间。

(1) σ^2 已知时，求 μ 的置信水平为 $1-\alpha$ 的置信区间。

$$U=\frac{\overline{X}-\mu}{\sigma/\sqrt{n}}\sim N(0,1),$$

其中，U 是样本 $(X_1,X_2,\cdots,X_n)$ 的函数，它仅含有未知参数 μ 且分布完全确定，对给定的置信水平 $1-\alpha$，查 $N(0,1)$ 表得临界值 $u_{1-\frac{\alpha}{2}}$，它满足 $P\left(U<u_{1-\frac{\alpha}{2}}\right)=1-\frac{\alpha}{2}$。

显然有

$$P\left\{|U|<u_{1-\frac{\alpha}{2}}\right\}=1-\alpha,p\left\{-u_{1-\frac{\alpha}{2}}<\frac{\overline{X}-\mu}{\sigma/\sqrt{n}}<u_{1-\frac{\alpha}{2}}\right\}=1-\frac{\alpha}{2},$$

所以 μ 的置信水平为 $1-\alpha$ 的置信区间为 $\left(\overline{X}-u_{1-\frac{\alpha}{2}}\frac{\sigma}{\sqrt{n}},\overline{X}+u_{1-\frac{\alpha}{2}}\frac{\sigma}{\sqrt{n}}\right)$。

从上式可以看出：在样本容量 n 不变的情况下，当 α 减小时，即置信度 $1-\alpha$ 提高时，$u_{1-\frac{\alpha}{2}}$ 增大，则置信区间的长度也增大，即估计的精度降低。因此，在样本容量 n 不变的情况下，要同时提高置信水平和精度是不可能的。当 α 固定时，如果增大样本的容量 n，则置信区间的长度减小，即估计的精度提高。

我们归纳出求置信区间的一般步骤：

① 构造一个样本的函数

$$T = T(X_1, X_2, \cdots, X_n; \theta),$$

它仅含有未知参数 θ,其分布完全确定;

② 对给定置信水平 $1-\alpha$,根据 T 的分布,分别选取两个常数 α 和 β 使满足

$$P\{\alpha < T(X_1, X_2, \cdots, X_n; \theta) < \beta\} = 1-\alpha;$$

③ 将不等式 $\alpha < T(X_1, X_2, \cdots, X_n; \theta) < \beta$ 改写成如下等价形式:

$$\hat{\theta}_1(X_1, X_2, \cdots, X_n; \alpha, \beta) < \theta < \hat{\theta}_2(X_1, X_2, \cdots, X_n; \alpha, \beta),$$

则 $(\hat{\theta}_1, \hat{\theta}_2)$ 是未知参数 θ 的置信水平为 $1-\alpha$ 的置信区间。

(2) σ^2 未知时,求 μ 的置信水平为 $1-\alpha$ 的置信区间。

由于 σ^2 未知,所以不能用 $U = \dfrac{\overline{X}-\mu}{\sigma/\sqrt{n}}$ 来构造置信区间,我们往往用样本标准差 S 来代替 σ,$t = \dfrac{\overline{X}-\mu}{S/\sqrt{n}} \sim t(n-1)$,所以 μ 的置信水平为 $1-\alpha$ 的置信区间为

$$\left(\overline{X} \sim u_{1-\frac{\alpha}{2}} \frac{\sigma}{\sqrt{n}}, \overline{X} + u_{1-\frac{\alpha}{2}} \frac{\sigma}{\sqrt{n}}\right)。$$

例 3 某种果树产量服从正态分布 $N(\mu, \sigma^2)$,随机抽取 9 株计算其产量(单位:kg)分别为 60,57,58,65,70,63,56,61,50,求果树平均产量 μ 的置信水平为 95% 的置信区间。

解 σ^2 未知,μ 的置信水平为 $1-\alpha$ 的置信区间为

$$\left(\overline{X} - t_{\frac{\alpha}{2}}(n-1)\frac{S}{\sqrt{n}}, \overline{X} + t_{\frac{\alpha}{2}}(n-1)\frac{S}{\sqrt{n}}\right),$$

本题中 $1-\alpha = 95\%$,故 $\alpha = 0.05$,查表得 $t_{0.025}(8) = 2.306$,经计算得 $\overline{X} = 60, S^2 = 33$,由此得

$$t_{\frac{\alpha}{2}}(n-1)\frac{S}{\sqrt{n}} = 2.306 \times \frac{\sqrt{33}}{3} = 4.42,$$

所以,置信区间为(55.58,64.42)。

(3) μ 未知时,求 σ^2 的置信水平为 $1-\alpha$ 的置信区间。

$$\chi^2 = \frac{(n-1)S^2}{\sigma^2} \sim \chi^2(n-1),$$

所以 σ^2 的置信水平为 $1-\alpha$ 的置信区间为

$$\left(\frac{(n-1)S^2}{\chi^2_{\frac{\alpha}{2}}(n-1)}, \frac{(n-1)S^2}{\chi^2_{1-\frac{\alpha}{2}}(n-1)}\right)。$$

(4) μ 已知时,求 α^2 的置信水平为 $1-\alpha$ 的置信区间。

由于 $X_1, X_2, \cdots, X_n$ 相互独立与总体 $X \sim N(\mu, \sigma^2)$ 同分布,所以,$\dfrac{X_1-\mu}{\sigma}, \dfrac{X_2-\mu}{\sigma}, \cdots, \dfrac{X_n-\mu}{\sigma}$ 相互独立且都服从 $N(0,1)$,则

$$\chi^2=\sum_{i=1}^{n}\left(\frac{X_i-\mu}{\sigma}\right)^2\sim\chi^2(n)。$$

用相同的方法可得到 σ^2 的置信水平为 $1-\alpha$ 的置信区间为

$$\left(\frac{\sum_{i=1}^{n}(X_i-\mu)^2}{\chi^2_{\frac{\alpha}{2}}(n)},\frac{\sum_{i=1}^{n}(X_i-\mu)^2}{\chi^2_{1-\frac{\alpha}{2}}(n)}\right)。$$

例 4　在一批钢丝中，随机抽取 9 根，其抗压强度为 578，582，574，568，596，572，570，584，578，设抗压强度服从正态分布 $N(\mu,\sigma^2)$，求 σ^2 的置信水平为 95% 的置信区间。

解　μ 未知时，σ^2 的置信水平为 $1-\alpha$ 的置信区间为

$$\left(\frac{(n-1)S^2}{\chi^2_{\frac{\alpha}{2}}(n-1)},\frac{(n-1)S^2}{\chi^2_{1-\frac{\alpha}{2}}(n-1)}\right),$$

本题中 $1-\alpha=95\%$，故 $\alpha=0.05$，其中 $n=9$，

$$\chi^2_{1-\frac{\alpha}{2}}(n-1)=\chi^2_{0.975}(8)=2.18,\chi^2_{\frac{\alpha}{2}}(n-1)=\chi^2_{0.025}(8)=17.54,$$

经计算，

$$\overline{X}=\frac{1}{9}\sum_{i=1}^{9}x_i=578,S^2=\frac{1}{8}\sum_{i=1}^{9}(x_i-\overline{X})^2=74,$$

由此得

$$\frac{(n-1)S^2}{\chi^2_{\frac{\alpha}{2}}(n-1)}=\frac{8\times74}{17.54}=33.75,\quad\frac{(n-1)S^2}{\chi^2_{1-\frac{\alpha}{2}}(n-1)}=\frac{8\times74}{2.18}=271.56。$$

所以，置信区间为(33.75，271.56)。

2. 两个正态总体参数的区间估计

设 $(X_1,X_2,\cdots,X_n)$ 是来自总体 $X\sim N(\mu_1,\sigma_1^2)$ 的样本，$(Y_1,Y_2,\cdots,Y_m)$ 是来自总体 $Y\sim N(\mu_2,\sigma_2^2)$ 的样本，且两样本相互独立，$\overline{X},\overline{Y}$ 分别为两个样本的样本均值，S_1^2,S_2^2 分别为两个样本的样本方差，求 $\mu_1-\mu_2$ 及 $\frac{\sigma_1^2}{\sigma_2^2}$ 的置信区间。

(1) σ_1^2,σ_2^2 均已知时，求 $\mu_1-\mu_2$ 的置信水平为 $1-\alpha$ 的置信区间。

$$U=\frac{(\overline{X}-\overline{Y})-(\mu_1-\mu_2)}{\sqrt{\frac{\sigma_1^2}{n}+\frac{\sigma_2^2}{m}}}\sim N(0,1),$$

所以 $\mu_1-\mu_2$ 的置信水平为 $1-\alpha$ 的置信区间为

$$\left(\overline{X}-\overline{Y}-u_{1-\frac{\alpha}{2}}\sqrt{\frac{\sigma_1^2}{n}+\frac{\sigma_2^2}{m}},\overline{X}-\overline{Y}+u_{1-\frac{\alpha}{2}}\sqrt{\frac{\sigma_1^2}{n}+\frac{\sigma_2^2}{m}}\right)。$$

(2) $\sigma_1^2=\sigma_2^2=\sigma^2$ 未知时，求 $\mu_1-\mu_2$ 的置信水平为 $1-\alpha$ 的置信区间。

$$t=\frac{(\overline{X}-\overline{Y})-(\mu_1-\mu_2)}{S_w\sqrt{\frac{1}{n}+\frac{1}{m}}}\sim t(n+m-2),$$

其中

$$S_w=\sqrt{\frac{(n-1)S_1^2+(m-1)S_2^2}{m+n-2}}。$$

所以 $\mu_1-\mu_2$ 的置信水平为 $1-\alpha$ 的置信区间为

$$\left(\overline{X}-\overline{Y}-t_{\frac{\alpha}{2}}(n+m-2)S_w\sqrt{\frac{1}{n}+\frac{1}{m}},\overline{X}-\overline{Y}+t_{\frac{\alpha}{2}}(n+m-2)S_w\sqrt{\frac{1}{n}+\frac{1}{m}}\right)。$$

(3) μ_1,μ_2 未知时,求方差比$\frac{\sigma_1^2}{\sigma_2^2}$ 的置信水平为 $1-\alpha$ 的置信区间。

$$F=\frac{S_1^2/\sigma_1^2}{S_2^2/\sigma_2^2}\sim F(n-1,m-1),$$

所以 σ^2 的置信水平为 $1-\alpha$ 的置信区间为

$$\left(\frac{S_1^2/S_2^2}{F_{\frac{\alpha}{2}}(n-1,m-1)},\frac{S_1^2/S_2^2}{F_{1-\frac{\alpha}{2}}(n-1,m-1)}\right)。$$

例 5 从某系甲班中抽取 8 个学生,从乙班中抽取 7 个学生,根据他们的英语考试成绩,可算得 $\overline{X}=70,S_1^2=112;\overline{Y}=68,S_2^2=112$。设两班的英语成绩服从正态分布,且方差相等,求甲、乙两班英语平均成绩差 $\mu_1-\mu_2$ 的置信区间(取置信水平为 0.95)。

解 两正态总体方差相等,$\mu_1-\mu_2$ 的置信水平为 $1-\alpha$ 的置信区间为

$$\left(\overline{X}-\overline{Y}-t_{\frac{\alpha}{2}}(n+m-2)S_w\sqrt{\frac{1}{n}+\frac{1}{m}},\overline{X}-\overline{Y}+t_{\frac{\alpha}{2}}(n+m-2)S_w\sqrt{\frac{1}{n}+\frac{1}{m}}\right),$$

这里,$\alpha=0.05,n=8,m=7$,查表得 $t_{\frac{\alpha}{2}}(n+m-2)=2.16$,

则

$$t_{\frac{\alpha}{2}}(n+m-2)S_w\sqrt{\frac{1}{n}+\frac{1}{m}}=2.16\times\sqrt{\frac{7\times112+6\times36}{13}}\times\sqrt{\frac{1}{8}+\frac{1}{7}}=9.14,$$

所以 $\mu_1-\mu_2$ 的置信水平为 0.95 的置信区间为$(-7.14,11.14)$。

6.3 假设检验

在实际工作中,我们经常要面对这样的问题:总体的分布函数的类型或分布函数中的一些参数是未知的,需要对总体分布函数的类型或分布函数中的未知参数提出某种“假设”,然后通过已经获得的一个样本对提出的“假设”作出成立还是不成立的判断(或决策)。

6.3.1 假设检验的基本概念

1. 假设检验的基本步骤

(1) 提出统计假设:原假设 H_0 和备选假设 H_1,H_0 与 H_1 在假设检验问题中是两个对立的假设:H_0 成立则 H_1 不成立,反之亦然。例如,对总体均值 μ 可以提出三个假设检验:

① $H_0:\mu=\mu_0$,对 $H_1:\mu\neq\mu_0$;

② $H_0:\mu=\mu_0$,对 $H_1:\mu<\mu_0$;

③ $H_0:\mu=\mu_0$,对 $H_1:\mu>\mu_0$。

其中,① 称为双尾或双侧检验,②③ 称为单尾或单侧检验;

(2) 选取检验统计量,构造出一个适合的统计量。首先它必须与统计假设有关,其次在 H_0 成立的情况下,统计量的分布或渐近分布是知道的;

(3) 规定显著水平 α,由于总是在有相当的根据后才作出原假设 H_0,为此,选取一个很小的正数 α,如 0.01 或 0.05。检验时,就是要解决当原假设 H_0 成立时,作出不接受原假设 H_0 的这一决定的概率不大于这个显著水平 α 的问题;

(4) 在显著水平 α 下,根据统计量的分布将样本空间划分成两个不相交的区域:其中一个是接受原假设的样本值全体组成的区域,称为接受域;反之,另一个为拒绝域;

(5) 根据样本观测值 $x_1,x_2,\cdots,x_n$,计算检验统计量的观测值;

(6) 作出判断:若检验统计的观测值落在接受域,则接受 H_0 而拒绝备选假设 H_1;反之,若检验统计量的观测值落在拒绝域,则拒绝原假设 H_0 而接受备选假设 H_1。

2. 假设检验的两类错误

这种检验方法所作出的决策是不是一定都是正确的?因为我们作出判断的依据仅仅是一个样本,作判断的方法是由部分来推断全体,因此,客观上有时就会发生判断错误。事实上可能会发生两种类型的错误。

首先如果原假设是正确的,由于样本的随机性,这时我们作出了拒绝原假设的决策,从而犯了错误。这类错误称为第 Ⅰ 类错误,也称为弃真错误。显然,犯第 Ⅰ 类错误的概率就是显著水平 α。其次,如果原假设不正确时,同样由于样本随机性,使我们作出接受原假设的错误决策。这类错误称为第 Ⅱ 类错误,也称为取伪错误。我们记犯第 Ⅱ 类错误的概率为 β。

总之,假设检验有犯两种错误的可能情况,其结果可以概括如下:犯第 Ⅰ 类错误的概率就是显著水平 α,所以一旦当检验水平 α 给定以后,那么犯第 Ⅰ 类错误的概率也就随之而定,而犯第 Ⅱ 类错误的概率 β 的计算比较复杂,它的数值跟参数的真值有关。

6.3.2 单个正态总体参数的假设检验

设总体 $X\sim N(\mu,\sigma^2)$,$x_1,x_2,\cdots,x_n$ 是 X 的容量为 n 的一个样本,其样本均值和样本方差分别为 $\overline{X}=\frac{1}{n}\sum_{i=1}^{n}x_i$,$S^2=\frac{1}{n-1}\sum_{i=1}^{n}(x_i-\overline{X})^2$,则总体参数的假设检验包括总体均值的假设检验和总体方差的假设检验。

1. 总体均值的假设检验

针对不同的备选假设,我们可以提出下面三个假设检验问题:

$$① \ H_0:\mu=\mu_0,\text{对 } H_1:\mu\neq\mu_0;$$

$$② \ H_0:\mu=\mu_0,\text{对 } H_1:\mu>\mu_0;$$

$$③ \ H_0:\mu=\mu_0,\text{对 } H_1:\mu<\mu_0。$$

1) 已知方差为 σ^2 时单个正态总体均值的检验法(称为 U 检验法) 的步骤如下:

(1) 提出原假设 $H_0:\mu=\mu_0$,对 $H_1:\mu\neq\mu_0$;

(2) 选取检验统计量 $U=\dfrac{\overline{X}-\mu_0}{\sigma/\sqrt{n}}$,在 H_0 成立时,$U\sim N(0,1)$;

(3) 取显著水平 α,查正态分布表,确定接受域。例如,对 ① 查正态分布表得 $u_{\frac{\alpha}{2}}$,因此接受域为 $\left(-u_{\frac{\alpha}{2}},u_{\frac{\alpha}{2}}\right)$;

(4) 根据样本观测值计算检验统计量 U 的观测值 u;

(5) 作决策:若 $\begin{cases}① \ |u|<u_{\frac{\alpha}{2}}(H_1:\mu\neq\mu_0),\\ ② \ u<u_\alpha(H_1:\mu>\mu_0),\\ ③ \ u>-\mu_\alpha(H_1:\mu<\mu_0),\end{cases}$

则接受原假设 $H_0:\mu=\mu_0$,否则就拒绝原假设 $H_0:\mu=\mu_0$。

2) 未知方差 σ^2,检验假设 $H_0:\mu=\mu_0$ 这个检验法称为 t 检验法。对于具有相同的原假设,其 t 检验法的步骤如下:

(1) 提出原假设 $H_0:\mu=\mu_0$,对 $H_1:\mu\neq\mu_0$;

(2) 取样本 $x_1,x_2,\cdots,x_n$ 的统计量 $T=\dfrac{\overline{X}-\mu_0}{S/\sqrt{n}}$,在 $H_0:\mu=\mu_0$ 成立时,$T\sim t(n-1)$ 分布;

(3) 对给定的显著水平 α,据统计量 T 服从自由度为 $n-1$ 的 t 分布,可确定相应的接受域;

(4) 根据样本观测值计算检验统计量 T 的观测值 $t=\dfrac{\overline{X}-\mu_0}{S/\sqrt{n}}$;

(5) 作判断:若 $\begin{cases}① \ |t|<t_{\frac{\alpha}{2}}(n-1) \ (H_1:\mu\neq\mu_0),\\ ② \ t<t_\alpha(n-1) \quad (H_1:\mu>\mu_0),\\ ③ \ t>-t_\alpha(n-1) \quad (H_1:\mu<\mu_0),\end{cases}$

则接受原假设 H_0;反之则拒绝 H_0。

2. 总体方差的假设检验

针对不同的备选假设,我们可以提出下面三个假设检验问题:

$$① \ H_0:\sigma^2=\sigma_0^2,\text{对 } H_1:\sigma^2\neq\sigma_0^2;$$

$$② \ H_0:\sigma^2=\sigma_0^2,\text{对 } H_1:\sigma^2>\sigma_0^2;$$

$$③ \ H_0:\sigma^2=\sigma_0^2,\text{对 } H_1:\sigma^2<\sigma_0^2。$$

1) 已知均值 μ,检验假设 $H_0:\sigma^2=\sigma_0^2$ 检验问题的检验法(称为 χ^2 检验)的步骤为:

(1) 提出原假设 $H_0:\sigma^2=\sigma_0^2$;

(2) 对给定的显著水平 σ,查 χ^2 分布表求临界值,确定接受域;

(3) 将样本观测值代入统计量 $\chi^2=\dfrac{(n-1)S^2}{\sigma_0^2}$ 的表达式,算出 χ^2 的观测值;

(4) 作判断:若$\begin{cases} ① \chi^2 \in \left(\chi^2_{1-\frac{\alpha}{2}}(n), \chi^2_{\frac{\alpha}{2}}(n)\right) & (H_1:\sigma^2 \neq \sigma_0^2), \\ ② \chi^2 < \chi^2_{\alpha}(n) & (H_1:\sigma^2 > \sigma_0^2), \\ ③ \chi^2 > \chi^2_{1-\alpha}(n) & (H_1:\sigma^2 < \sigma_0^2), \end{cases}$

则接受原假设 $H_0:\sigma^2 = \sigma_0^2$,反之则拒绝原假设 H_0。

2) 未知均值 μ,检验假设 $H_0:\sigma^2 = \sigma_0^2$ 检验问题的检验法的步骤为:

(1) 提出原假设 $H_0:\sigma^2 = \sigma_0^2$;

(2) 对给定的显著水平 α,查χ^2 分布表求临界值,确定接受域;

(3) 将样本观测值代入统计量$\chi^2 = \dfrac{(n-1)S^2}{\sigma_0^2}$ 的表达式,算出χ^2 的观测值;

(4) 作判断:若$\begin{cases} ① \chi^2 \in \left(\chi^2_{1-\frac{\alpha}{2}}(n-1), \chi^2_{\frac{\alpha}{2}}(n-1)\right) & (H_1:\sigma^2 \neq \sigma_0^2), \\ ② \chi^2 < \chi^2_{\alpha}(n-1) & (H_1:\sigma^2 > \sigma_0^2), \\ ③ \chi^2 > \chi^2_{1-\alpha}(n-1) & (H_1:\sigma^2 < \sigma_0^2), \end{cases}$

则接受原假设 $H_0:\alpha^2 = \alpha_0^2$,反之则拒绝原假设 H_0。

例 6 已知某厂一车间生产铜丝的折断力服从正态分布,生产一直比较稳定。今从产品中随机抽出 10 根铜丝检查折断力,测得数据如下(单位:千克):280,278,276,284,276,285,276,278,290,282。问是否可相信该车间的铜丝的折断力的方差为 25?

解 设铜丝的折断力 $X \sim N(\mu,\sigma^2)$。

(1) 提出原假设 $H_0:\sigma^2 = 25$ 对 $H_1:\sigma^2 \neq 25$;

(2) 对显著水平 $\alpha = 0.05$,通过χ^2 分布表求得

$$\chi^2_{0.975}(9) = 2.7004, \chi^2_{0.025}(9) = 19.0228,$$

由此确定接受域为(2.7004,19.0228);

(3) 根据样本观测值,计算统计量χ^2 的观测值:

$$\overline{X} = 280.5, \sum_{i=1}^{10}(x_i - \overline{X})^2 = 198.5, \chi^2 = \frac{198.5}{25} = 7.94;$$

(4) 作判断:由于$\chi^2 = 7.94 \in (2.7004,19.0228)$,即统计量的观测值落在接受域,故接受原假设 $H_0:\sigma^2 = 25$。

6.3.3 两个正态总体均值之差或方差之比的假设检验

设总体$X \sim N(\mu_1,\sigma_1^2)$,$x_1,x_2,\cdots,x_{n_1}$ 是X的容量为n_1 的一个样本,其样本均值和样本方差分别为$\overline{X} = \dfrac{1}{n_1}\sum\limits_{i=1}^{n_1} x_i$,$S_1^2 = \dfrac{1}{n_1-1}\sum\limits_{i=1}^{n_1}(x_i - \overline{X})^2$;设总体$Y \sim N(\mu_2,\sigma_2^2)$,$y_1,y_2,\cdots,y_{n_2}$ 是Y的容量为n_2 的一个样本,其样本均值和样本方差分别为$\overline{Y} = \dfrac{1}{n_2}\sum\limits_{i=1}^{n_2} y_i$,$S_2^2 = \dfrac{1}{n_2-1}\sum\limits_{i=1}^{n_2}(y_i - \overline{Y})^2$,并且假定两个样本相互独立。

1. 两个正态总体均值之差的假设检验

针对不同的备选假设,我们可以提出下面三个假设检验问题:

① $H_0:\mu_1=\mu_2$,对 $H_1:\mu_1\neq\mu_2$;

② $H_0:\mu_1=\mu_2$,对 $H_1:\mu_1>\mu_2$;

③ $H_0:\mu_1=\mu_2$,对 $H_1:\mu_1<\mu_2$。

(1) 已知 σ_1^2 和 σ_2^2 时,检验原假设 $H_0:\mu_1=\mu_2$。

由抽样分布理论选择 $U=\dfrac{\overline{X}-\overline{Y}}{\sqrt{\dfrac{\sigma_1^2}{n_1}+\dfrac{\sigma_2^2}{n_2}}}$ 为检验统计量。当原假设 $H_0:\mu_1=\mu_2$ 成立时,$U=\dfrac{\overline{X}-\overline{Y}}{\sqrt{\dfrac{\sigma_1^2}{n_1}+\dfrac{\sigma_2^2}{n_2}}}\sim N(0,1)$,这个统计量称为 U 统计量,相应的检验法称为 U 检验法。取显著水平为 α,假设检验问题的接受域如下:

统计假设	接受域
① $H_0:\mu_1=\mu_2$,对 $H_1:\mu_1\neq\mu_2$;	$\lvert u\rvert<u_{\frac{\alpha}{2}}$
② $H_0:\mu_1=\mu_2$,对 $H_1:\mu_1>\mu_2$;	$u<u_\alpha$
③ $H_0:\mu_1=\mu_2$,对 $H_1:\mu_1<\mu_2$;	$u>-u_\alpha$

(2) 未知 σ_1^2 和 σ_2^2,但知 $\sigma_1^2=\sigma_2^2$ 时,检验假设 $H_0:\mu_1=\mu_2$。

由抽样分布定理知,当假设 $H_0:\mu_1=\mu_2$ 成立时统计量

$$T=\frac{\overline{X}-\overline{Y}}{\sqrt{\dfrac{(n_1+n_2)[(n_1-1)S_1^2+(n_2-1)S_2^2]}{n_1n_2(n_1+n_2-2)}}}\sim t(n_1+n_2-2)。$$

利用上式的 T 作统计量就能构造 t 检验法。取显著水平为 α,假设检验问题的接受域如下:

统计假设	接受域
① $H_0:\mu_1=\mu_2$,对 $H_1:\mu_1\neq\mu_2$;	$\lvert t\rvert<t_{\frac{\alpha}{2}}(n_1+n_2-2)$
② $H_0:\mu_1=\mu_2$,对 $H_1:\mu_1>\mu_2$;	$t<t_\alpha(n_1+n_2-2)$
③ $H_0:\mu_1=\mu_2$,对 $H_1:\mu_1<\mu_2$;	$t>t_\alpha(n_1+n_2-2)$

2. 两个正态总体方差之比的假设检验

针对不同的备选假设,我们可以提出下面三个假设检验问题:

① $H_0:\sigma_1^2=\sigma_2^2$,对 $H_1:\sigma_1^2\neq\sigma_2^2$;

② $H_0:\sigma_1^2=\sigma_2^2$,对 $H_1:\sigma_1^2>\sigma_2^2$;

③ $H_0:\sigma_1^2=\sigma_2^2$,对 $H_1:\sigma_1^2<\sigma_2^2$。

由抽样分布定理知,当假设 $H_0:\alpha_1^2=\alpha_2^2$ 成立时有 $F=\dfrac{S_1^2}{S_2^2}\sim F(n_1-1,n_2-1)$,取 F 为

检验统计量，则对原假设 $H_0:\sigma_1^2=\alpha_2^2$ 为统计假设检验法（称为 F 检验）的步骤如下：

（1）选取统计量 $F=\dfrac{S_1^2}{S_2^2}$；

（2）对给定显著水平 α，查 F 分布表可以确定接受域(λ_1,λ_2)，且

$$\lambda_1=F_{1-\frac{\alpha}{2}}(n_1-1,n_2-1),\lambda_2=F_{\frac{\alpha}{2}}(n_1-1,n_2-1);$$

（3）计算出统计量F的观测值f，若 $f\in(\lambda_1,\lambda_2)$，则接受零假设 H_0，否则拒绝原假设。

例 7　有两台车床生产同一种型号的滚珠，根据已往经验可以认为，这两台车床生产的滚珠的直径均服从正态分布。现从这两台车床的产品中分别抽出 8 个和 9 个，测得滚珠的直径如下（单位：毫米）：

甲车床：15.0　14.5　15.2　15.5　14.8　15.1　15.2　14.8

乙车床：15.2　15.0　14.8　15.2　15.0　15.0　14.8　15.1　14.8

问：乙车床产品的方差是否与甲车床产品的方差相等？

解　设甲车床生产滚珠的直径 $X\sim N(\mu_1,\sigma_1^2)$，乙车床生产滚珠的直径 $Y\sim N(\mu_2,\sigma_2^2)$。

（1）提出原假设 $H_0:\sigma_1^2=\sigma_2^2$ 对备择假设 $H_1:\sigma_1^2\neq\sigma_2^2$；

（2）在显著水平 $\alpha=0.05$ 下查 F 分布表，第一自由度是 7，第二自由度是 8，所以接受域为$(0.2041,4.53)$；

（3）计算统计量 $F=\dfrac{S_1^2}{S_2^2}$ 的观测值；

$$n_1=8,n_2=8,\overline{X}=15.01,\overline{Y}=14.99,S_1^2=0.096,S_2^2=0.026,f=3.69;$$

（4）作判断：$f=3.69\in(0.2041,4.53)$，故应接受原假设 $H_0:\sigma_1^2=\sigma_2^2$，即认为两车床产品的直径的方差相等。

6.3.4　总体分布的假设检验

上一节中我们讨论了关于正态总体分布中的未知参数的假设检验，在这些假设检验中总体分布的类型是已知的。然而在很多情况下总体分布的类型是未知的，这时就需要根据样本所提供的信息对总体分布的种种假设进行检验。总体分布假设检验的方法有许多种，χ^2 检验法是一种常用的方法。由于所用的统计量是由皮尔逊首先提出的，故χ^2 检验法也称为皮尔逊χ^2 拟合检验。

总体分布假设检验问题的一般提法是，在显著性水平 α 下，检验统计假设：

$$H_0:F(x)=F_0(x),H_1:F(x)\neq F_0(x),$$

其中，$F(x)$ 为总体 X 的未知的待检验分布函数，$F_0(x)$ 为一个已知的或仅含几个未知参数的分布函数。

利用χ^2 检验法检验假设 H_0 时，要求 $F_0(x)$ 的形式及其中的参数都是已知的。实际上 $F_0(x)$ 中的参数值往往未知，这时要用最大似然法先估计未知参数，然后再作检验。

分布假设检验的一般步骤为：

（1）作统计假设 $H_0:F(x)=F_0(x)$；

(2) 将区间$(-\infty,+\infty)$分成k个互不相交的区间$[y_{i-1},y_i)(i=1,2,\cdots,k)$，一般$y_0$取$-\infty$，$y_k$取$+\infty$，且要求每个区间至少包含5个样本值，否则应适当合并区间，以满足这个要求；

(3) 计算理论概率$\hat{p}_i=F_0(y_i)-F_0(y_{i-1})(i=1,2,\cdots,k)$，并计算出理论频数$n\hat{p}_i$；

(4) 计算样本观察值$x_1,x_2,\cdots,x_{n_1}$在每个区间$[y_i,y_{i+1}]$中的频数f_i；

(5) 将f_i和$n\hat{p}_i$代入$\chi^2=\sum_{i=1}^{k}\frac{(f_i-n\hat{p}_i)^2}{n\hat{p}_i}$；

(6) 将χ^2和$\chi_\alpha^2(k-r-1)$比较，决定是拒绝还是接受H_0。

例 8 对某系统2004年的职工抽样调查，获得日人均收入的资料见表6-1：

表 6-1

日人均收入(元)	<40	$[40,60)$	$[60,80)$	$[80,100)$	$\geqslant 100$
人数	5	16	40	27	12

计算100人的日人均收入$\overline{X}=72.3$，样本方差$S^2=202$。问该系统职工的日人均收入是否服从正态分布$N(72.3,202)$？

解 令日人均收入为X，假设$X\sim N(\mu,\sigma^2)$，参数未知。

已知由样本估计$\hat{\mu}=72.3$，$\hat{\sigma}^2=202$，这也是μ和σ^2的极大似然估计值，按收入水平分成五类，先计算相应的$\hat{p}_i$：

$$F(y_1)=\Phi\left(\frac{40-72.3}{20}\right)=\Phi(-1.615)=0.0531;$$

$$F(y_2)=\Phi\left(\frac{60-72.3}{20}\right)=\Phi(-0.615)=0.2692;$$

$$F(y_3)=\Phi\left(\frac{80-72.3}{20}\right)=\Phi(0.385)=0.6498;$$

$$F(y_4)=\Phi\left(\frac{100-72.3}{20}\right)=\Phi(1.385)=0.9164。$$

$\hat{p}_1=F(y_1)=0.0531$，$\hat{p}_2=F(y_2)-F(y_1)=0.2161$，$\hat{p}_3=F(y_3)-F(y_2)=0.3806$，$\hat{p}_4=F(y_4)-F(y_3)=0.2656$，$\hat{p}_5=1-F(y_4)=0.0836$。

(1) 统计假设$H_0:X\sim N(72.3,202)$；

(2) 对水平$\alpha=0.05$，查自由度$5-2-1=2$的χ^2分布得临界值5.99；

(3) 统计量χ^2的观测值：

$$\chi^2=\sum_{i=1}^{5}\frac{(f_i-n\hat{p}_i)^2}{n\hat{p}_i}=4.629。$$

其中，各部分的数值见表6-2；

(4) 作判断：由于$\chi^2=4.629<5.99$，故接受零假设H_0，即该系统职工的日人均收入服从正态分布$N(72.3,202)$。

表 6-2

日人均收入(元)	<40	[40,60)	[60,80)	[80,100)	$\geqslant 100$
户数 f_i	5	16	40	27	12
$n\hat{p}_i$	5.31	21.61	38.06	26.56	8.36
$(f_i-n\hat{p}_i)^2$	0.0961	31.4721	3.7636	0.1936	13.2496
$(f_i-n\hat{p}_i)^2/n\hat{p}_i$	1.4564	0.0989	0.0073	1.4813	1.5849

6.4　一元线性回归

在客观世界中，普遍存在着变量之间的关系。数学的一个重要作用就是从数量上来揭示、表达和分析这些关系。而变量之间关系，一般可分为确定的和非确定的两类。确定性关系可用函数关系表示，而非确定性关系则不然。

例如，人的身高和体重的关系、人的血压和年龄的关系、某产品的广告投入与销售额间的关系等，这些量之间是有关联的，但是它们之间的关系又不能用普通函数来表示。那么我们称这类非确定性关系为相关关系。具有相关关系的变量虽然不具有确定的函数关系，但是可以借助函数关系来表示它们之间的统计规律，这种近似地表示它们之间的相关关系的函数被称为回归函数。回归分析是研究两个或两个以上变量相关关系的一种重要的统计方法。

在实际中最简单的情形是由两个变量组成的关系。考虑用下列模型表示 $Y=f(x)$。但是，由于两个变量之间不存在确定的函数关系，因此必须考虑随机波动，故引入模型如下：

$$Y=f(x)+\varepsilon,$$

其中，Y 是随机变量，x 是普通的变量，ε 是随机变量(称为随机误差)。

回归分析就是根据已得的试验结果以及以往的经验来建立统计模型，并研究变量间的相关关系，建立起变量之间关系的近似表达式，即经验公式，并由此对相应的变量进行预测和控制。

6.4.1　数学模型

先看一个例子，为了研究某一化学反应中温度 x 对产品获得率 Y 的影响。测得数据如下(见表 6-3)：

表 6-3

温度 x_i/℃	100	110	120	130	140	150	160	170	180	190
y_i/%	45	51	54	61	66	70	74	78	85	89

试研究这些数据所蕴藏的规律性。

一般地，当随机变量 Y 与普通变量 x 之间有线性关系时(可通过散点图观测)，可设

$$Y=\beta_0+\beta_1 x+\varepsilon, \tag{6.1}$$

其中，$\varepsilon \sim N(0,\sigma^2)$，$\beta_0$，$\beta_1$ 为待定系数。

设(x_1,Y_1)，(x_2,Y_2)，…，(x_n,Y_n) 是取自总体(x,Y) 的一组样本，而(x_1,y_1)，(x_2,y_2)，…，(x_n,y_n) 是该样本的观察值，在样本和它的观察值中的 $x_1,x_2,\cdots,x_n$ 是取定的不完全相同的数值，而样本中的$Y_1,Y_2,\cdots,Y_n$ 在试验前为随机变量，在试验或观测后是具体的数值，一次抽样的结果可以取得 n 对数据(x_1,y_1)，(x_2,y_2)，…，(x_n,y_n)，则有

$$y_i=\beta_0+\beta_1 x_i+\varepsilon_i,\ i=1,2,\cdots,n, \tag{6.2}$$

其中，$\varepsilon_1,\varepsilon_2,\cdots,\varepsilon_n$ 相互独立。在线性模型中，由假设知

$$Y \sim N(\beta_0+\beta_1 x,\sigma^2),\ E(Y)=\beta_0+\beta_1 x。 \tag{6.3}$$

回归分析就是根据样本观察值寻求 β_0，β_1 的估计 $\hat{\beta}_0$，$\hat{\beta}_1$。

对于给定 x 值，取

$$\hat{Y}=\hat{\beta}_0+\hat{\beta}_1 x \tag{6.4}$$

作为$E(Y)=\beta_0+\beta_1 x$ 的估计，方程(6.4)称为Y关于x 的线性回归方程或经验公式，其图像称为回归直线，$\hat{\beta}_1$ 称为回归系数。

6.4.2 模型参数估计

对样本的一组观察值(x_1,y_1)，(x_2,y_2)，…，(x_n,y_n)，对每个 x_i，由线性回归方程(6.4)可以确定一回归值 $\hat{y}_i=\hat{\beta}_0+\hat{\beta}_1 x_i$，这个回归值 $\hat{y}_i$ 与实际观察值 y_i 之差

$$y_i-\hat{y}_i=y_i-(\hat{\beta}_0+\hat{\beta}_1 x_i)$$

刻画了 y_i 与回归直线 $\hat{y}=\hat{\beta}_0+\hat{\beta}_1 x$ 的偏离度。一个自然的想法就是，对所有 x_i，若 y_i 与 $\hat{y}_i$ 的偏离越小，则认为直线与所有试验点拟合得越好。

令

$$Q(\beta_0,\beta_1)=\sum_{i=1}^{n}(y_i-\beta_0-\beta_1 x_i)^2,$$

上式表示所有观察值 y_i 与回归直线 $\hat{y}_i$ 的偏离平方和，刻画了所有观察值与回归直线的偏离度。所谓最小二乘法就是寻求 β_0，β_1 的估计 $\hat{\beta}_0$，$\hat{\beta}_1$，使

$$Q(\hat{\beta}_0,\hat{\beta}_1)=\min Q(\beta_0,\beta_1),$$

利用微分的方法，求 Q 关于β_0，β_1 的偏导数，并令其为零，即

$$\begin{cases}\dfrac{\partial Q}{\partial \beta_0}=-2\sum\limits_{i=1}^{n}(y_i-\beta_0-\beta_1 x_i)=0,\\ \dfrac{\partial Q}{\partial \beta_1}=-2\sum\limits_{i=1}^{n}(y_i-\beta_0-\beta_1 x_i)x_i=0。\end{cases}$$

整理得

$$\begin{cases}n\beta_0+\left(\sum\limits_{i=1}^{n}x_i\right)\beta_1=\sum\limits_{i=1}^{n}y_i,\\ \left(\sum\limits_{i=1}^{n}x_i\right)\beta_0+\left(\sum\limits_{i=1}^{n}x_i^2\right)\beta_1=\sum\limits_{i=1}^{n}x_i y_i,\end{cases}$$

称上式为正规方程组，解正规方程组得

$$\begin{cases}\hat{\beta}_0=\overline{y}-\overline{x}\hat{\beta}_1,\\ \hat{\beta}_1=\dfrac{\sum\limits_{i=1}^{n}x_iy_i-n\,\overline{x}\,\overline{y}}{\sum\limits_{i=1}^{n}x_i^2-n\,\overline{x}^2},\end{cases}\tag{6.5}$$

其中，$\overline{x}=\frac{1}{n}\sum\limits_{i=1}^{n}x_i$，$\overline{y}=\frac{1}{n}\sum\limits_{i=1}^{n}y_i$。

若记

$$L_{xy}=\sum_{i=1}^{n}(x_i-\overline{x})(y_i-\overline{y})=\sum_{i=1}^{n}x_iy_i-n\,\overline{x}\,\overline{y},$$

$$L_{xx}=\sum_{i=1}^{n}(x_i-\overline{x})^2=\sum_{i=1}^{n}x_i^2-n\,\overline{x}^2,$$

$$\begin{cases}\hat{\beta}_0=\hat{\overline{y}}-\overline{x}\,\hat{\beta}_1,\\ \hat{\beta}_1=\dfrac{L_{xy}}{L_{xx}},\end{cases}\tag{6.6}$$

式(6.5)或式(6.6)叫β_0，β_1 的最小二乘估计，$\hat{Y}=\hat{\beta}_0+\hat{\beta}_1x$ 为 Y 关于 x 的一元经验回归方程。

定理 6.17　若 $\hat{\beta}_0$，$\hat{\beta}_1$ 为 β_0，β_1 的最小二乘估计，则 $\hat{\beta}_0$，$\hat{\beta}_1$ 分别是 β_0，β_1 的无偏估计，且

$$\hat{\beta}_0\sim N\left(\beta_0,\sigma^2\left(\frac{1}{n}+\frac{\overline{x}^2}{L_{xx}}\right)\right),\hat{\beta}_1\sim N\left(\beta_1,\frac{\sigma^2}{L_{xx}}\right)。$$

6.4.3　回归方程的显著性检验

前面关于线性回归方程 $\hat{y}=\hat{\beta}_0+\hat{\beta}_1x$ 的讨论是在线性假设 $Y=\beta_0+\beta_1x+\varepsilon,\varepsilon\sim N(0,\sigma^2)$ 下进行的。这个线性回归方程是否有实用价值，首先要根据有关专业知识和实践来判断，其次还要根据实际观察得到的数据运用假设检验的方法来判断。

由线性回归模型 $Y=\beta_0+\beta_1x+\varepsilon,\varepsilon\sim N(0,\sigma^2)$ 可知，当 $\beta_1=0$ 时，就认为 Y 与 x 之间不存在线性回归关系，故需检验如下假设：$H_0:\beta_1=0,H_2:\beta\neq 0$。

为了检验假设 H_0，先分析对样本观察值 $y_1,y_2,\cdots,y_n$ 的差异，它可以用总的偏差平方和来度量，记为 $S_{总}=\sum\limits_{i=1}^{n}(y_i-\overline{y})^2$。

由正规方程组，有

$$\begin{aligned}S_{总}&=\sum_{i=1}^{n}(y_i-\hat{y}_i+\hat{y}_i-\overline{y})^2\\&=\sum_{i=1}^{n}(y_i-\hat{y})^2+2\sum_{i=1}^{n}(y_i-\hat{y}_i)(\hat{y}_i-\overline{y})+\sum_{i=1}^{n}(\hat{y}_i-\overline{y})^2\\&=\sum_{i=1}^{n}(y_i-\hat{y}_i)^2+\sum_{i=1}^{n}(\hat{y}_i-\overline{y})^2,\end{aligned}$$

令 $S_{回} = \sum_{i=1}^{n}(\hat{y}_i - \overline{y})^2$，$S_{剩} = \sum_{i=1}^{n}(y_i - \hat{y}_i)^2$，则有

$$S_{总} = S_{剩} + S_{回}。$$

上式称为总偏差平方和分解公式。$S_{回}$ 称为回归平方和，它是由普通变量 x 的变化引起的，它的大小（在与误差相比之下）反映了普通变量 x 的重要程度；$S_{剩}$ 称为剩余平方和，它是由试验误差以及其他未加控制因素引起的，它的大小反映了试验误差及其他因素对试验结果的影响。关于 $S_{回}$ 和 $S_{剩}$，有下面的性质：

定理 6.18 在线性模型假设下，当 H_0 成立时，$\hat{\beta}_1$ 与 $S_{剩}$ 相互独立，且有

$$\frac{S_{剩}}{\sigma^2} \sim \chi^2(n-2), \frac{S_{回}}{\sigma^2} \sim \chi^2(1)。$$

对 H_0 的检验有三种本质相同的检验方法：t 检验法；F 检验法；相关系数检验法。

在介绍这些检验方法之前，先给出 $S_{总}$，$S_{回}$，$S_{剩}$ 的计算方法。

$$S_{总} = \sum_{i=1}^{n}(y_i - \overline{y})^2 = \sum_{i=1}^{n} y_i^2 - n\,\overline{y}^2 \xlongequal{\text{def}} L_{yy},$$

$$S_{回} = \hat{\beta}_1^2 L_{xx} = \hat{\beta}_1 L_{xy},$$

$$S_{剩} = L_{yy} - \hat{\beta}_1 L_{xy}。$$

1. t 检验法

由定理 6.17，$\dfrac{\hat{\beta}_1 - \beta_1}{\sigma/\sqrt{L_{xx}}} \sim N(0,1)$，若令 $\hat{\sigma}^2 = \dfrac{S_{剩}}{n-2}$，则由定理 6.18 知，$\hat{\sigma}$ 为 σ^2 的无偏估计，$\dfrac{(n-2)\hat{\sigma}^2}{\sigma^2} = \dfrac{S_{剩}}{\sigma^2}$ 且 $\dfrac{\hat{\beta}_1 - \beta_1}{\sigma/\sqrt{L_{xx}}}$ 与 $\dfrac{(n-2)\hat{\sigma}^2}{\sigma^2}$ 相互独立，故取检验统计量

$$t = \frac{\hat{\beta}_1}{\hat{\sigma}}\sqrt{L_{xx}} \sim t(n-2),$$

由给定的显著性水平 α，查表得 $t_{\frac{\alpha}{2}}(n-2)$，当 $|t| > t_{\frac{\alpha}{2}}(n-2)$ 时，拒绝 H_0，这时回归效应显著；当 $|t| \leqslant t_{\frac{\alpha}{2}}(n-2)$ 时，接受 H_0，此时回归效果不显著。

2. F 检验法

由定理 6.18，当 H_0 为真时，取统计量

$$F = \frac{S_{回}}{S_{剩}(n-2)} \sim F(1, n-2),$$

由给定显著性水平 α，查表得 $F_{\alpha}(1, n-2)$，若 $F > F_{\alpha}(1, n-2)$ 时，拒绝 H_0，表明回归效果显著；若 $F \leqslant F_{\alpha}(1, n-2)$ 时，接受 H_0，此时回归效果不显著。

3. 相关系数检验法

相关系数的大小可以表示两个随机变量线性关系的密切程度。对于线性回归中的变量 x 与 Y，其样本的相关系数为

$$\rho = \frac{\sum_{i=1}^{n}(x_i - \overline{x})(y_i - \overline{y})}{\sqrt{\sum_{i=1}^{n}(x_i - \overline{x})^2 \sum_{i=1}^{n}(y_i - \overline{y})^2}} = \frac{\sqrt{L_{xy}}}{\sqrt{L_{xx}}\sqrt{L_{yy}}},$$

它反映了普通变量 x 与随机变量 Y 之间的线性相关程度。故取检验统计量

$$r=\frac{\sqrt{L_{xy}}}{\sqrt{L_{xx}}\sqrt{L_{yy}}},$$

由给定的显著性水平 α，查相关系数表得 $r_{\alpha}(n)$，当 $|r|>r_{\alpha}(n)$ 时，拒绝 H_0，表明回归效果显著；当 $|r|\leqslant r_{\alpha}(n)$ 时，接受 H_0，表明回归效果不显著。

6.4.4　回归方程的预测与控制

1. 预测问题

在回归问题中，若回归方程经检验效果显著，这时回归值与实际值就拟合较好，因而可以利用它对因变量 Y 的新观察值 y_0 进行点预测或区间预测。

对于给定的 x_0，由回归方程可得到回归值

$$\hat{y}_0=\hat{\beta}_0+\hat{\beta}_1x_0,$$

称 $\hat{y}_0$ 为 y 在 x_0 的预测值。y 的测试值 y_0 与预测值 $\hat{y}_0$ 之差称为预测误差。

在实际问题中，预测的真正意义就是在一定的显著性水平 α 下，寻找一个正数 $\delta(x_0)$，使得实际观察值 y_0 以 $1-\alpha$ 的概率落入区间 $(\hat{y}_0-\delta(x_0),\hat{y}_0+\delta(x_0))$ 内，即

$$P\{|y_0-\hat{y}_0|<\delta(x_0)\}=1-\alpha,$$

由定理 6.17 知，

$$y_0-\hat{y}_0\sim N\left(0,\left[1+\frac{1}{n}+\frac{(x_0-\overline{x})^2}{L_{xx}}\right]\sigma^2\right),$$

又因 $y_0-\hat{y}_0$ 与 $\hat{\sigma}^2$ 相互独立，且 $\frac{(n-2)\hat{\sigma}^2}{\sigma^2}\sim\chi^2(n-2)$，所以

$$t=\frac{y_0-\hat{y}_0}{\hat{\sigma}\sqrt{1+\frac{1}{n}+\frac{(x_0-\overline{x})^2}{L_{xx}}}}\sim t(n-2),$$

故对给定的显著性水平 α，求得

$$\delta(x_0)=t_{\frac{\alpha}{2}}(n-1)\hat{\sigma}\sqrt{1+\frac{1}{n}+\frac{(x_0-\overline{x})^2}{L_{xx}}},$$

故得 y_0 的置信度为 $1-\alpha$ 的预测区间为 $(\hat{y}_0-\delta(x_0),\hat{y}_0+\delta(x_0))$。

易见，y_0 的预测区间长度为 $2\delta(x_0)$，对给定 α，x_0 越靠近样本均值 $\overline{x}$，$\delta(x_0)$ 越小，预测区间长度小，效果越好。当 n 很大，并且 x_0 较接近 $\overline{x}$ 时，有

$$\sqrt{1+\frac{1}{n}+\frac{(x_0-\overline{x})^2}{L_{xx}}}\approx 1,\ t_{\frac{\alpha}{2}}(n-2)\approx u_{\frac{\alpha}{2}},$$

则预测区间近似为 $(\hat{y}_0-u_{\frac{\alpha}{2}}\hat{\sigma},\hat{y}_0+u_{\frac{\alpha}{2}}\hat{\sigma})$。

2. 控制问题

控制问题是预测问题的反问题，所考虑的问题是：如果要求将 y 控制在某一定范围内，问 x 应控制在什么范围。这里我们仅对 n 很大的情形给出控制方法，对一般的情形，也可类似地进行讨论。

对给出的 $y_1' < y_2'$ 和置信度 $1-\alpha$，令

$$y_1'(x) = \hat{\beta}_0 + \hat{\beta}_1 x - u_{\frac{\alpha}{2}}\hat{\sigma}, \quad y_2'(x) = \hat{\beta}_0 + \hat{\beta}_1 x + u_{\frac{\alpha}{2}}\hat{\sigma}, \tag{6.7}$$

解得

$$x_1'(x) = \frac{y_1' - \hat{\beta}_0 + u_{\frac{\alpha}{2}}\hat{\sigma}}{\hat{\beta}_1}, \quad x_2'(x) = \frac{y_1' - \hat{\beta}_0 - u_{\frac{\alpha}{2}}\hat{\sigma}}{\hat{\beta}_1}, \tag{6.8}$$

当 $\hat{\beta}_1 > 0$ 时，控制范围为(x_1', x_2')；当 $\hat{\beta}_1 < 0$ 时，控制范围为(x_2', x_1')。

由上式知，要实现控制，需要求区间的长度大于 $2u_{\frac{\alpha}{2}}\hat{\sigma}$，否则控制区间不存在。

特别地，当 $\alpha = 0.05$ 时，$u_{\frac{\alpha}{2}} = u_{0.025} = 1.96 \approx 2$，故式(6.8)近似为

$$x_1'(x) = \frac{y_1' - \hat{\beta}_0 + 2\hat{\sigma}}{\hat{\beta}_1}, \quad x_2'(x) = \frac{y_1' - \hat{\beta}_0 - 2\hat{\sigma}}{\hat{\beta}_1}。$$

6.4.5 可化为一元线性回归的情形

前面讨论了一元线性回归问题，但在实际应用中，有时会遇到更复杂的回归问题，但其中有些情形，可通过适当的变量替换化为一元线性回归问题来处理。

(1) $Y = \beta_0 + \frac{\beta_1}{x} + \varepsilon, \varepsilon \sim N(0, \sigma^2)$，其中 $\beta_0, \beta_1, \sigma^2$ 是与 x 无关的未知参数，令 $x' = \frac{1}{x}$，则可化为下列一元线性回归模型：

$$Y' = \beta_0 + \beta_1 x' + \varepsilon, \varepsilon \sim N(0, \sigma^2);$$

(2) $Y = \alpha e^{\beta x}\varepsilon, \ln\varepsilon \sim N(0, \sigma^2)$，其中 α, β, σ^2 是与 x 无关的未知参数，在 $Y = \alpha e^{\beta x}\varepsilon$ 两边取对数得 $\ln Y = \ln\alpha + \beta x + \ln\varepsilon$，令 $Y' = \ln Y, a = \ln\alpha, b = \beta, x' = x, \varepsilon' = \ln\varepsilon$，则可转化为一元线性回归模型：

$$Y' = a + bx' + \varepsilon', \varepsilon' \sim N(0, \sigma^2);$$

(3) $Y = \alpha x^{\beta}\varepsilon, \ln\varepsilon \sim N(0, \sigma^2)$，其中 α, β, σ^2 是与 x 无关的未知参数，在 $Y = \alpha x^{\beta}\varepsilon$ 两边取对数得 $\ln Y = \ln\alpha + \beta\ln x + \ln\varepsilon$，令 $Y' = \ln Y, a = \ln\alpha, b = \beta, x' = \ln x, \varepsilon' = \ln\varepsilon$，则可转化为下列一元线性回归模型：

$$Y' = a + bx' + \varepsilon', \varepsilon' \sim N(0, \sigma^2);$$

(4) $Y = \alpha + \beta h(x) + \varepsilon, \varepsilon \sim N(0, \sigma^2)$，其中 α, β, σ^2 是与 x 无关的未知参数，$h(x)$ 是 x 的已知函数，令 $Y' = Y, a = \alpha, b = \beta, x' = h(x)$，则可转化为

$$Y' = a + bx' + \varepsilon, \varepsilon \sim N(0, \sigma^2)。$$

注：其他如双曲线 $Y = \frac{x}{\alpha + \beta x}$ 和 S 型曲线 $Y = \frac{1}{\alpha + \beta e^{-x}}$ 等亦可通过适当的变量替换转化为一元线性模型来处理。

6.5 多元线性回归分析

一元线性回归模型主要讨论一个被解释变量与一个解释变量之间的线性关系。在许多实际问题中，某个因变量随着多个解释变量的变动而作相应的数量变化。因此，有必要

将一元线性回归模型中的一个解释变量情形推广到多个解释变量，利用多元回归方法进行分析。

6.5.1　多元线性回归模型

设随机变量 Y 与 m 个自变量 $x_1,x_2,\cdots,x_m$ 存在线性关系：

$$Y=\beta_0+\beta_1x_1+\beta_2x_2+\cdots+\beta_mx_m+\varepsilon, \tag{6.9}$$

式(6.9)称为回归方程，式中 $\beta_0,\beta_1,\beta_2,\cdots,\beta_m$ 为回归系数，ε 为随机误差。

现在解决用 $\beta_0+\beta_1x_1+\beta_2x_2+\cdots+\beta_mx_m$ 估计 Y 的均值 $E(Y)$ 的问题，即

$$E(Y)=\beta_0+\beta_1x_1+\beta_2x_2+\cdots+\beta_mx_m,$$

且假定 $\varepsilon\sim N(0,\sigma^2)$，$Y\sim N(\beta_0+\beta_1x_1+\cdots+\beta_mx_m,\sigma^2)$，$\beta_0,\beta_1,\beta_2,\cdots,\beta_m,\sigma^2$ 是与 $x_1,x_2,\cdots,x_n$ 无关的待定系数。

设有 n 组样本观测数据：

$$x_{11},x_{12},\cdots,x_{1m},y_1;x_{21},x_{22},\cdots,x_{2m},y_2;\cdots;x_{n1},x_{n2},\cdots,x_{nm},y_n,$$

其中，x_{ij} 表示 x_j 在第 i 次的观测值，于是有

$$\begin{cases}y_1=\beta_0+\beta_1x_{11}+\beta_2x_{12}+\cdots+\beta_mx_{1m}+\varepsilon_1,\\ y_2=\beta_0+\beta_1x_{21}+\beta_2x_{22}+\cdots+\beta_mx_{2m}+\varepsilon_2,\\ \cdots\cdots\cdots\cdots\\ y_n=\beta_0+\beta_1x_{n1}+\beta_2x_{n2}+\cdots+\beta_nx_{nm}+\varepsilon_n,\end{cases} \tag{6.10}$$

其中，$\beta_0,\beta_1,\beta_2,\cdots,\beta_m$ 为 $m+1$ 个待定参数，$\varepsilon_1,\varepsilon_2,\cdots,\varepsilon_n$ 为 n 个相互独立的且服从同一正态分布 $N(0,\sigma^2)$ 的随机变量，方程(6.10)称为多元(m 元)线性回归的数学模型。

方程(6.10)亦可写成矩阵形式，设

$$\boldsymbol{X}=\begin{pmatrix}1 & x_{11} & x_{12} & \cdots & x_{1m}\\ 1 & x_{21} & x_{22} & \cdots & x_{2m}\\ \vdots & \vdots & \vdots & & \vdots\\ 1 & x_{n1} & x_{n2} & \cdots & x_{nm}\end{pmatrix},$$

$$\boldsymbol{Y}=(y_1,y_2,\cdots,y_n)',\boldsymbol{\beta}=(\beta_0,\beta_1,\cdots,\beta_m)',\boldsymbol{\varepsilon}=(\varepsilon_1,\varepsilon_2,\cdots,\varepsilon_n)',$$

则方程(6.10)变为

$$\boldsymbol{Y}=\boldsymbol{X\beta}+\boldsymbol{\varepsilon}, \tag{6.11}$$

式(6.11)称为多元线性回归模型的矩阵形式。

6.5.2　回归系数的最小二乘估计

设 $b_0,b_1,b_2,\cdots,b_m$ 分别为 $\beta_0,\beta_1,\beta_2,\cdots,\beta_m$ 的最小二乘估计值，于是 Y 的观测值为

$$y_k=b_0+b_1x_{k1}+b_2x_{k2}+\cdots+b_mx_{km}+e_k,\quad k=1,2,\cdots,n, \tag{6.12}$$

其中，e_k 为误差 ε_k 的估计值，称为残差或剩余。令 $\hat{y}_k$ 为 y_k 的估计值，则有

$$\hat{y}_k=b_0+b_1x_{k1}+b_2x_{k2}+\cdots+b_mx_{km},\quad k=1,2,\cdots,n, \tag{6.13}$$

$$e_k=y_k-\hat{y}_k,\quad k=1,2,\cdots,n, \tag{6.14}$$

式(6.14)表示实际值 y_k 与估计值 $\hat{y}_k$ 的偏离程度。欲使估计值 $\hat{y}_k$ 与实际值 y_k 拟合得最好，则应使残差平方和

$$Q(b_0,b_1,\cdots,b_m)=\sum_{k=1}^{n}[y_k-(b_0+b_1x_{k1}+b_2x_{k2}+\cdots+b_mx_{km})]^2$$

达到最小，为此，我们可以应用微分求极值原理确定 $b_0,b_1,b_2,\cdots,b_m$，即解下列方程组

$$\begin{cases}\dfrac{\partial Q}{\partial b_0}=-2\sum\limits_{k=1}^{n}(y_k-\hat{y}_k)=0,\\ \dfrac{\partial Q}{\partial b_a}=-2\sum\limits_{k=1}^{n}(y_k-\hat{y}_k)x_{ka}=0,\end{cases}\quad a=1,2,\cdots,m,\tag{6.15}$$

即

$$\begin{cases}\sum\limits_{k=1}^{n}(y_k-b_0-b_1x_{k1}-\cdots-b_mx_{km})=0,\\ \sum\limits_{k=1}^{n}(y_k-b_0-b_1x_{k1}-\cdots-b_mx_{km})x_{ka}=0,\end{cases}\quad a=1,2,\cdots,m,\tag{6.16}$$

整理并化简则得以下正规方程组：

$$\begin{cases}nb_0+\left(\sum\limits_{k=1}^{n}x_{k1}\right)b_1+\left(\sum\limits_{k=1}^{n}x_{k2}\right)b_2+\cdots+\left(\sum\limits_{k=1}^{n}x_{km}\right)b_m=\sum\limits_{k=1}^{n}y_k,\\ \left(\sum\limits_{k=1}^{n}x_{k1}\right)b_0+\left(\sum\limits_{k=1}^{n}x_{k1}^2\right)b_1+\left(\sum\limits_{k=1}^{n}x_{k1}x_{k2}\right)b_2+\cdots+\left(\sum\limits_{k=1}^{n}x_{k1}x_{km}\right)b_m=\sum\limits_{k=1}^{n}x_{k1}y_k,\\ \cdots\cdots\cdots\cdots\\ \left(\sum\limits_{k=1}^{n}x_{km}\right)b_0+\left(\sum\limits_{k=1}^{n}x_{km}x_{k1}\right)b_1+\left(\sum\limits_{k=1}^{n}x_{km}x_{k2}\right)b_2+\cdots+\left(\sum\limits_{k=1}^{n}x_{km}^2\right)b_m=\sum\limits_{k=1}^{n}x_{km}y_k。\end{cases}\tag{6.17}$$

如果记方程(6.17)的系数矩阵为 $\boldsymbol{A}$，右端常数项矩阵记为 $\boldsymbol{B}$，则有

$$\boldsymbol{A}=\begin{pmatrix}n & \sum\limits_{k=1}^{n}x_{k1} & \sum\limits_{k=1}^{n}x_{k2} & \cdots & \sum\limits_{k=1}^{n}x_{kn}\\ \sum\limits_{k=1}^{n}x_{k1} & \sum\limits_{k=1}^{n}x_{k1}^2 & \sum\limits_{k=1}^{n}x_{k1}x_{k2} & \cdots & \sum\limits_{k=1}^{n}x_{k1}x_{km}\\ \vdots & \vdots & \vdots & & \vdots\\ \sum\limits_{k=1}^{n}x_{km} & \sum\limits_{k=1}^{n}x_{km}x_{k1} & \sum\limits_{k=1}^{n}x_{km}x_{k2} & \cdots & \sum\limits_{k=1}^{n}x_{km}^2\end{pmatrix}$$

$$=\begin{pmatrix}1 & 1 & \cdots & 1\\ x_{11} & x_{21} & \cdots & x_{n1}\\ x_{12} & x_{22} & \cdots & x_{n2}\\ \vdots & \vdots & & \vdots\\ x_{1m} & x_{2m} & \cdots & x_{nm}\end{pmatrix}\begin{pmatrix}1 & x_{11} & x_{12} & \cdots & x_{n1}\\ 1 & x_{21} & x_{22} & \cdots & x_{2m}\\ \vdots & \vdots & \vdots & & \vdots\\ 1 & x_{n1} & x_{n2} & \cdots & x_{nm}\end{pmatrix}=\boldsymbol{X}'\boldsymbol{X},\tag{6.18}$$

$$\boldsymbol{B}=\begin{pmatrix}\sum_{k=1}^{n} y_k \\ \sum_{k=1}^{n} x_{k1} y_k \\ \vdots \\ \sum_{k=1}^{n} x_{km} y_k\end{pmatrix}=\begin{pmatrix}1 & 1 & \cdots & 1 \\ x_{11} & x_{21} & \cdots & x_{n1} \\ x_{12} & x_{22} & \cdots & x_{n2} \\ \vdots & \vdots & & \vdots \\ x_{1m} & x_{2m} & \cdots & x_{nm}\end{pmatrix}\begin{pmatrix}y_1 \\ y_2 \\ \vdots \\ y_n\end{pmatrix}=\boldsymbol{X}'\boldsymbol{Y}。 \tag{6.19}$$

因此正规方程(6.19)的矩阵形式为

$$(\boldsymbol{X}'\boldsymbol{X})\boldsymbol{b}=\boldsymbol{X}'\boldsymbol{Y} \tag{6.20}$$

或

$$\boldsymbol{A}\boldsymbol{b}=\boldsymbol{B}, \tag{6.21}$$

其中，$\boldsymbol{b}=(b_0,b_1,b_2,\cdots,b_m)'$ 为正规方程中待定的未知实数向量。

如果系数矩阵 $\boldsymbol{A}$ 满秩，则 $\boldsymbol{A}^{-1}$ 存在，此时有

$$\boldsymbol{b}=\boldsymbol{A}^{-1}\boldsymbol{B}=(\boldsymbol{X}'\boldsymbol{X})^{-1}\boldsymbol{X}'\boldsymbol{Y}。 \tag{6.22}$$

式(6.22)即为多元线性回归模型式(6.10)中参数的最小二乘估计。正规方程组(6.17)亦可表达为下述另一种形式，如果记

$$\overline{x}_i=\frac{1}{n}\sum_{k=1}^{n} x_{ki}, i=1,2,\cdots,m,$$

$$\overline{y}=\frac{1}{n}\sum_{k=1}^{n} y_k,$$

则由方程(6.17)中第一等式可解出

$$b_0=\overline{y}-b_1\overline{x}_1-b_1\overline{x}_2-\cdots-b_1\overline{x}_m, \tag{6.23}$$

再将式(6.23)代入方程(6.17)其他各式中并经化简整理可得

$$\begin{cases}b_1\sum_{k=1}^{n} x_{k1}(x_{k1}-\overline{x}_1)+b_2\sum_{k=1}^{n} x_{k1}(x_{k2}-\overline{x}_2)+\cdots+b_m\sum_{k=1}^{n} x_{k1}(x_{km}-\overline{x}_m)=\sum_{k=1}^{n} x_{k1}(y_k-\overline{y}), \\ b_1\sum_{k=1}^{n} x_{k2}(x_{k1}-\overline{x}_1)+b_2\sum_{k=1}^{n} x_{k2}(x_{k2}-\overline{x}_2)+\cdots+b_m\sum_{k=1}^{n} x_{k2}(x_{km}-\overline{x}_m)=\sum_{k=1}^{n} x_{k2}(y_k-\overline{y}), \\ \cdots\cdots\cdots\cdots \\ b_1\sum_{k=1}^{n} x_{km}(x_{k1}-\overline{x}_1)+b_2\sum_{k=1}^{n} x_{km}(x_{k2}-\overline{x}_2)+\cdots+b_m\sum_{k=1}^{n} x_{km}(x_{km}-\overline{x}_m)=\sum_{k=1}^{n} x_{km}(y_k-\overline{y})。\end{cases} \tag{6.24}$$

又由

$$\sum_{k=1}^{n} x_{ki}(x_{kj}-\overline{x}_j)=\sum_{k=1}^{n}(x_{ki}-\overline{x}_i)(x_{kj}-\overline{x}_j),\quad i,j=1,2,\cdots,m,$$

$$\sum_{k=1}^{n} x_{ki}(y_k-\overline{y})=\sum_{k=1}^{n}(x_{ki}-\overline{x}_i)(y_k-\overline{y}),\quad i=1,2,\cdots,m,$$

如果记

$$s_{ij}=\sum_{k=1}^{n}(x_{ki}-\overline{x}_i)(x_{kj}-\overline{x}_j),i,j=1,2,\cdots,m,\tag{6.25}$$

$$s_{iy}=\sum_{k=1}^{n}(x_{ki}-\overline{x}_i)(y_k-\overline{y}),i=1,2,\cdots,m,\tag{6.26}$$

则方程(6.24)可以表示为

$$\begin{cases}s_{11}b_1+s_{12}b_2+\cdots+s_{1m}b_m=s_{1y},\\ s_{21}b_1+s_{22}b_2+\cdots+s_{2m}b_m=s_{2y},\\ \cdots\cdots\cdots\cdots\\ s_{m1}b_1+s_{m2}b_2+\cdots+s_{mm}b_m=s_{my},\end{cases}\tag{6.27}$$

方程(6.27)称为正规方程组,解此方程组可得 $b_1,b_2,\cdots,b_m$,再代入式(6.23)中则得 b_0,于是得回归方程

$$\hat{Y}=b_0+b_1x_1+b_2x_2+\cdots+b_mx_m,\tag{6.28}$$

式(6.28)称为回归超平面方程。如果记式(6.27)中的系数矩阵为 $\boldsymbol{S}$,右端常数项向量为 $\boldsymbol{S}_y$,则

$$\boldsymbol{S}=(s_{ij})_{m\times m},\boldsymbol{S}_y=(s_{1y},s_{2y},\cdots,s_{my})',$$

且记 $\boldsymbol{b}^*=(s_{1y},s_{2y},\cdots,s_{my})'$,则正规方程组(6.27)的矩阵形式为

$$\boldsymbol{S}\boldsymbol{b}^*=\boldsymbol{S}_y。\tag{6.29}$$

解式(6.29)得

$$\boldsymbol{b}^*=\boldsymbol{S}^{-1}\boldsymbol{S}_y,\tag{6.30}$$

再代回到式(6.23),则得到 b_0。

以下是多元线性回归分析的例子。

例 9 某养猪场估算猪的毛重,测得 14 头猪的体长 x_1(cm)、胸围 x_2(cm)与体重 y(kg)数据见表 6-4,试建立 y 与 x_1 及 x_2 的预测方程。

表 6-4

序号	体长(x_1)	胸围(x_2)	体重(y)
1	41	49	28
2	45	58	39
3	51	62	41
4	52	71	44
5	59	62	43
6	62	74	50
7	69	71	51
8	72	74	57
9	78	79	63

续表

序号	体长(x_1)	胸围(x_2)	体重(y)
10	80	84	66
11	90	85	70
12	92	94	76
13	98	91	80
14	103	95	81

解　经计算：$\overline{x}_1 = 70.86, \overline{x}_2 = 74.93, \overline{y} = 56.57, n = 14$；

正规方程组为

$$\begin{cases} 5251.7b_1 + 3499.9b_2 = 4401.1, \\ 3499.9b_1 + 2550.9b_2 = 3036.6, \end{cases}$$

解此方程组得

$$b_1 = 0.522, b_2 = 0.475。$$

又

$$b_0 = \overline{y} - b_1\overline{x}_1 - b_2\overline{x}_2 = -16.011,$$

因此所求预测回归方程为

$$\hat{y} = -16.011 + 0.522x_1 + 0.475x_2。$$

回归方程中系数 b_1 与 b_2 的含义分别是体长 x_1 每增加 1cm，则猪体重毛重平均增加 0.522kg，胸围 x_2 每增加 1cm，则猪体重毛重平均增加 0.475kg。

6.5.3　回归方程及回归系数的显著性检验

1. 回归方程的显著性检验

(1) 回归平方和与剩余平方和

建立回归方程以后，回归效果如何呢？因变量 Y 与自变量 $x_1, x_2, \cdots, x_m$ 是否确实存在线性关系呢？这需要进行统计检验才能加以肯定或否定。为此，我们要进一步研究因变量 Y 取值的变化规律。Y 的每次取值 $y_k(k = 1, 2, \cdots, n)$ 是有波动的，这种波动常称为变差，每次观测值 y_k 的变差大小，常用该次观测值 y_k 与 n 次观测值的平均值 $\overline{y} = \frac{1}{n}\sum_{k=1}^{n} y_k$ 的差 $y_k - \overline{y}$（称为离差）来表示，而全部 n 次观测值的总变差可由总的离差平方和

$$s_{yy} = \sum_{k=1}^{n} (y_k - \overline{y})^2 = \sum_{k=1}^{n} (y_k - \hat{y}_k)^2 + \sum_{k=1}^{n} (\hat{y}_k - \overline{y})^2 = Q + U$$

来表示。其中，$U = \sum_{k=1}^{n} (y_k - \overline{y})^2$ 称为回归平方和，是回归值 $\hat{y}_k$ 与均值 $\overline{y}$ 之差的平方和，它反映了自变量 $x_1, x_2, \cdots, x_m$ 的变化所引起的 y 的波动，其自由度 $f_U = m$（m 为自变量的个数）；$Q = \sum_{k=1}^{n} (y_k - \hat{y}_k)^2$ 称为剩余平方和（或称残差平方和），是实测值 y_k 与回归值 $\hat{y}_k$ 之

差的平方和，它是由试验误差及其他因素引起的，其自由度 $f_Q = n-m-1$。总的离差平方和 s_{yy} 的自由度为 $n-1$。

如果观测值给定，则总的离差平方和 s_{yy} 是确定的，即 $Q+U$ 是确定的，因此 U 大则 Q 小，反之，U 小则 Q 大，所以 U 与 Q 都可用来衡量回归效果，且回归平方和 U 越大则线性回归效果越显著，或者说剩余平方和 Q 越小回归效果越显著。如果 $Q=0$，则回归超平面经过所有观测点；如果 Q 大，则线性回归效果不好。

(2) 复相关系数

为检验总的回归效果，人们也常引用无量纲指标

$$R^2 = \frac{U}{s_{yy}} = \frac{s_{yy}-Q}{s_{yy}} \tag{6.31}$$

或

$$R = \sqrt{1-\frac{Q}{s_{yy}}}。 \tag{6.32}$$

其中，R 称为复相关系数。因为回归平方和 U 实际上是反映回归方程中全部自变量的“方差贡献”，因此 R^2 就是这种贡献在总回归平方和中所占的比例，因此 R 表示全部自变量与因变量 Y 的相关程度。显然 $0 \leqslant R \leqslant 1$。复相关系数越接近 1，回归效果就越好，因此它可以作为检验总的回归效果的一个指标。但应注意，R 与回归方程中自变量的个数 m 及观测组数 n 有关，当 n 相对于 m 并不很大时，常有较大的 R 值，因此实际计算中应注意 m 与 n 的适当比例，一般认为应取 n 至少为 m 的 5 到 10 倍为宜。

(3) F 检验

要检验 Y 与 $x_1, x_2, \cdots, x_m$ 是否存在线性关系，就是要检验假设

$$H_0: \beta_1 = \beta_2 = \cdots = \beta_m = 0。 \tag{6.33}$$

当假设 H_0 成立时，则 Y 与 $x_1, x_2, \cdots, x_m$ 无线性关系，否则认为线性关系显著。检验假设 H_0 应用统计量

$$F = \frac{U/m}{Q(n-m-1)}。 \tag{6.34}$$

这是两个方差之比，它服从自由度为 m 及 $n-m-1$ 的 F 分布，即

$$F = \frac{U/m}{Q(n-m-1)} \sim F(m, n-m-1)。 \tag{6.35}$$

用此统计量 F 可检验回归的总体效果。如果假设 H_0 成立，则当给定检验水平 α 下，统计量 F 应有

$$P\{F \leqslant F_\varepsilon(m, n-m-1)\} = 1-\alpha。 \tag{6.36}$$

对于给定的置信度 α，由 F 分布表可查得 $F_\alpha(m, n-m-1)$ 的值，如果根据统计量算得的 F 值为 $F > F_\alpha(m, n-m-1)$，则拒绝假设 H_0，即不能认为全部 β_i 为 0，即 m 个自变量的总体回归效果是显著的，否则认为回归效果不显著。

利用 F 检验对回归方程进行显著性检验的方法称为方差分析。上面对回归效果的讨论可归结于一个方差分析表中，见表 6-5。

表 6-5　方差分析表

来源	平方和	自由度	方差	方差比
回归	$U=\sum_{k=1}^{n}(\hat{y}_k-\overline{y})^2$	m	$\frac{U}{m}$	$F=\frac{U/m}{Q/(n-m-1)}$
剩余	$Q=\sum_{k=1}^{n}(y_k-\hat{y}_k)^2$	$n-m-1$	$\frac{Q}{n-m-1}$	
总计	$s_{yy}=\sum_{k=1}^{n}(y_k-\overline{y})^2$	$n-1$		

根据 R 与 F 的定义，可以导出 R 与 F 的以下关系：

$$F=\frac{R^2/m}{(1-R^2)/(n-m-1)},\quad R=\sqrt{\frac{mF}{(n-m-1)+mF}}。$$

利用这两个关系式可以解决 R 值多大时回归效果才算是显著的问题。因为对给定的检验水平 α，由 F 分布表可查出 F 的临界值 F_α，然后由 F_α 即可求出 R 的临界值

$$R_\alpha=\sqrt{\frac{mF_\alpha}{(n-m-1)+mF_\alpha}}。\tag{6.37}$$

当 $R>R_\alpha$ 时，则认为回归效果显著。

2. 回归系数的显著性检验

前面讨论了回归方程中全部自变量的总体回归效果，但总体回归效果显著并不说明每个自变量 $x_1,x_2,\cdots,x_m$ 对因变量 Y 都是重要的，即可能有某个自变量 x_i 对 Y 并不起作用或者能被其他的 x_k 的作用所代替，因此对这种自变量我们希望从回归方程中剔除，这样可以建立更简单的回归方程。显然某个自变量如果对 Y 作用不显著，则它的系数 β_i 就应取值为 0，因此检验每个自变量 x_i 是否显著，就要检验假设：

$$H_0:\beta_i=0,\quad i=1,2,\cdots,m。\tag{6.38}$$

（1）t 检验

在 $\beta_i=0$ 假设下，可应用 t 检验

$$t_i=\frac{b_i/\sqrt{c_{ii}}}{\sqrt{Q(n-m-1)}},\quad i=1,2,\cdots,m,\tag{6.39}$$

其中，c_{ii} 为矩阵 $\boldsymbol{C}=(c_{ij})=\boldsymbol{S}^{-1}=(s_{ij})^{-1}$ 的对角线上第 i 个元素。

对给定的检验水平 α，从 t 分布表中可查出与 α 对应的临界值 t_α，如果有 $|t_i|>t_\alpha$，则拒绝假设 H_0，即认为 β_i 与 0 有显著差异，这说明 x_i 对 Y 有重要作用，不应剔除；如果有 $|t_i|\leqslant t_\alpha$ 则接受假设 H_0，即认为 $\beta_i=0$ 成立，这说明 x_i 对 Y 不起作用，应剔除。

（2）F 检验

检验假设 $H_0:\beta_i=0$，亦可用服从自由度分别为 1 与 $n-m-1$ 的 F 分布的统计量

$$F_i=\frac{b_i^2/c_{ii}}{Q(n-m-1)}\sim F(1,n-m-1),\tag{6.40}$$

其中，c_{ii} 为矩阵 $\boldsymbol{C}=(c_{ij})=\boldsymbol{S}^{-1}=(s_{ij})^{-1}$ 的主对角线上第 i 个元素。

对于给定的检验水平 α，从 F 分布表中可查得临界值 $F_\alpha(1,n-m-1)$，如果有 $F_i>F_\alpha(1,n-m-1)$，则拒绝假设 H_0，认为 x_i 对 Y 有重要作用。如果 $F_i\leqslant F_\alpha(1,n-m-1)$，则接受假设 H_0，即认为自变量 x_i 对 Y 不起重要作用，可以剔除。一般一次 F 检验只剔除一个自变量，且这个自变量是所有不显著自变量中 F 值中的最小者，然后再建立回归方程，并继续进行检验，直到建立的回归方程中的各个自变量均显著为止。

最后指出，上述对各自变量进行显著性检验采用的两种统计量 F_i 与 t_i 实际上是等价的，因为由式(6.39)及式(6.40)知，有

$$F_i=t_i^2。\tag{6.41}$$

例 10 对例 9 的回归方程各系数进行显著性检验。

解 经计算：$\boldsymbol{S}=\begin{pmatrix}5251.7 & 3499.9\\ 3499.9 & 2550.9\end{pmatrix}$，于是

$$\boldsymbol{C}=(c_{ij})=\boldsymbol{S}^{-1}=(s_{ij})^{-1}=\begin{pmatrix}0.002223 & -0.00305\\ -0.00305 & 0.004577\end{pmatrix},$$

其中，$c_{11}=0.002223$，$c_{22}=0.004577$。由式(6.37)知

$$t_1=\frac{0.522/\sqrt{0.002223}}{\sqrt{33.7/(14-2-1)}}=6.326,\ t_2=\frac{0.475/\sqrt{0.004577}}{\sqrt{33.7/(14-2-1)}}=4.012,$$

查 t 分布表得

$$t_{0.05}(n-m-1)=t_{0.05}(11)=1.7959。$$

因为 $t_1=6.326>t_{0.05}(11)=1.7959$，所以两个自变量 x_1 及 x_2 都是显著的。又由 $t_1>t_2$，说明体长 x_1 比胸围 x_2 对体重 y 的影响更大。如果应用 F 检验，查 F 分布表有 $F_{0.05}(1,11)=4.84$，又由

$$F_1=\frac{b_1^2/c_{11}}{Q/(14-2-1)}=40.01,\ F_2=\frac{b_2^2/c_{22}}{Q/(14-2-1)}=16.09,$$

因为 $F_1=40.01>F_{0.05}(1,11)=4.84$，$F_2=16.09>F_{0.05}(1,11)=4.84$，因此 x_1 及 x_2 都是显著的，均为重要变量，应保留在回归方程中。

(3) 偏回归平方和检验

检验某一自变量是否显著，还可应用偏回归平方和进行检验。m 个自变量 $x_1,x_2,\cdots,x_m$ 的回归平方和为 $U=s_{yy}-Q$。

如果自 m 个自变量中去掉 x_i，则剩下的 $m-1$ 个自变量的回归平方和设为 U'，并设 $V_i=U-U'$，则 V_i 就表示变量 x_i 在回归平方和 U 中的贡献，V_i 称为 x_i 的偏回归平方和或贡献。可以证明

$$V_i=\frac{b_i^2}{c_{ii}}。\tag{6.42}$$

偏回归平方和 V_i 越大，说明 x_i 在回归方程中越重要，对 Y 的作用和影响越大，或者说 x_i 对回归方程的贡献越大。因此偏回归平方和也是用来衡量每个自变量在回归方程中作用大小(贡献大小)的一个指标。

6.5.4 逐步回归分析

1. 逐步回归分析的主要思路

在实际问题中，人们总是希望从对因变量 Y 有影响的诸多变量中选择一些变量作为自变量，应用多元回归分析的方法建立“最优”回归方程以便对因变量进行预测或控制。所谓“最优”回归方程，主要是指希望在回归方程中包含所有对因变量 Y 影响显著的自变量而不包含对 Y 影响不显著的自变量的回归方程。逐步回归分析正是根据这种原则提出来的一种回归分析方法。它的主要思路是在考虑的全部自变量中按其对 Y 的作用大小、显著程度大小或者说贡献大小，由大到小地逐个引入回归方程，而对那些对 Y 作用不显著的变量可能始终不被引入回归方程。另外，已被引入回归方程的变量在引入新变量后也可能失去重要性，而需要从回归方程中剔除出去。引入一个变量或者从回归方程中剔除一个变量都称为逐步回归的一步，每一步都要进行 F 检验，以保证在引入新变量前回归方程中只含有对 Y 影响显著的变量，而不显著的变量已被剔除。

逐步回归分析的实施过程是每一步都要对已引入回归方程的变量计算其偏回归平方和(即贡献)，然后选一个偏回归平方和最小的变量，在预先给定的 F 水平下进行显著性检验，如果显著，则该变量不必从回归方程中剔除，这时方程中其他的几个变量也都不需要剔除(因为其他的几个变量的偏回归平方和都大于最小的一个更不需要剔除)。相反，如果不显著，则该变量要剔除，然后按偏回归平方和由小到大地依次对方程中其他变量进行 F 检验。将对 Y 影响不显著的变量全部剔除，保留的都是显著的。接着再对未引入回归方程中的变量分别计算其偏回归平方和，并选其中偏回归平方和最大的一个变量，同样在给定 F 水平下作显著性检验，如果显著则将该变量引入回归方程，这一过程一直继续下去，直到在回归方程中的变量都不能剔除而又无新变量可以引入时为止，这时逐步回归过程结束。

2. 逐步回归分析的主要计算步骤

(1) 确定 F 检验值

在进行逐步回归计算前要确定检验每个变量是否是显著的 F 检验水平，以作为引入或剔除变量的标准。F 检验水平要根据具体问题的实际情况来定。一般地，为使最终的回归方程中包含较多的变量，F 水平不宜取得过高，即显著水平 α 不宜太小。F 水平还与自由度有关，因为在逐步回归过程中，回归方程中所含的变量的个数不断在变化，因此方差分析中的剩余自由度也总在变化，为方便起见常按 $n-k-1$ 计算自由度。n 为原始数据观测组数，k 为估计可能选入回归方程的变量个数。例如 $n=15$，估计可能有 2 ~ 3 个变量选入回归方程，因此取自由度为 $15-3-1=11$，查 F 分布表，当 $\alpha=0.1$，自由度 $f_1=1$，$f_2=11$ 时，临界值 $F_\alpha=3.23$。在引入变量时，自由度取 $f_1=1$，$f_2=n-k-2$，F 检验的临界值记 F_1，在剔除变量时自由度取 $f_1=1$，$f_2=n-k-1$，F 检验的临界值记 F_2，并要求 $F_1\geqslant F_2$。实际应用中常取 $F_1=F_2$。

(2) 逐步计算

如果已计算 t 步(包含 $t=0$)，且回归方程中已引入 l 个变量，则第 $t+1$ 步的计算为：

① 计算全部自变量的贡献 V'(偏回归平方和)。

② 在已引入的自变量中,检查是否有需要剔除的不显著变量。这就要在已引入的变量中选取具有最小 V' 值的一个并计算其 F 值,如果 $F \leqslant F_2$,表示该变量不显著,应将其从回归方程中剔除,计算转至 ③。如果 $F > F_2$ 则不需要剔除变量,这时应考虑从未引入的变量中选出具有最大 V' 值的一个并计算 F 值,如果 $F > F_1$,则表示该变量显著,应将其引入回归方程,计算转至 ③。如果 $F \leqslant F_1$,表示已无变量可选入方程,则逐步计算阶段结束,计算转入(3)。

③ 剔除或引入一个变量后,相关系数矩阵进行消去变换,第 $t+1$ 步计算结束。其后重复 ① ~ ③ 再进行下一步计算。

由上所述,逐步计算的每一步总是先考虑剔除变量,仅当无剔除时才考虑引入变量。实际计算时,开头几步可能都是引入变量,其后的某几步也可能相继地剔除几个变量。当方程中已无变量可剔除,且又无变量可引入方程时,第二阶段逐步计算结束,转入第三阶段。

(3) 其他计算(主要是计算回归方程入选变量的系数、复相关系数及残差等统计量)

逐步回归选取变量是逐渐增加的。选取第 l 个变量时仅要求与前面已选的 $l-1$ 个变量配合起来有最小的残差平方和,因此最终选出的 L 个重要变量有时可能不是使残差平方和最小的 L 个,但大量实际问题计算结果表明,这 L 个变量常常就是所有 L 个变量的组合中具有最小残差平方和的那一个组合。特别当 L 不太大时更是如此,这表明逐步回归是比较有效的方法。

引入回归方程的变量的个数 L 与各变量贡献的显著性检验中所规定的 F 检验的临界值 F_1 与 F_2 的取值大小有关。如果希望多选一些变量进入回归方程,则应适当增大检验水平 α 值,即减小 $F_1 = F_2$ 的值。特别地,当 $F_1 = F_2 = 0$ 时,则全部变量都将被选入,这时逐步回归就变为一般的多元线性回归。相反,如果 α 取得比较小,即 F_1 与 F_2 取得比较大时,则入选的变量个数就要减少。此外,还要注意,在实际问题中,当观测数据样本容量 n 较小时,入选变量个数 L 不宜选得过大,否则被确定的系数 b_i 的精度将较差。

6.6 用 SPSS 软件解回归分析问题

下面用作线性回归分析的数据来自国泰君安数据服务中心的经济研究数据库,数据名称为:全国各地区能源消耗量与产量。该数据的年度标识为 2006 年,地区包括我国 30 个省、直辖市、自治区(西藏地区无数据),以这个问题为例演示如何用 SPSS 软件解决回归分析问题。

6.6.1 数据预处理

数据预处理包括的内容非常广泛,包括数据清理和描述性数据汇总、数据集成和变换、数据归约、数据离散化等。本节主要涉及的数据预处理只包括数据清理和描述性数据汇总。一般意义的数据预处理包括缺失值填写和噪声数据的处理。这里我们只对数据做缺失值填充，但是依然将其统称为数据清理。

1. 数据导入与定义

单击“打开数据文档”，将 xls 格式的全国各地区能源消耗量与产量的数据导入 SPSS 中，见图 6-7：

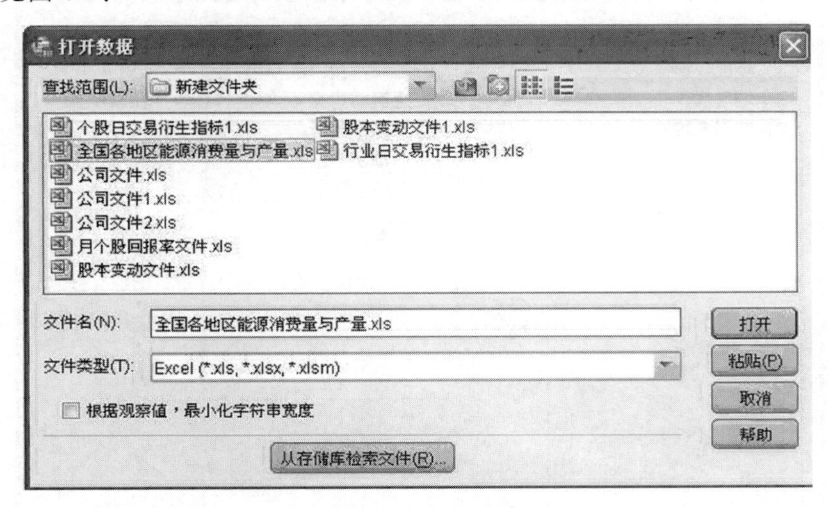

图 6-7　导入数据

导入过程中，各个字段的值都被转化为字符串型，我们需手动将相应的字段转回数值型。单击菜单栏的“数据(D)”→“定义变量属性(V)...”将所选变量改为数值型，见图 6-8：

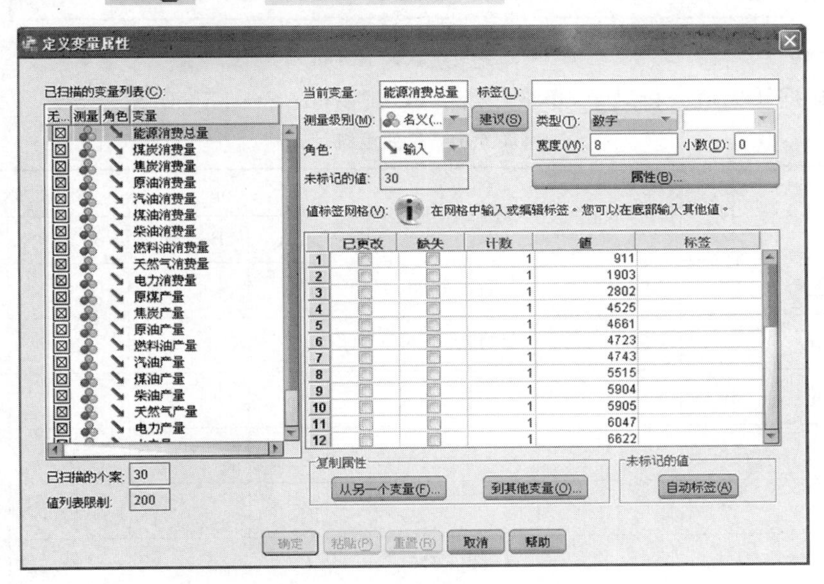

图 6-8　定义变量数据类型

2. 数据清理

数据清理包括缺失值的填写，还要使用 SPSS 分析工具来检查各个变量的数据完整性。单击“分析(A)”→“缺失值分析(Y)...”，检查数据的缺失值个数以及百分比等。见图 6-9：

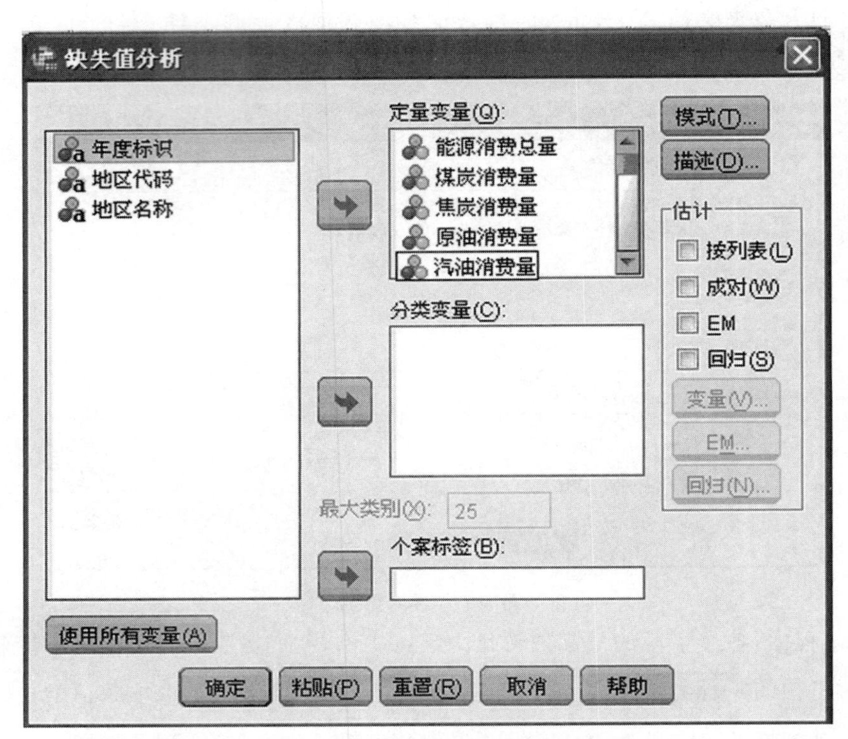

图 6-9　缺失值分析

能源数据缺失值分析结果，单变量统计(Univariate Statistics) 见表 6-6：

表 6-6　单变量统计

	N	Mean	Std. Deviation	Missing		No. of Extremes[b, a]	
				Count	Percent	Low	High
能源消费总量	30	9638.50	6175.924	0	.0	0	1
煤炭消费量	30	9728.99	7472.259	0	.0	0	2
焦炭消费量	30	874.61	1053.008	0	.0	0	2
原油消费量	28	1177.51	1282.744	2	6.7	0	1
…	…	…	…	…	…	…	…
柴油产量	26	448.29	420.675	4	13.3	0	1
天然气产量	20	29.28	49.391	10	33.3	0	3
电力产量	30	954.74	675.230	0	.0	0	0

SPSS 提供了填充缺失值的工具，点击菜单栏"转换(T)"→"替换缺失值(V)..."，即可以使用软件提供的几种填充缺失值工具，包括序列均值、临近点中值、临近点中位数等。结合本节数据的具体情况，我们不使用 SPSS 软件提供的替换缺失值工具，主要是手动将缺失值用零值来代替。

3. 描述性数据汇总

描述性数据汇总技术用来获得数据的典型性质，我们关心数据的中心趋势和离中趋势，根据这些统计值，可以初步得到数据的噪声点和离群点。中心趋势的量度值包括：均值、中位数、众数。离中趋势量度包括四分位数、方差。

SPSS 提供了详尽的数据描述工具，单击菜单栏的"分析(A)"→"描述统计"→"描述(D)..."将弹出如图 6-10 所示的对话框，我们将所有变量都选取到，然后在选项中勾选上所希望描述的数据特征，包括均值、标准差、方差、最大值最小值等。由于本次数据的单位不尽相同，我们需要将数据标准化，同时勾选上"将标准化得分另存为变量"。

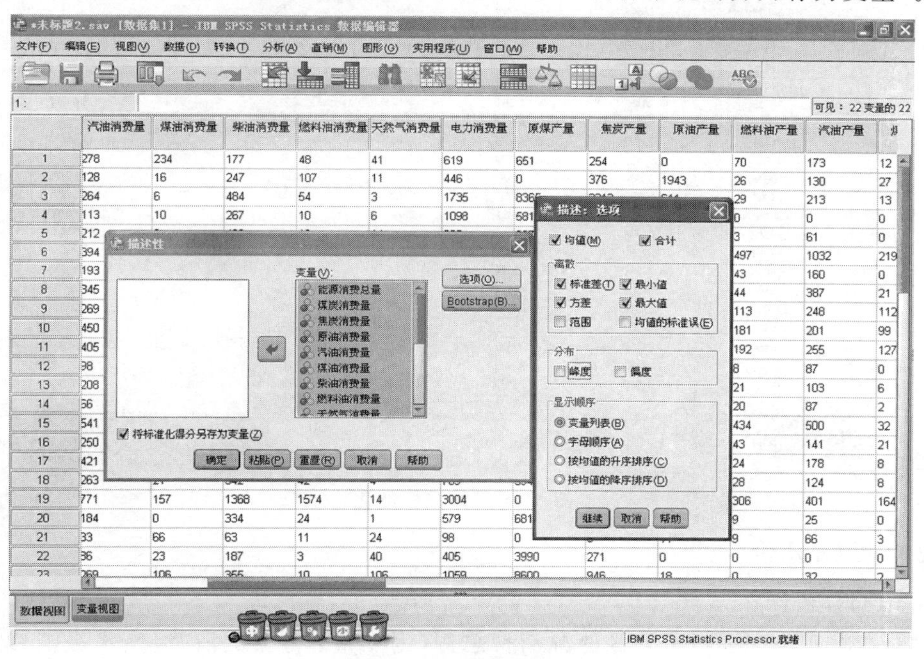

图 6-10　描述性数据汇总

得到如表 6-7 所示的描述性数据汇总(Descriptive Statistics)：

表 6-7　描述性数据汇总

	N	Minimum	Maximum	Mean	Std. Deviation	Variance
能源消费总量	30	911	26164	9638.50	6175.924	38142034.412
煤炭消费量	30	332	29001	9728.99	7472.259	55834651.378

续表

	N	Minimum	Maximum	Mean	Std. Deviation	Variance
焦炭消费量	30	19	5461	874.61	1053.008	1108824.853
…	…	…	…	…	…	…
柴油产量	30	0	1911	388.52	420.216	176581.285
天然气产量	30	0	164	19.52	42.371	1795.341
电力产量	30	97	2536	954.74	675.230	455935.003
Valid N(listiwise)	29					

标准化后得到的数据值,以下的回归分析将使用标准化数据。见图 6-11:

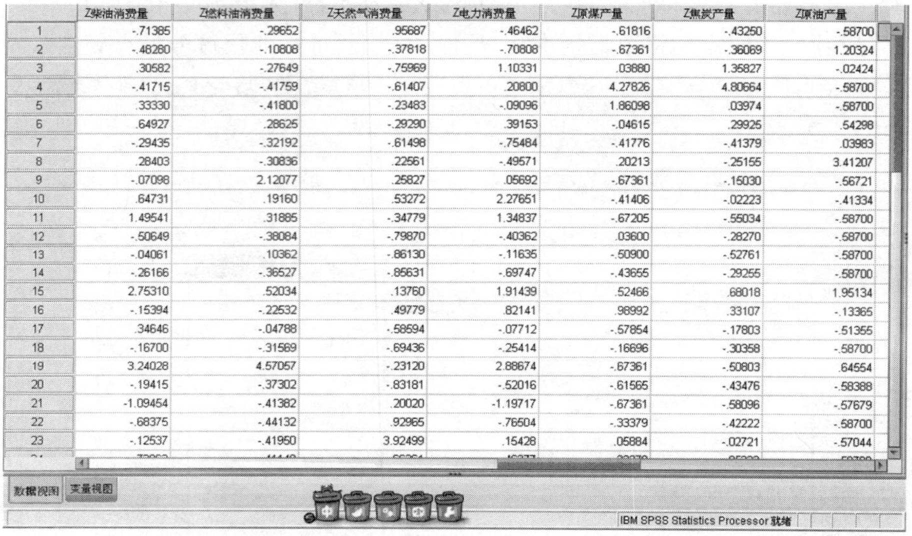

	Z柴油消费量	Z燃料油消费量	Z天然气消费量	Z电力消费量	Z原煤产量	Z焦炭产量	Z原油产量
1	-.71385	-.29652	.95687	-.46462	-.61816	-.43250	-.58700
2	-.48280	-.10808	-.37818	-.70808	-.67361	-.36069	1.20324
3	.30582	-.27649	-.75969	1.10331	.03880	1.35827	-.02424
4	-.41715	-.41759	-.61407	.20800	4.27826	4.80664	-.58700
5	.33330	-.41800	-.23483	-.09096	1.86098	.03974	-.58700
6	.64927	.28625	-.29290	.39153	-.04615	.29925	.54298
7	-.29435	-.32192	-.61498	-.75484	-.41776	-.41379	.03983
8	.28403	-.30836	.22561	-.49571	.20213	-.25155	3.41207
9	-.07098	2.12077	.25827	.05692	-.67361	-.15030	-.56721
10	.64731	.19160	.53272	2.27651	-.41406	-.02223	-.41334
11	1.49541	.31885	-.34779	1.34837	-.67205	-.55034	-.58700
12	-.50649	-.38084	-.79870	-.40362	.03600	-.28270	-.58700
13	-.04061	.10362	-.86130	-.11635	-.50900	-.52761	-.58700
14	-.26166	-.36527	-.85631	-.69747	-.43655	-.29255	-.58700
15	2.75310	.52034	.13760	1.91439	.52466	.68018	1.95134
16	-.15394	-.22532	.49779	.82141	.98992	.33107	-.13365
17	.34646	-.04788	-.58594	-.07712	-.57854	-.17803	-.51355
18	-.16700	-.31569	-.69436	-.25414	-.16696	-.30358	-.58700
19	3.24028	4.57057	-.23120	2.88674	-.67361	-.50803	.64554
20	-.19415	-.37302	-.83181	-.52016	-.61565	-.43476	-.58388
21	-1.09454	-.41382	.20020	-1.19717	-.67361	-.58096	-.57679
22	-.68375	-.44132	.92965	-.76504	-.33379	-.42222	-.58700
23	-.12537	-.41950	3.92499	.15428	.05884	-.02721	-.57044

数据视图 变量视图

IBM SPSS Statistics Processor 就绪

图 6-11 数据标准化

6.6.2 回归分析

1. 回归分析操作

我们本次实验主要考察地区能源消费总额(因变量)与煤炭消费量、焦炭消费量、原油消费量、原煤产量、焦炭产量、原油产量之间的关系。以下的回归分析所涉及只包括以上几个变量,并使用标准化之后的数据。

(1) 参数设置

单击菜单栏"分析(A)"→"回归(R)"→"线性(L)...",将弹出如图 6-12 所示的对话框,将通过选择因变量和自变量来构建线性回归模型。因变量:标准化能源消费总额;自变量:标准化煤炭消费量、标准化焦炭消费量、标准化原油消费量、标准化原煤产量、标准化焦炭产量、标准化原油产量。自变量方法选择:进入,个案标签使用地名,不使用权重最小二乘法回归分析，即 WLS 权重为空。

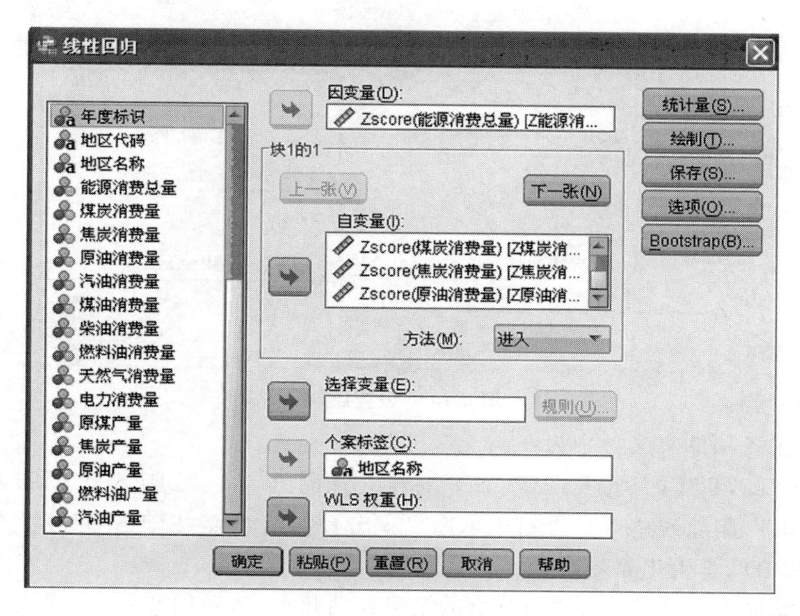

图 6-12　数据标准化

(2) 图 6-12 选择线性回归变量还需要设置统计量的参数，我们选择回归系数中的“☑估计(E)”和其他项中的“☑模型拟合度(M)”。选中估计可输出回归系数 B 及其标准误，t 值和 p 值，还有标准化的回归系数 beta。选中模型拟合度复选框：模型拟合过程中进入、退出的变量的列表，以及一些有关拟合优度的检验：R，R^2 和调整的 R^2，标准误差及方差分析表。见图 6-13：

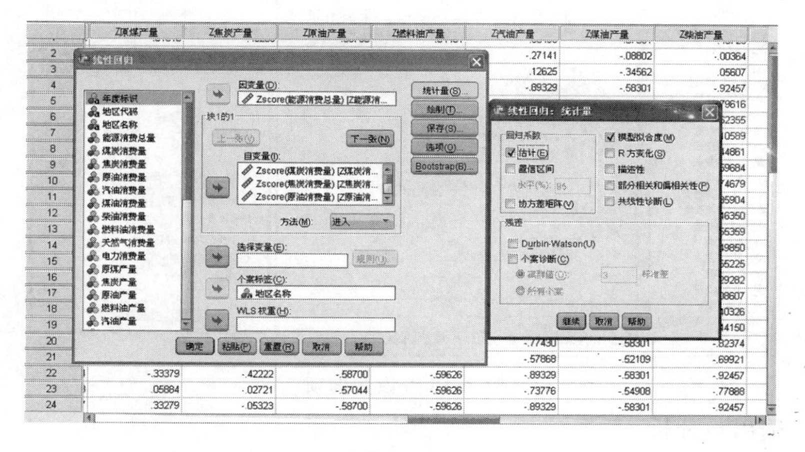

图 6-13　设置回归分析统计量

(3) 在设置绘制选项的时候，我们选择绘制标准化残差图，其中的正态概率图是 rankit 图。同时还需要画出残差图，Y 轴选择：ZRESID，X 轴选择：ZPRED。见图 6-14：

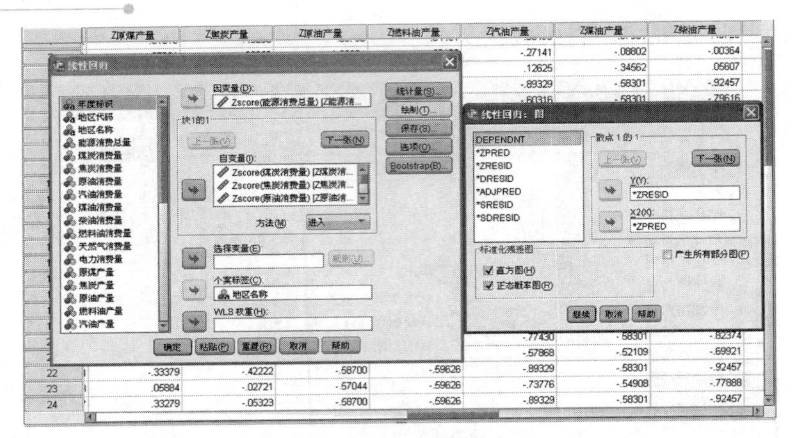

图 6-14 设置绘制

右上框中各项的意义分别为：

“DEPENDNT”因变量　“ZPRED”标准化预测值　“ZRESID”标准化残差

“DRESID”删除残差　“ADJPRED”调节预测值　“SRESID”学生化残差

“SDRESID”学生化删除残差

(4) 许多时候我们需要将回归分析的结果存储起来，然后用残差、预测值等做进一步的分析，“保存”按钮就是用来存储中间结果的。可以存储的有：预测值系列、残差系列、距离系列、预测值可信区间系列和波动统计量系列。

(5) 设置回归分析的一些选项有：步进方法标准单选钮组，设置纳入和排除标准，可按 P 值或 F 值来设置。在等式中包含常量复选框，用于决定是否在模型中包括常数项，默认选中。见图 6-15：

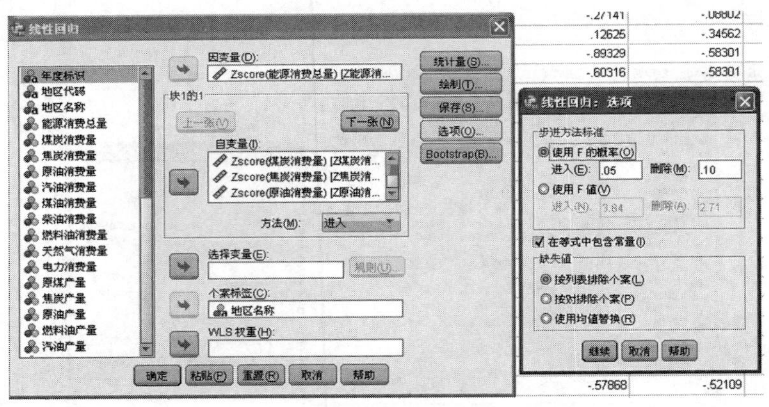

图 6-15 设置选项

2. 结果输出与分析

(1) 在以上选项设置完毕之后点击确定，SPSS 将输出一系列的回归分析结果。我们来逐一贴出和分析，并根据它得到最后的回归方程以及验证回归模型。表 6-8 所示，是回归分析过程中输入、移去模型记录(Variables Enter/Removed)。具体方法为：进入(enter)。

表 6-8　输入 / 移去的变量

Model	Variables Entered	Variables Removed	Method
1	Zscore(原油产量),Zscore(原煤产量),Zscore(焦炭消费量),Zscore(原油消费量),Zscore(煤炭消费量),Zscore(焦炭产量)	.	Enter

表 6-9 所示是模型汇总(Model Summary),R 称为多元相关系数,R^2 代表着模型的拟合优度,$R^2 = \dfrac{\sum(\hat{y}-\overline{y})^2}{\sum(y-\overline{y})^2}$。我们可以看到该模型拟合优度良好。

表 6-9　模型汇总

Model	R	R Square	Adjusted R Square	Std. Error of the Estimate	Sig.
1	.962	.925	.905	.30692707	.000

(2) 表 6-10 所示是离差分析(ANOVA)。$F = \dfrac{MS_r}{MS_e}$,F 的值较大,代表着该回归模型是显著的。也称为失拟性检验。

表 6-10　离差分析

Model		Sum of Squares	df	Mean Square	F
1	Regression	25.660	6	4.277	45.397
	Residual	2.072	22	.094	
	Total	27.732	28		

(3) 表 6-11 所示的是回归方程的系数(Coefficients),根据这些系数我们能够得到完整的多元回归方程。观测以下的回归值,都是具有统计学意义的。因而,得到多元线性回归方程

$$Y = 0.008 + 1.061x_1 + 0.087x_2 + 0.157x_3 - 0.365x_4 - 0.105x_5 - 0.017x_6,$$

其中,x_1 为煤炭消费量,x_2 为焦炭消费量,x_3 为原油消费量,x_4 为原煤产量,x_5 为原炭产量,x_6 为原油产量,Y 是能源消费总量。

结论　能源消费总量主要由煤炭消费总量所影响,成正相关;与原煤产量成一定的反比。

表 6-11 回归方程系数

Model		Unstandardized Coefficients		Standardized Coefficients	t	Sig.
		B	Std. Error	beta		
1	(Constant)	.008	.057		.149	.883
	Zscore(煤炭消费量)	1.061	.126	1.071	8.432	.000
	…	…	…	…	…	…
	Zscore(焦炭产量)	—.105	.150	—.107	—.697	.493
	Zscore(原油产量)	—.017	.070	—.017	—.247	.807

(4) 模型的适合性检验,主要是残差分析。残差图是散点图,见图 6-16:

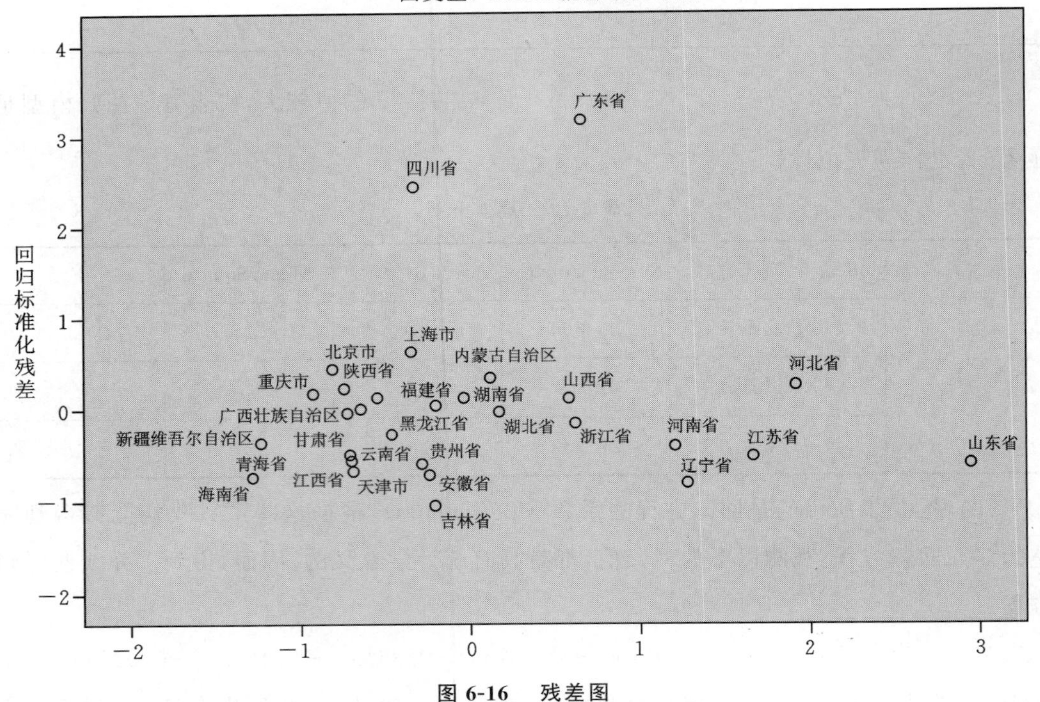

图 6-16 残差图

可以看出各散点随机分布在以 $e=0$ 为中心的横带中,证明了该模型是适合的。同时我们也发现了两个异常点,就是广东省和四川省,这种离群点是值得进一步研究的。还有一种残差正态概率图(rankit 图)可以直观地判断残差是否符合正态分布。见图 6-17:

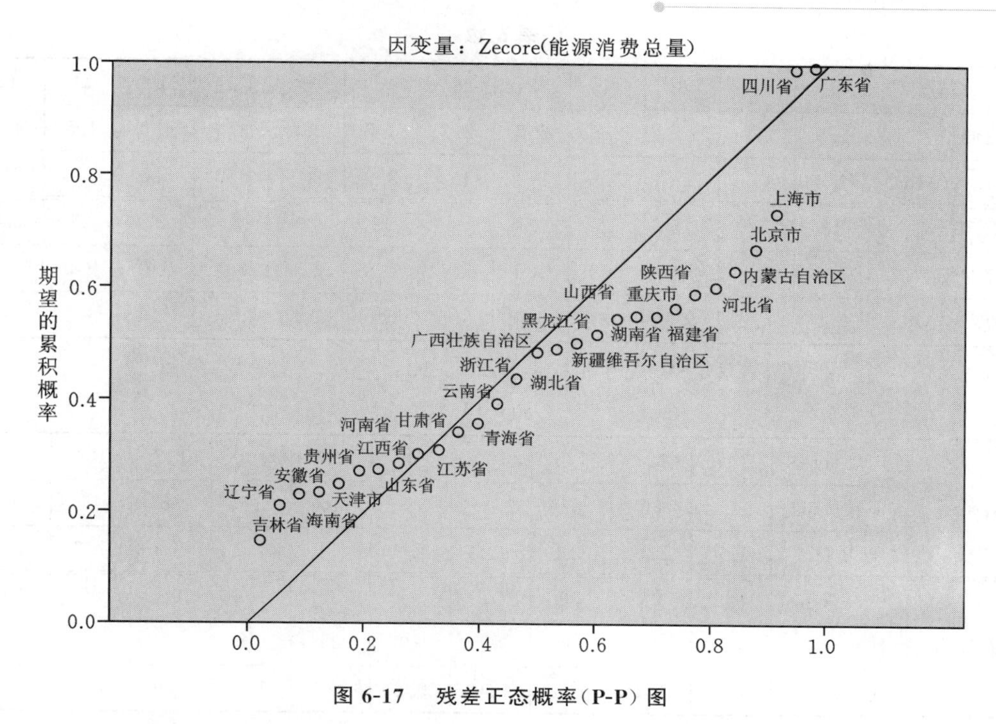

图 6-17 残差正态概率(P-P)图

它的直方图见图 6-18：

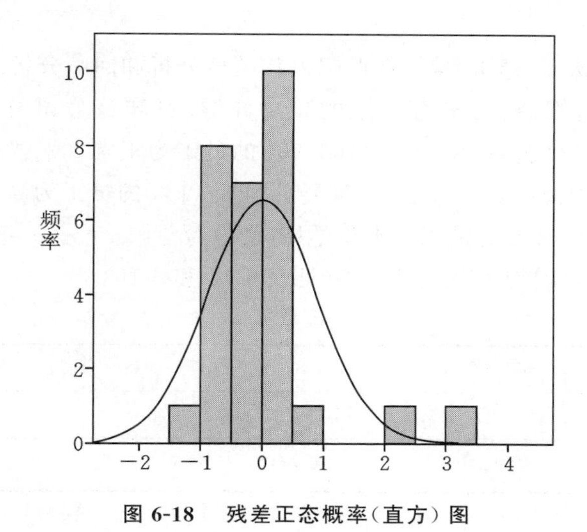

图 6-18 残差正态概率(直方)图

6.7 统计回归分析拓展研究

1. 某种合成纤维的强度与其拉伸倍数有关，下表 6-12 是 24 个纤维样品的强度与相应的拉伸倍数的实测记录，试求这两个变量间的经验公式。

表 6-12

编号	1	2	3	4	5	6	7	8	9	10	11	12
拉伸倍数 x	1.9	2.0	2.1	2.5	2.7	2.7	3.5	3.5	4.0	4.0	4.5	4.6
强度 y(Mpa)	1.4	1.3	1.8	2.5	2.8	2.5	3.0	2.7	4.0	3.5	4.2	3.5
编号	13	14	15	16	17	18	19	20	21	22	23	24
拉伸倍数 x	5.0	5.2	6.0	6.3	6.5	7.1	8.0	8.0	8.9	9.0	9.5	10.0
强度 y(Mpa)	5.5	5.0	5.5	6.4	6.0	5.3	6.5	7.0	8.5	8.0	8.1	8.1

2. 对两个品系小麦栽培观察测量数据见表 6-13：

表 6-13

品系 Ⅰ	株高(cm)	147	128	115	103	142	140	106	112	101	124
	穗长(cm)	47	38	35	41	36	46	46	38	44	44
	穗重(g)	1.9	1.5	1.1	1.4	1.2	1.8	1.7	1.3	1.7	1.8
品系 Ⅱ	株高(cm)	102	98	86	97	95	88	102	94	98	104
	穗长(cm)	35	35	40	50	20	25	44	48	43	44
	穗重(g)	1.2	1.4	1.6	2.0	0.6	0.7	1.7	1.9	1.6	1.8

随机调查 20 株，品系 Ⅰ 感染病菌 4 株，品系 Ⅱ 感染病菌 7 株，请对上述数据进行数据描述与统计分析。

3. 对上题中的株高、穗重、穗长两两间做相关性分析和回归分析。

4. 根据 SPSS 对智商、受教育年限的频次分析，可知该公司员工 IQ 水平分类为：15.2% 的员工为轻度低智商(IQ＜86)，65.9% 的员工为正常水平智商(86＜IQ＜115)，19.7% 的员工为高智商(116＜IQ＜150)。公司 51.4% 的员工为高中及以下学历(受教育年限 9～12 年)，38.2% 的员工为本科学历(受教育年限 13～16 年)，10.4% 的员工为研究生学历(受教育年限为 17 年及以上)(见表 6-14 和 6-15)。

表 6-14

智商	50～60	61～70	71～86	87～100	101～115	116～150
频数	5	27	123	276	340	164

表 6-15

教育程度	9	10	11	12	13	14	15	16	17	18
频数	10	35	43	393	85	77	45	150	40	57

回归分析：IQ、受教育年限与员工工资之间相关关系的模型，为了说明智商得分数 IQ、教育年限与当前工资之间的关系结构，建立三者的线性回归模型。

5. 请查找我国从 1982 年至 2001 年这 20 年的财政收入(y)和国内生产总值(x)的数据，分别采用指数回归、对数回归、幂函数回归和多项式回归，比较回归分析的效果。

6. 某地区病虫测报站用相关系数法选取了以下 4 个预报因子；x_1 为最多连续 10 天诱蛾量(头)；x_2 为 4 月上、中旬百束小谷草把累计落卵量(块)；x_3 为 4 月中旬降水量(毫米)，x_4 为 4 月中旬雨日(天)；预报一代粘虫幼虫发生量 y(头 /m^2)。分级别数值列成表 6-16。预报量 y：每平方米幼虫 0 ～ 10 头为 1 级，11 ～ 20 头为 2 级，21 ～ 40 头为 3 级，40 头以上为 4 级。预报因子：x_1 诱蛾量 0 ～ 300 头为 1 级，301 ～ 600 头为 2 级，601 ～ 1000 头为 3 级，1000 头以上为 4 级；x_2 卵量 0 ～ 150 块为 1 级，151 ～ 300 块为 2 级，301 ～ 550 块为 3 级，550 块以上为 4 级；x_3 降水量 0 ～ 10.0 毫米为 1 级，10.1 ～ 13.2 毫米为 2 级，13.3 ～ 17.0 毫米为 3 级，17.0 毫米以上为 4 级；x_4 雨日 0 ～ 2 天为 1 级，3 ～ 4 天为 2 级，5 天为 3 级，6 天或 6 天以上为 4 级。

表 6-16

	x_1		x_2		x_3		x_4		y	
年	蛾量	级别	卵量	级别	降水量	级别	雨日	级别	幼虫密度	级别
1960	1022	4	112	1	4.3	1	2	1	10	1
1961	300	1	440	3	0.1	1	1	1	4	1
1962	699	3	67	1	7.5	1	1	1	9	1
1963	1876	4	675	4	17.1	4	7	4	55	4
1965	43	1	80	1	1.9	1	2	1	1	1
1966	422	2	20	1	0	1	0	1	3	1
1967	806	3	510	3	11.8	2	3	2	28	3
1976	115	1	240	2	0.6	1	2	1	7	1
1971	718	3	1460	4	18.4	4	4	2	45	4
1972	803	3	630	4	13.4	3	3	2	26	3
1973	572	2	280	2	13.2	2	4	2	16	2
1974	264	1	330	3	42.2	4	3	2	19	2
1975	198	1	165	2	71.8	4	5	3	23	3
1976	461	2	140	1	7.5	1	5	3	28	3
1977	769	3	640	4	44.7	4	3	2	44	4
1978	255	1	65	1	0	1	0	1	11	2

6.8　统计回归分析拓展研究参考解答

1. 解：从本例的散点图看出，强度 y 与拉伸倍数 x 之间大致呈线性相关关系，一元线性回归模型是适用 y 与 x 的。现求 $\hat{a}$，$\hat{b}$，这里 $n = 24$，

$\sum x_i = 127.5, \sum y_i = 113.1, \sum x_i^2 = 829.61, \sum y_i^2 = 650.93, \sum x_i y_i = 731.6$;

$L_{xx} = 152.266, L_{xy} = 130.756, L_{yy} = 117.946$;

$\hat{b} = \frac{L_{xy}}{L_{xx}} = 0.859, \hat{a} = \overline{y} - \hat{b}\overline{x} = 0.15$。

则强度 y 与拉伸倍数 x 之间的经验公式为

$$\hat{y} = 0.15 + 0.859x。$$

2. 解：分别对品系Ⅰ、Ⅱ的统计描述以及 SPSS 输出，表 6-17 和表 6-18 分别表示描述性统计分析(Descriptive Statistics)和对两个品系株高、穗长和穗重进行独立样本检验(Independent Samples Test)。

表 6-17 描述性统计分析

品系		N	Minimum	Maximum	Mean	Std. Deviatiion
1	株高	10	101	147	121.80	16.982
	穗长	10	35	47	41.50	4.478
	穗重	10	1.1	1.9	1.540	.2797
	Valid N(listwise)	10				
2	株高	10	86	104	96.40	5.892
	穗长	10	20	50	38.40	9.743
	穗重	10	.6	2.0	1.450	.4813
	Valid N(listwise)	10				

表 6-18 独立样本检验

		Levene's Test for Equality of Variances		t-test for Equality of Means						
		F	Sig.	t	df	Sig. (2-tailed)	Mean Difference	Std. Error Difference	95% Confidence Interval of the Difference	
									Lower	Upper
株高	Equal variances assumed	13.943	.002	4.468	18	.000	25.400	5.684	13.458	37.342
	Equal variances not assumed			4.468	11.136	.001	25.400	5.684	12.908	37.892
穗长	Equal variances assumed	4.579	.046	.914	18	.373	3.100	3.391	−4.024	10.224
	Equal variances not assumed			.914	12.640	.378	3.100	3.391	−4.247	10.447
穗重	Equal variances assumed	2.294	.147	.511	18	.615	.0900	.1760	−.2798	.4598
	Equal variances not assumed			.511	14.456	.617	.0900	.1760	−.2864	.4664

品系汇总表(见表 6-19)：

表 6-19

	品系 Ⅰ	品系 Ⅱ	t
株高 cm(M ± SD)	121.80 ± 16.98	96.40 ± 5.89	4.468 * *
穗长 cm(M ± SD)	41.50 ± 4.48	38.40 ± 9.74	0.914
穗重 g(M ± SD)	1.54 ± 0.28	1.45 ± 0.48	0.511

* * P < 0.01

从 t 检验的结果看：

(1) 株高数据不满足方差齐性，用近似 t 检验，$t = 4.468(df = 11.136)$，双侧检验 $p = 0.001 << 0.01$，两品系的株高具有极显著差异，品系 Ⅰ 株高显著大于品系 Ⅱ；

(2) 穗长数据不满足方差齐性，用近似 t 检验，$t = 0.914(df = 12.640)$，双侧检验 $p = 0.378 > 0.05$，两品系的穗长无显著差异；

(3) 穗重数据满足方差齐性，用 t 检验，$t = 0.511(df = 18)$，双侧检验 $p = 0.615 > 0.05$，两品系的穗重无显著差异。

3. 解：(1) 对穗长、穗重($n = 20$)作相关性分析(Correlations)在 SPSS 中的输出结果见表 6-20：

表 6-20　相关性分析

		穗长	穗重
穗长	Pearson Correlation	1	.972 * *
	Sig. (2-tailed)		.000
	N	20	20
穗重	Pearson Correlation	.972 * *	1
	Sig. (2-tailed)	.000	
	N	20	20

* * Correlation is significant at the 0.01 Level (2-tailed).

从表中可以看出穗长、穗重相关关系极显著(相关系数 $r = 0.972, p << 0.01$)。对两者建立直线回归方程后的图像见图 6-19：

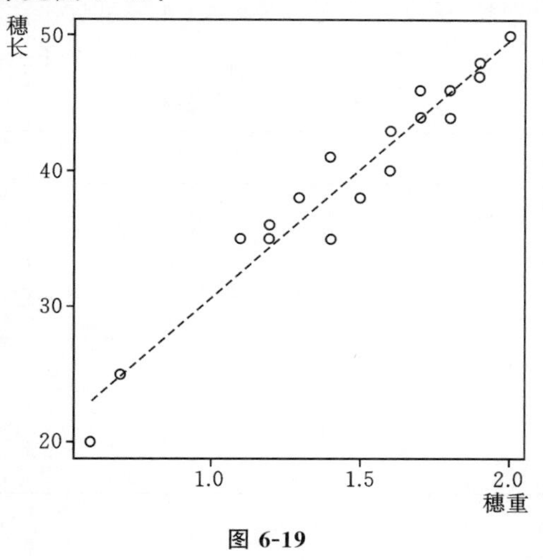

图 6-19

(2) 同样对穗长、株高($n=20$)进行相关性分析(见表6-21)和回归分析(见图6-20)。

表 6-21 相关性分析

		株高	穗长
株高	Pearson Correlation	1	.238
	Sig. (2-tailed)		.312
	N	20	20
穗长	Pearson Correlation	.238	1
	Sig. (2-tailed)	.312	
	N	20	20

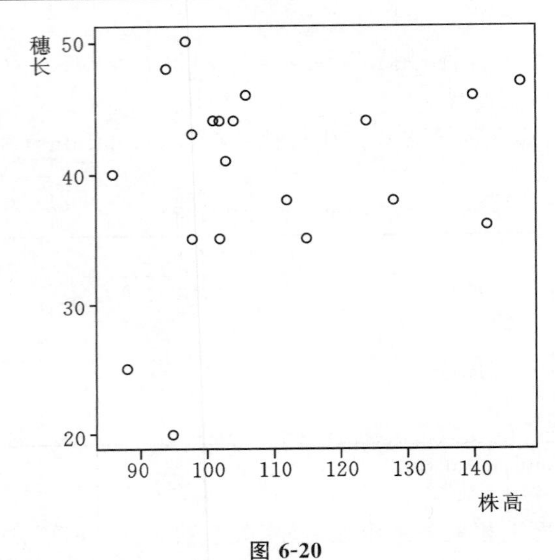

图 6-20

从表6-21中可以看出穗长、株高之间无显著相关(相关系数$r=0.238$,$p=0.312>0.05$)。

(3) 对穗重、株高($n=20$)进行相关性分析(见表6-22)和回归分析(见图6-21)。

表 6-22 相关性分析

		株高	穗重
株高	Pearson Correlation	1	.219
	Sig. (2-tailed)		.354
	N	20	20
穗重	Pearson Correlation	.219	1
	Sig. (2-tailed)	.354	
	N	20	20

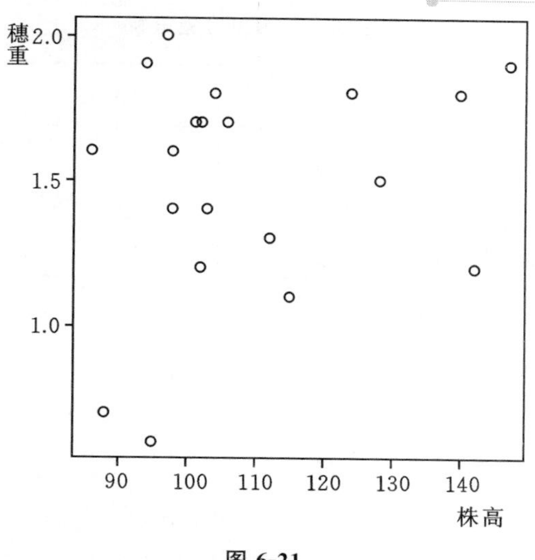

图 6-21

由表 6-22 可知穗重、株高之间无显著相关(相关系数 $r=0.219$，$p=0.354>0.05$)。

4. 解：设智商得分数 IQ 为 x_1，受教育年限为 x_2，员工工资为 y。根据 SPSS 软件对这三个变量的二元线性回归分析，得到 4 个与回归分析有关的各种参数表格如下。其中，表 6-23 表示变量的进入与剔除(Variables Entered/Removed)，表 6-24 表示最终模型的拟合优度检验表(Model Summary)，表 6-25 表示单因素方差分析(one-way ANOVA)，表 6-26 表示回归系数(Coefficients)。

表 6-23　变量的进入与剔除

Model	Variables Entered	Variables Removed	Method
1	EDUC，IQ(a)	.	Enter

a　All requested variables entered.

b　Dependent Variable：WAGE

注：根据这个表的结果我们可以初步知道，经过检验自变量 x_1，x_2 是可以加入到准备估计的回归方程中作为变量的。

表 6-24　拟合优度检验表

Model	R	R Square	Adjusted R Square	Std. Error of the Estimate
1	.366(a)	.134	.132	376.730

a　Predictors：(Constant)，EDUC，IQ

注：从表 6-24 可得线性回归出来的相关系数为 0.366，方程的可决系数为 0.134，修正的可决系数为 0.132，说明整体拟合优度很低，说明所做的回归方程拟合度不是很好。

表 6-25 单因素方差分析

Model		Sum of Squares	df	Mean Square	F	Sig.
1	Regression	20441576.768	2	10220788.384	72.015	.000(a)
	Residual	132274591.451	932	141925.527		
	Total	152716168.218	934			

a Predictors：(Constant)，EDUC，IQ

b Dependent Variable：WAGE

注：从表中可得拟合方程的 F 统计量值为 72.015，相应的 p 值为 0.000，说明拟合方程是显著的。选定的这组数据是具有统计意义的。

表 6-26 回归系数

Model		Unstandardized Coefficients		Standardized Coefficients	t	Sig.
		B	Std. Error	Beta		
1	(Constant)	−128.890	92.182		−1.398	.162
	IQ	5.138	.956	.191	5.375	.000
	EDUC	42.058	6.550	.228	6.421	.000

a Dependent Variable：WAGE

从上表可以看出，拟合优度 $R^2=0.134$，较低，说明该线性方程拟合优度不是特别好，F 值为 72.015，显著度 $p<0.01$，即该回归方程线性关系显著。自变量"智商得分数 IQ"X_1 和"受教育年限"X_2 的回归系数的估计分别为 5.138 和 42.058，标准化系数分别为 0.191 和 0.228，t 检验值分别为 5.375 和 6.421，其显著性水平 p 均小于 0.01，所以认为 X_1，X_2 的回归系数高度显著。该二元线性回归方程可以表示为

$$y=-128.890+5.138x_1+42.058x_2。$$

从以上的分析可以得出：(1)IQ 影响该企业员工的工资收入，智商得分数高低与员工的工资具有显著差异，IQ 得分数高的员工的平均工资是 IQ 得分数低的 1.19 倍；(2) 智商得分数 IQ(X_1) 和受教育年限(X_2) 与员工工资(Y) 可以建立二元线性回归方程模型。线性关系与回归系数均显著。该二元线性回归方程可以表示为：

$$y=-128.890+5.138x_1+42.058x_2,$$

其中，y 代表当前工资，x_1 代表智商得分数 IQ，x_2 代表受教育年限。

5. 解：(1) 利用 SPSS 软件作 Y 与 X 的散点图(见图 6-22)：

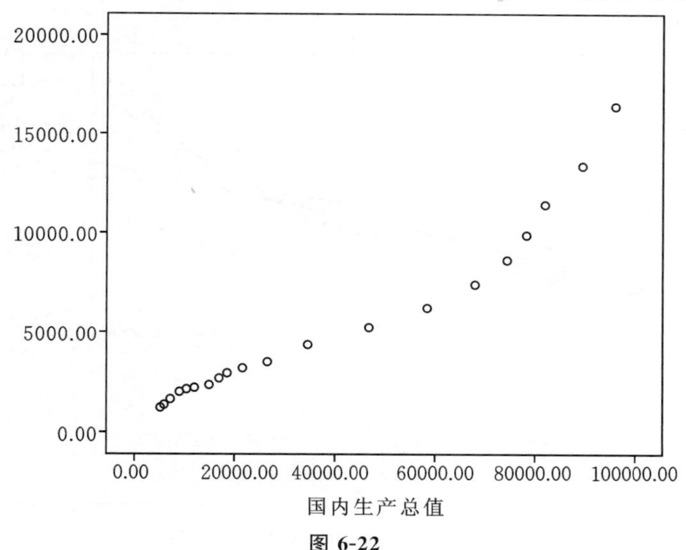

图 6-22

由散点图可以看出，我们可以利用指数(Exponential)回归 $y = ae^{bx}$、对数(Logarithmic)回归 $y = a + b\ln x$、幂函数(Power)回归 $y = ax^b$、二次曲线(Quadratic) $y = b_0 + b_1x + b_2x^2$、三次曲线(Cubic) $y = b_0 + b_1x + b_2x^2 + b_3x^3$ 作曲线拟合。

(2) 利用 SPSS 软件拟合结果(见表 6-27)：

表 6-27

Equation	Model Summary					Parameter Estimates			
	R Square	F	df1	df2	Sig.	Constant	b1	b2	b3
Logarithmic	.767	59.175	1	18	.000	−34350.518	3913.184		
Quadratic	.979	394.453	2	17	.000	2040.650	−.010	1.523E−6	
Cubic	.998	3381.137	3	16	.000	304.429	.202	−3.886E−6	3.674E−11
Power	.962	456.238	1	18	.000	1.384	.785		
Exponential	.965	498.531	1	18	.000	1562.950	2.428E−5		

指数回归：$y = 1562.95e^{0.00002428x}$；

对数回归：$y = -34350.518 + 3913.184\ln x$；

幂函数回归：$y = 1.384x^{0.785}$；

二次曲线：$y = 2040.65 - 0.01x + 1.523e^{-6}x^2$；

三次曲线：$y = 304.429 + 0.202x - 3.886e^{-6}x^2 + 3.674e^{-11}x^3$。

由表 6-27 可知三次曲线的 $R^2 = 0.998 >$ 二次曲线的 $R^2 = 0.979 >$ 指数回归的 $R^2 = 0.965 >$ 幂函数回归的 $R^2 = 0.962$，以上四种曲线拟合效果都可以，其中三次曲线拟合得最好。四种曲线的拟合图形见图 6-23。

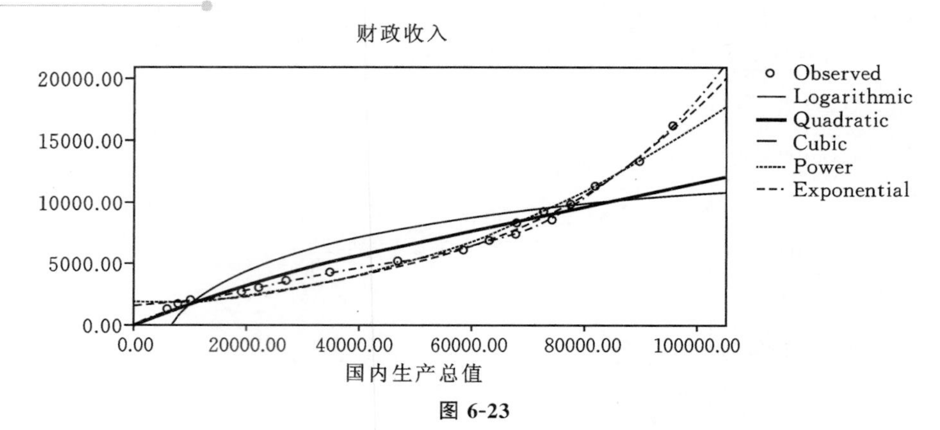

图 6-23

6. 解:用 SPSS 分析后的主要结果见表 6-28 和表 6-29:

表 6-28 方差分析表

Model		Sum of Squares	df	Mean Square	F	Sig.
1	Regression	16.779	4	4.195	10.930	.001(a)
	Residual	4.221	11	.384		
	Total	21.000	15			

表 6-23 中,F 值为 10.930,显著性概率是 0.001,表明回归极显著。

表 6-29 回归系数

Model		Unstandardized Coefficients		Standardized Coefficients	t	Sig.
		B	Std. Error	Beta(β)		
1	(Constant)	−0.182	.442		−.412	.688
	蛾量	0.142	.158	.133	.900	.387
	卵量	0.245	.213	.258	1.145	.276
	降水量	0.210	.224	.244	.936	.369
	雨日	0.605	.245	.465	2.473	.031

分析:根据多元回归模型 $y = b_0 + b_1x_1 + b_2x_2 + \cdots + b_kx_k + e$,把上表中“非标准化回归系数”栏目中的“B”列系数代入上式得

$$\hat{y} = -0.182 + 0.142x_1 + 0.245x_2 + 0.210x_3 + 0.605x_4。$$

预测值 $\hat{y}$ 的标准差可用剩余均方估计:

$$s_{\hat{y}} = \sqrt{0.384} = \pm 0.620。$$

回归方程的显著性检验:从表 6-28 方差分析表中得知,F 统计量为 10.93,系统自动检验的显著性水平为 0.001。$F(0.05,4,11)$ 值为 3.36,$F(0.01,4,11)$ 值为 5.67,$F(0.001,4,11)$ 值为 10.35。因此回归方程相关性非常显著。

第 7 章

离散模型

随着社会经济的发展，人类逐渐开始运用多个指标，从不同侧面来反映社会经济现象；日常生活中也经常会碰到有多个因素的决策问题，如买一件运动服，你是买阿迪达斯还是李宁的，是买棉的还是买化纤的，还有颜色、款式等，这些因素之间往往不能直接比较，因此我们必须对这些因素的重要程度作一个估计，然后综合所有信息，给目标一个最终排序。多指标综合评价法是采用综合指数、统计或运筹学的方法，将指标体系在多维空间中的多个点值进行综合，把说明被评判目标的主要指标转化为单个综合评价价值的方法。

多指标评价分为确立评价系统或目标的指标体系、确定各指标的权重、建立评价的数学模型、分析评价结果等几个环节。

指标的选择是综合评价的基础，要遵循独立性、代表性、可行性的原则。指标宜少不宜多，宜简不宜繁。指标体系的确定具有很大的主观随意性，有经验确定和数学方法确定两种，多数研究中均采用经验确定法。数学方法可以降低主观随意性，但依赖于所采用样本的随机性。

由于对各指标的重视程度不同以及各指标在评价过程中所起的作用和可靠性不同，对某指标重要程度必须定量分配，即赋权。加权的方法大体也分为两种：经验加权，也称定性加权，它的主要优点是有专家直接估价，简单易行；数学加权，也称定量加权，它以经验为基础，数学原理为背景，间接生成，具有较强的科学性。

综合评价方法主要有逼近理想解排序法（TOPSIS 法）、层次分析法、主成分分析法、数据包络分析法、模糊评价法，还有人工神经网络方法等。

7.1　TOPSIS 法（逼近理想解排序法）

逼近理想解排序法是 C. L. Hwang 和 K. Yoon 于 1981 年首次提出的。先根据规范化矩阵确定最优目标（理想解）和最劣目标（负理想解）。所谓理想解是一设想的最优的解（方案），它的各个属性值都达到各备选方案中的最好的值；而负理想解是一设想的最劣的解（方案），它的各个属性值都达到各备选方案中的最坏的值。然后分别计算各评价目标与最优目标和最劣目标的距离，获得各评价对象与最优目标的相对接近程度，作为评价优劣的依据。

设有 m 个评价目标 $O_1,O_2,\cdots,O_m$，每个目标有 n 个评价指标 $X_1,X_2,\cdots,X_n$。这些指标表示成数学矩阵形式，建立下列特征矩阵：

$$\boldsymbol{O}=\begin{pmatrix} x_{11} \cdots x_{1j} \cdots x_{1n} \\ \vdots \quad \vdots \quad \vdots \\ x_{i1} \cdots x_{ij} \cdots x_{in} \\ \vdots \quad \vdots \quad \vdots \\ x_{m1} \cdots x_{mj} \cdots x_{mn} \end{pmatrix}。$$

1. 计算规范化矩阵。对特征矩阵进行规范化处理，得到规格化向量 r_{ij}，建立关于规格化向量 r_{ij} 的规范化矩阵

$$r_{ij}=\frac{x_{ij}}{\sqrt{\sum_{i-1}^{m} x_{ij}^{2}}}(i=1,2,\cdots,m,j=1,2,\cdots,n)。$$

2. 如需要，构造权重规范化矩阵。有些问题中，各类指标的重要程度不同，此时，可通过赋权值 w_j 形式，建立权重规范化矩阵

$$v_{ij}=w_j \cdot r_{ij}(i=1,2,\cdots,m,j=1,2,\cdots,n),$$

其中，w_j 是第 j 个指标的权重。权重确定方法有德尔菲(Delphi)法、对数最小二乘法、层次分析法、熵权法等。

3. 确定理想解和反理想解。如果决策矩阵中元素值越大表示方案越好，则

$$\boldsymbol{v}^{+}=(v_1^{+},v_2^{+},\cdots,v_m^{+})=\{\max_i v_{ij} \mid j=1,2,\cdots,m\},$$

$$\boldsymbol{v}^{-}=(v_1^{-},v_2^{-},\cdots,v_m^{-})=\{\min_i v_{ij} \mid j=1,2,\cdots,m\}。$$

4. 计算每个方案到理想点的距离 d_i^{+} 和到负理想点的距离 d_i^{-}。其中

$$d_i^{+}=\sqrt{\sum_{j=1}^{m}(v_{ij}-v_j^{+})^2},$$

$$d_i^{-}=\sqrt{\sum_{j=1}^{m}(v_{ij}-v_j^{-})^2}。$$

5. 计算 C_i，并按每个方案的相对接近度 C_i 的大小排序，找出满意解。其中

$$C_i=\frac{d_i^{-}}{d_i^{-}+d_i^{+}}(0 \leqslant c_i \leqslant 1,i=1,2,\cdots,n)。$$

于是，若 v_i 是理想解，则相应的 $C_i=1$；若 v_i 是负理想解，则相应的 $C_i=0$。v_i 愈靠近理想解，C_i 愈接近于 1；反之，愈接近负理想解，C_i 愈接近于 0。那么，可以对 C_i 进行排列，以求出满意解。

例 1 5 个化工厂对呼吸系统危害的研究资料见表 7-1，请综合废气几何平均浓度、游离 SiO_2 含量和患病率 3 个指标进行综合评价。

表 7-1 5 个化工厂测定结果与肺患病率

化工厂	废气几何平均浓度(mg/m^3)	游离 SiO_2 含量(%)	患病率(%)
化工厂 1	50.8	4.3	8.7
化工厂 2	200.0	4.9	7.2

续表

化工厂	废气几何平均浓度(mg/m³)	游离 SiO_2 含量(%)	患病率(%)
化工厂 3	71.4	2.5	5.0
化工厂 4	98.5	3.7	2.7
化工厂 5	10.2	2.4	0.3

解　(1) 评价指标同趋势化：令原始数据中低优指标

$$X_{ij}'(i=1,2,\cdots,n,j=1,2,\cdots,m),$$

通过 $X_{ij}=\frac{X_{ij}'}{100}$ 变换转化成高优指标，然后建立同趋势化后的原始数据见表 7-2：

表 7-2　指标转化值

化工厂	废气几何平均浓度(mg/m³)	游离 SiO_2 含量(%)	患病率(%)
化工厂 1	1.9685	23.2558	11.4943
化工厂 2	0.5000	20.4082	13.8889
化工厂 3	1.4006	40.0000	20.0000
化工厂 4	1.0152	27.0270	37.0370
化工厂 5	9.8039	41.6667	33.3333

(2) 归一化处理：令

$$r_{ij}=\frac{x_{ij}}{\sqrt{\sum_{i-1}^{m}x_{ij}^{2}}}(i=1,2,\cdots,m,j=1,2,\cdots,n)$$

得到的归一化值(见表 7-3)：

表 7-3　归一化矩阵值

化工厂	废气几何平均浓度(mg/m³)	游离 SiO_2 含量(%)	患病率(%)
化工厂 1	0.1937	0.3281	0.0342
化工厂 2	0.0492	0.2879	0.0413
化工厂 3	0.1378	0.5643	0.0594
化工厂 4	0.0999	0.3813	0.1101
化工厂 5	0.9649	0.5879	0.9907

(3) 据(2) 得到的 $\boldsymbol{R}$ 矩阵得到最优方案和最劣方案如下：

最优方案 $\boldsymbol{v}^{+}=(0.9649,0.5879,0.9907)$，最劣方案 $\boldsymbol{v}^{-}=(0.0492,0.2879,0.0342)$。

(4) 分别计算各评价对象所有各指标值与最优方案及最劣方案的距离 d_i^{+} 与 d_i^{-} 以及各评价对象与最优方案的接近程度见下表 7-4：

表 7-4 不同化工厂指标值与最优值的相对接近程度及排序结果

化工厂	d_i^+	d_i^-	C_i	排序结果
化工厂 1	1.2258	0.1500	0.1067	3
化工厂 2	1.3527	0.0071	0.0052	5
化工厂 3	1.2457	0.2914	0.1896	2
化工厂 4	1.2515	0.1306	0.0945	4
化工厂 5	0.0000	1.3577	1.0000	1

根据表 7-4,化工厂 5 最优,即对呼吸系统危害最小;而化工厂 2 最劣。

结论:逼近理想解排序法原理简单,能同时进行多个对象评价,计算快捷,结果分辨率高、评价客观,具有较好的合理性和适用性,实用价值较高。但是只能反映各评价对象内部的相对接近度,并不能反映与理想的最优方案的绝对接近程度。

7.2 层次分析法

层次分析法是美国萨蒂(Saaty)于 20 世纪提出的一种系统分析方法。它综合定性与定量分析,模拟人的决策思维过程,对多因素复杂系统,特别是难以定量描述的系统进行分析。层次分析法适用面广、方法简便、系统性强,是公共决策问题的重要解决方法之一。

1. 层次分析法的计算步骤

(1) 建立层次结构模型

我们把系统分析的所有因素,按属性分成若干层次。同一层因素之间相互独立,上下层因素之间相互作用。一般分为三层:

① 目标层:一般只有一个元素,是分析问题的预定目标或理想结果;

② 准则层:包含中间环节的因素,若因素过多(比如多于 9 个),也可进一步分解出子准则;

③ 方案层:可供选择的各种措施、决策、方案等,因此又称为措施层或方案层。

层次之间的支配关系不一定是完全的,即可以有元素(非底层元素) 并不支配下一层次的所有元素而只支配其中部分元素。

(2) 构造成对比较矩阵

设某层有 n 个因素 $X = \{x_1, x_2, \cdots, x_n\}$,要比较这些元素对上一层某一固定准则(或目标) 的影响程度,即把 n 个因素对上层某一目标的影响程度排序,以确定在该层中相对于某一层所占的比重。

上述比较是两两因素之间的比较,比较时一般取 1 ~ 9 尺度。其含义见表 7-5:

表 7-5

尺度	含义
1	第 i 个因素与第 j 个因素的影响相同

续表

尺度	含义
3	第 i 个因素比第 j 个因素的影响稍强
5	第 i 个因素比第 j 个因素的影响强
7	第 i 个因素比第 j 个因素的影响明显强
9	第 i 个因素比第 j 个因素的影响绝对强

尺度 2,4,6,8 表示第 i 个因素相对于第 j 个因素的影响介于上述两个相邻的等级之间。

若用 a_{ij} 表示第 i 个因素相对于第 j 个因素的比较结果,则应有 $a_{ij}=\dfrac{1}{a_{ji}}$,得到矩阵

$$\boldsymbol{A}=(a_{ij})_{n\times n}=\begin{pmatrix} a_{11} & a_{12} & \cdots & a_{1n} \\ a_{21} & a_{22} & \cdots & a_{2n} \\ \vdots & \vdots & & \vdots \\ a_{n1} & a_{n2} & \cdots & a_{nn} \end{pmatrix},$$

称 $\boldsymbol{A}$ 为**成对比较矩阵**。

由上述定义知,成对比较矩阵 $\boldsymbol{A}=(a_{ij})_{n\times n}$ 满足以下性质:

① $a_{ij}>0$;

② $a_{ij}=\dfrac{1}{a_{ji}}$;

③ $a_{ii}=1$。

满足上述三个条件的矩阵也称为**正互反矩阵**。

(3) 计算权向量及一致性检验

计算权向量:确定下层各因素对上层某因素影响程度,用权值表示。对于每一个成对比较矩阵计算最大特征根及对应特征向量,利用一致性指标、随机一致性指标和一致性比率做一致性检验。若检验通过,特征向量(归一化后) 即为权向量;若不通过,需重新构造成对比较矩阵。

在正互反矩阵 $\boldsymbol{A}$ 中,若 $a_{ik}\cdot a_{kj}=a_{ij}$,则称 $\boldsymbol{A}$ 为**一致阵**。

一致阵的性质:

① $a_{ij}=\dfrac{1}{a_{ji}},a_{ii}=1,i,j=1,2,\cdots,n$;

② $\boldsymbol{A}^{\mathrm{T}}$ 也是一致阵;

③ $\boldsymbol{A}$ 的各行成比例,则 $\operatorname{rank}(\boldsymbol{A})=1$;

④ $\boldsymbol{A}$ 的最大特征根(值) 为 $\lambda=n$,其余 $n-1$ 个特征根均等于 0;

⑤ $\boldsymbol{A}$ 的任一列(行) 都是对应于特征根 n 的特征向量。

若成对比较矩阵是一致阵,则取对应于最大特征根 n 的归一化特征向量 $\{w_1,w_2,\cdots,w_n\}$,且 $\sum\limits_{i=1}^{n}w_i=1$,其中 w_i 表示下层第 i 个因素对上层因素影响程度的权值。若成对比较矩阵不是一致阵,萨蒂等人建议用其最大特征根对应的归一特征向量作为权向量 $\boldsymbol{w}$,则 $\boldsymbol{A}\boldsymbol{w}=\lambda\boldsymbol{w},\boldsymbol{w}=(w_1,w_2,\cdots,w_n)$,这样确定权向量的方法称为**特征根法**。

定理 7.1 n 阶互反阵 $\mathbf{A}$ 的最大特征根 $\lambda \geqslant n$，当且仅当 $\lambda = n$ 时，$\mathbf{A}$ 为一致阵。

由于 λ 连续的依赖于 a_{ij}，则 λ 比 n 大的越多，$\mathbf{A}$ 的不一致性越严重。用最大特征向量作为被比较因素对上层某因素影响程度的权向量，其不一致程度越大，引起的判断误差越大。因而可以用 $\lambda - n$ 数值的大小来衡量 $\mathbf{A}$ 的不一致程度。

定义一致性指标

$$\mathrm{CI} = \frac{\lambda - n}{n - 1}。$$

其中，n 为 $\mathbf{A}$ 的对角线元素之和，也为 $\mathbf{A}$ 的特征根之和。

定义随机一致性指标 RI：通过随机构造 500 个成对比较矩阵 $\mathbf{A}_1, \mathbf{A}_2, \cdots, \mathbf{A}_{500}$，用平均值作为 RI 的数值，见表 7-6：

表 7-6

n	1	2	3	4	5	6	7	8	9	10	11
RI	0	0	0.58	0.90	1.12	1.24	1.32	1.41	1.45	1.49	1.51

一般地，当一致性比率 $\mathrm{CR} = \frac{\mathrm{CI}}{\mathrm{RI}} < 0.1$ 时，认为 $\mathbf{A}$ 的不一致程度在容许范围内，可用其归一化特征向量作为权向量，否则要重新构造成对比较矩阵，对 $\mathbf{A}$ 加以调整。

(4) 计算组合权向量并做组合一致性检验

设 A 层有 m 个因素 $A_1, A_2 \cdots, A_m$，对总目标 Z 的排序权重为 $a_1, a_2, \cdots, a_m$，B 层 n 个因素对上层 A 中因素为 A_j 的层次单排序为 $b_{1j}, b_{2j}, \cdots, b_{nj} (j = 1, 2, \cdots, m)$。

B 层的层次总排序为：

$$B_1: a_1 b_{11} + a_2 b_{12} + \cdots + a_m b_{1m},$$
$$B_2: a_1 b_{21} + a_2 b_{22} + \cdots + a_m b_{2m},$$
$$\cdots\cdots\cdots\cdots$$
$$B_n: a_1 b_{n1} + a_2 b_{n1} + \cdots + a_m b_{nm}。$$

总目标的权值为：$\sum_{j=1}^{m} a_j b_{ij}$。各层具体权值见表 7-7：

表 7-7

A \ B	$A_1, A_2, \cdots, A_m$ $a_1, a_2, \cdots, a_m$	B 层的层次总排序
B_1	b_{11} b_{12} b_{1m}	$\sum_{j=1}^{m} a_j b_{ij} = b_1$
B_2	b_{21} b_{22} b_{2m}	$\sum_{j=1}^{m} a_j b_{2j} = b_2$
$\vdots$	$\vdots$ $\vdots$ $\vdots$	$\vdots$
B_n	b_{n1} b_{n2} b_{nm}	$\sum_{j=1}^{m} a_j b_{nj} = b_n$

层次总排序的一致性检验：

设 B 层 $B_1, B_2, \cdots, B_n$，对上层(A)中因素 $A_j(j=1,2,\cdots,m)$ 的层次单排序一致性指标为 CI_j，随机一致性指标为 RI_j，则层次总排序的一致性比率为

$$CR=\frac{a_1 CI_1+a_2 CI_2+\cdots+a_m CI_m}{a_1 RI_1+a_2 RI_2+\cdots+a_m RI_m}。$$

当 $CR<0.1$ 时，认为层次总排序通过一致性检验。至此，根据最下层(决策层)的层次总排序做出最后决策。

例 2　大学生就业时要考虑的因素以及可选择的工作如层次结构图(见图 7-1)：

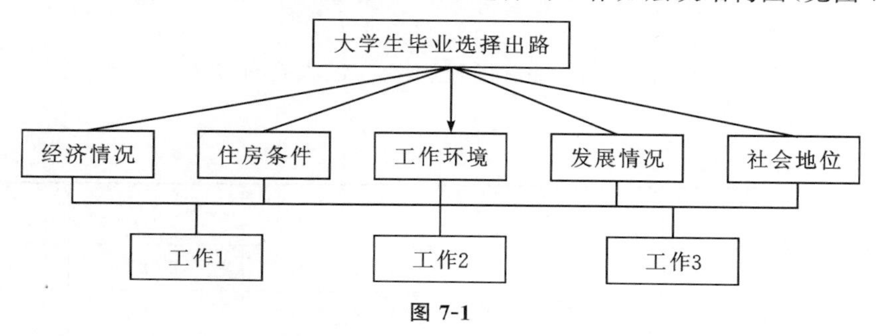

图 7-1

请做选择。

解　根据对各因素影响程度的比较分析，构造成对比较矩阵

$$A=\begin{pmatrix} 1 & 9 & 4 & \frac{1}{2} & 3 \\ \frac{1}{9} & 1 & 3 & \frac{1}{7} & \frac{1}{5} \\ \frac{1}{4} & \frac{1}{3} & 1 & \frac{1}{3} & \frac{1}{2} \\ 2 & 7 & 3 & 1 & 2 \\ \frac{1}{3} & 5 & 2 & \frac{1}{2} & 1 \end{pmatrix}。$$

对该矩阵做归一化处理，计算排序权向量为

$$(0.338 \quad 0.060 \quad 0.065 \quad 0.369 \quad 0.169)^T,$$

经计算，该矩阵的最大特征值为 5.3154，$CI=\frac{5.3154-5}{5-1}=0.079$，$RI=1.12$，$CR=\frac{CI}{RI}=\frac{0.079}{1.12}=0.07<0.1$。

由 CR 的计算结果看出 $\boldsymbol{A}$ 矩阵的一致性良好，通过了一致性检验，所以前面的特征向量作权重的计算有效。

计算下一层的两两对比矩阵

$$B_1=\begin{pmatrix}1&2&5\\ \frac{1}{2}&1&2\\ \frac{1}{5}&\frac{1}{2}&1\end{pmatrix},\quad B_2=\begin{pmatrix}1&\frac{1}{3}&\frac{1}{8}\\ 3&1&\frac{1}{3}\\ 8&3&1\end{pmatrix},\quad B_3=\begin{pmatrix}1&1&3\\ 1&1&3\\ \frac{1}{3}&\frac{1}{3}&1\end{pmatrix},$$

$$B_4=\begin{pmatrix}1&3&4\\ \frac{1}{3}&1&1\\ \frac{1}{4}&1&1\end{pmatrix},\quad B_5=\begin{pmatrix}1&1&\frac{1}{4}\\ 1&1&\frac{1}{4}\\ 4&4&1\end{pmatrix}。$$

由第三层的成对比较阵 $\boldsymbol{B}_k$ 计算出权向量 $\boldsymbol{w}_{k(3)}$，最大特征值和一致性指标，结果见表7-8：

表 7-8

k	1	2	3	4	5
$\boldsymbol{w}_{k(3)}$	0.595	0.082	0.429	0.633	0.166
	0.277	0.236	0.429	0.193	0.166
	0.129	0.682	0.142	0.175	0.668
最大特征根	3.005	3.002	3	3.009	3
CI_k	0.003	0.001	0	0.005	0

由此可见，上述 CI_k 均可通过一致性指标。

下面的问题是由各准则对目标的权向量 $\boldsymbol{w}_{(2)}$ 和各方案对每一准则的权向量 $\boldsymbol{w}_{k(3)}$ $(k=1,2,3,4,5)$，计算各方案对目标的权向量，称为组合权向量。记为 $\boldsymbol{w}_{(3)}$。所以方案一在目标中的组合权重应该为他们相应项的两两乘积之和，即

$$0.595\times0.338+0.082\times0.060+0.429\times0.065+0.633\times0.369+0.166\times0.169=0.496,$$

同样可以算出方案二和方案三的组合权重为 0.235 和 0.269。于是组合权重向量

$$\boldsymbol{w}_{(3)}=(0.496,0.235,0.269)^{\mathrm{T}},$$

因此结果表明工作 1 所占权重接近一半，远大于工作 2 和 3，应作为第一选择。

2. 层次分析法的优点和局限性

(1) 系统性

层次分析法把研究对象作为一个系统，按照分解、比较判断、综合的思维方式进行决策，成为继机理分析、统计分析之后发展起来的系统分析的重要工具。

(2) 实用性

层次分析法把定性和定量方法结合起来，能处理许多用传统的最优化技术无法着手的实际问题，应用范围很广，同时，这种方法使得决策者与决策分析者能够相互沟通，决策者甚至可以直接应用它，这就增加了决策的有效性。

(3) 简洁性

具有中等文化程度的人即可以了解层次分析法的基本原理并掌握该法的基本步骤，计算也非常简便，并且所得结果简单明确，容易被决策者了解和掌握。

以上三点体现了层次分析法的优点，该法的局限性主要表现在以下几个方面：

(1) 只能从原有的方案中优选一个出来，没有办法得出更好的新方案。

(2) 该法中的比较、判断以及结果的计算过程都是粗糙的，不适用于精度较高的问题。

(3) 从建立层次结构模型到给出成对比较矩阵，人的主观因素对整个过程的影响很大，这就使得结果难以让所有的决策者接受。当然采取专家群体判断的办法是克服这个缺点的一种途径。

7.3　BP 神经网络

人工神经网络(Artificial Neural Networks，ANN)是一非线性动力学系统，它具有大规模并行协同处理能力和信息的分布式存储特性，同时具有一定的自适应、自学习能力以及较强的鲁棒性、容错性，特别适合处理需要同时考虑许多因素和条件的、不精确和模糊的信息处理问题。人工神经网络特有的非线性适应性信息处理能力，克服了传统人工智能方法的缺陷，使之在神经专家系统、模式识别、智能控制、组合优化、预测等领域得到成功应用。

BP(Back Propagation)神经网络是神经网络学习算法中的一种。是由输入层、中间层、输出层组成的阶层型神经网络。相邻层之间各神经元可进行全连接，但层内各神经元之间无连接，网络按有导师学习方式进行，当一对学习模式提供给网络后，各神经元获得网络的输入响应产生连接权值。然后按照减小希望输出与实际输出误差的方向，从输出层经各中间层逐层修正各连接权，回到输入层。此过程反复进行，直至网络的全局误差趋向给定的极小值，完成学习的过程。

1. BP 神经网络模型及其基本原理

BP 神经网络是误差反向传播神经网络的简称，它由一个输入层，一个或多个隐含层和一个输出层构成，每一层由一定数量的神经元构成。这些神经元如同人的神经细胞一样是互相关联的。其结构如图 7-2 所示：

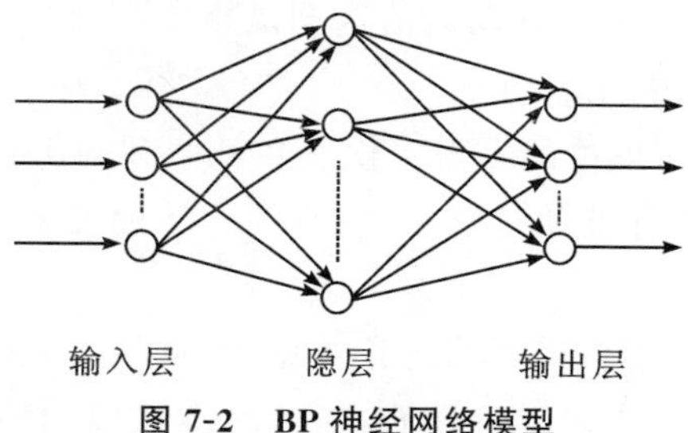

图 7-2　BP 神经网络模型

生物神经元信号的传递是通过突触进行的一个复杂的电化学过程，在人工神经网络中是将其简化模拟成一组数字信号通过一定的学习规则而不断变动更新的过程，这组数字储存于神经元之间的连接权重。网络的输入层模拟的是神经系统中的感觉神经元，它接收输入样本信号。输入信号通过隐含层的复杂计算由输出层输出，输出信号与期望输出相比较，若有误差，再将误差信号反向由输出层通过隐含层处理后向输入层传播。在这个过程中，误差通过梯度下降算法，分摊给各层的所有单元，从而获得各单元的误差信号，以此误差信号为依据修正各单元权值，网络权值因此被重新分布。此过程完成后，输入信号再次由输入层输入网络，重复上述过程。这种信号正向传播与误差反向传播的各层权值调整过程周而复始地进行着，直到网络输出的误差减少到可以接受的程度，或进行到预先设定的学习次数为止。权值不断调整的过程就是网络的学习训练过程。

BP 神经网络的信息处理方式具有如下特点：

(1) 信息分布存储；

(2) 信息并行处理；

(3) 具有容错性；

(4) 具有自学习、自组织、自适应的能力。

2. BP 神经网络的主要功能

目前，BP 网络主要用于以下四个方面：

(1) 函数逼近：用输入向量和相应的输出向量训练一个网络以逼近一个函数；

(2) 模式识别：用一个待定的输出向量将它与输入向量联系起来；

(3) 分类：把输入向量按定义的合适方式进行分类；

(4) 数据压缩：减少输出向量维数以便传输或存储。

3. BP 网络的优点

BP 神经网络最主要的优点在于其极强的非线性映射能力。对于一个三层或三层以上的 BP 网络，只要隐层神经元数目足够多，该网络就能以任意精度逼近一个非线性函数。其次，BP 神经网络具有对外界刺激和输入信息进行联想记忆的能力。BP 神经网络通过预先存储信息和学习机制进行自适应训练，可以从不完整的信息和噪声干扰中恢复原始的完整信息，所以在图像复原、语言处理、模式识别等方面都有重要应用。BP 神经网络对外界输入样本有很强的识别与分类能力，能较好地进行非线性分类。BP 神经网络还具有优化计算能力，BP 神经网络本质上是一个非线性优化问题，它可以在已知的约束条件下，寻找一组参数组合，使该组合确定的目标函数值达到最小。

4. BP 神经网络在实例中的应用

Matlab 软件为神经网络理论的实现提供了一种便利的仿真手段。神经网络工具箱将很多原本需要手动计算的工作交给计算机，提高了计算的准确度和精度，减轻了工程人员的负担。

神经网络工具箱是以人工神经网络理论为基础，利用 Matlab 编程语言构造出许多典型神经网络的框架和相关的函数。这些函数的 Matlab 实现，使得设计者对所选定网络进行计算的过程，转变为对函数的调用和参数的选择，网络设计人员可以根据自己的需要去调用工具箱中有关的设计和训练程序，从繁琐的编程中解脱出来。

7.4 基于MATLAB的BP神经网络工具箱函数

Matlab 7.0 神经网络工具箱中包含了许多用于BP网络分析与设计的函数，BP网络的常用函数见表7-9：

表7-9 BP网络的常用函数表

函数类型	函数名称	函数用途
前向网络创建函数	newcf	创建级联前向网络
	Newff	创建前向BP网络
传递函数	logsig	S型的对数函数
	tansig	S型的正切函数
	purelin	纯线性函数
学习函数	learngd	基于梯度下降法的学习函数
	learngdm	梯度下降动量学习函数
性能函数	mse	均方误差函数
	msereg	均方误差规范化函数
显示函数	plotperf	绘制网络的性能
	plotes	绘制一个单独神经元的误差曲面
	plotep	绘制权值和阈值在误差曲面上的位置
	errsurf	计算单个神经元的误差曲面

7.4.1 BP网络创建函数

1. newff

该函数用于创建一个BP网络。调用格式为：

net = newff

net = newff(PR,[S1 S2…SN1],{TF1 TF2…TFN1},BTF,BLF,PF)

其中，

net = newff 用于在对话框中创建一个BP网络；

net 为创建的新BP神经网络；

PR 为网络输入向量取值范围的矩阵；

[S1 S2…SNl] 表示网络隐含层和输出层神经元的个数；

{TFl TF2…TFN1} 表示网络隐含层和输出层的传输函数，默认为'tansig'；

BTF 表示网络的训练函数，默认为'trainlm'；

BLF 表示网络的权值学习函数，默认为'learngdm'；

PF 表示性能数，默认为'mse'。

2. newcf 函数用于创建级联前向 BP 网络，newfftd 函数用于创建一个存在输入延迟的前向网络。

7.4.2 神经元上的传递函数

传递函数是BP网络的重要组成部分。传递函数又称为激活函数，必须是连续可微的。BP 网络经常采用 S 型的对数或正切函数和线性函数。

1. logsig

该传递函数为 S 型的对数函数。调用格式为：

A = logsig(N)

info = logsig(code)

其中，

N：Q 个 S 维的输入列向量；

A：函数返回值，位于区间(0,1) 中。

2. tansig

该函数为双曲正切 S 型传递函数。调用格式为：

A = tansig(N)

info = tansig(code)

其中，

N：Q 个 S 维的输入列向量；

A：函数返回值，位于区间(－1,1) 之间。

3. purelin

该函数为线性传递函数。调用格式为：

A = purelin(N)

info = purelin(code)

其中，

N：Q 个 S 维的输入列向量；

A：函数返回值，A = N。

7.4.3 BP 网络学习函数

1. learngd

该函数为梯度下降权值(阈值) 学习函数，它通过神经元的输入和误差，以及权值和阈值的学习效率来计算权值或阈值的变化率。调用格式为：

[dW,ls] = learngd(W,P,Z,N,A,T,E,gW,gA,D,LP,LS)

[db,ls] = learngd(b,ones(1,Q),Z,N,A,T,E,gW,gA,D,LP,LS)

info = learngd(code)

2. learngdm

该函数为梯度下降动量学习函数，它利用神经元的输入和误差、权值或阈值的学习速率和动量常数来计算权值或阈值的变化率。

7.4.4　BP 网络训练函数

1. train

神经网络训练函数，调用其他训练函数，对网络进行训练。该函数的调用格式为：

[net,tr,Y,E,Pf,Af] = train(NET,P,T,Pi,Ai)

[net,tr,Y,E,Pf,Af] = train(NET,P,T,Pi,Ai,VV,TV)

2. traingd 函数为梯度下降 BP 算法函数。traingdm 函数为梯度下降动量 BP 算法函数。

借助于 Matlab 神经网络工具箱实现多层前馈 BP 网络，免去了许多编写计算机程序的烦恼。神经网络的实际输出值与输入值以及各权值和阈值有关，为了使实际输出值与网络期望输出值相吻合，可用含有一定数量学习样本的样本集和相应期望输出值的集合来训练网络。训练过程实际上是根据目标值与网络输出值之间误差的大小反复调整权值和阈值，直到此误差达到预定值为止。设计多层前馈网络时，主要侧重试验、探讨多种模型方案，在试验中改进，直到选取一个满意方案为止。

7.4.5　确定 BP 网络的结构

确定了网络层数、每层节点数、传递函数、初始权系数、学习算法等也就确定了 BP 网络。确定这些选项时有一定的指导原则，但更多的是靠经验和试凑。

1. 隐层数的确定

1998 年 Robert Hecht-Nielson 证明了对任何在闭区间上的连续函数，都可以用一个隐层的 BP 网络来逼近，因此我们从含有一个隐层的网络开始进行训练。

2. BP 网络常用传递函数

BP 网络的传递函数有多种，见图 7-3。Log-sigmoid 型函数的输入值可取任意值，输出值在 0 和 1 之间；tan-sigmod 型传递函数 tansig 的输入值可取任意值，输出值在 −1 到 +1 之间；线性传递函数 purelin 的输入与输出值可取任意值。BP 网络通常有一个或多个隐层，该层中的神经元均采用 sigmoid 型传递函数，输出层的神经元则采用线性传递函数，整个网络的输出可以取任意值。

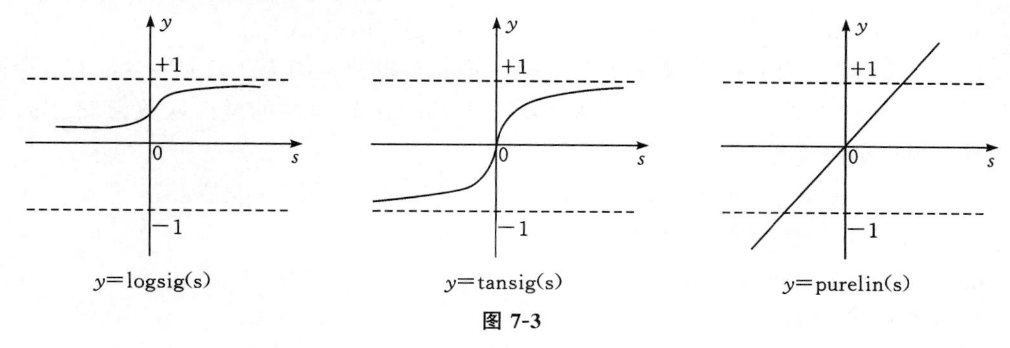

图 7-3

3. 每层节点数的确定

对于多层前馈网络来说，隐层节点数的确定是成败的关键。若数量太少，则网络所能获取的用以解决问题的信息太少；若数量太多，不仅增加训练时间，更重要的是隐层节点过多还可能出现所谓"过渡吻合"(Overfitting)的问题，即测试误差增大导致泛化能力下降，因此合理选择隐层节点数非常重要。关于隐层数及其节点数的选择比较复杂，一般原则是，在能正确反映输入输出关系的基础上，应选用较少的隐层节点数，以使网络结构尽量简单。一般采用网络结构增长型方法，即先设置较少的节点数，对网络进行训练，并测试学习误差，然后逐渐增加节点数，直到学习误差不再有明显减少为止。

在神经网络训练过程中选择均方误差 MSE 较为合理。

例 3 表 7-10 为某药品的销售情况，现构建一个如下的三层 BP 神经网络对药品的销售进行预测。

输入层有三个结点，隐含层结点数为 5，隐含层的激活函数为 tansig；输出层结点数为 1，输出层的激活函数为 logsig，并利用此网络对药品的销售量进行预测，预测方法采用滚动预测方式，即用前三个月的销售量来预测第四个月的销售量，如用 1、2、3 月的销售量为输入预测第 4 个月的销售量，用 2、3、4 月的销售量为输入预测第 5 个月的销售量。如此反复直至满足预测精度要求为止。

表 7-10

月份	1	2	3	4	5	6	7	8	9	10	11	12
销量	2056	2395	2600	2298	1634	1600	1873	1478	1900	1500	2046	1556

```
% 以每三个月的销售量经归一化处理后作为输入
```

解 在程序中输入：

```
P = [0.5152  0.8173  1.0000;
     0.8173  1.0000  0.7308;
     1.0000  0.7308  0.1390;
     0.7308  0.1390  0.1087;
     0.1390  0.1087  0.3520;
     0.1087  0.3520  0.0000;]';
% 以第四个月的销售量归一化处理后作为目标向量
T = [0.7308 0.1390 0.1087 0.3520 0.0000 0.3761];
```

接下来创建一个 BP 神经网络，每一个输入向量的取值范围为[0,1]，隐含层有 5 个神经元，输出层有一个神经元，隐含层的激活函数为 tansig，输出层的激活函数为 logsig，训练函数为梯度下降函数。程序如下：

```
net = newff([0 1;0 1;0 1],[5,1],{'tansig','logsig'},'traingd');
net.trainParam.epochs = 15000;
net.trainParam.goal = 0.01;
% 设置学习速率为 0.1
```

LP. lr = 0.1；

net = train(net,P,T)；

运行程序得到图 7-4 如下：

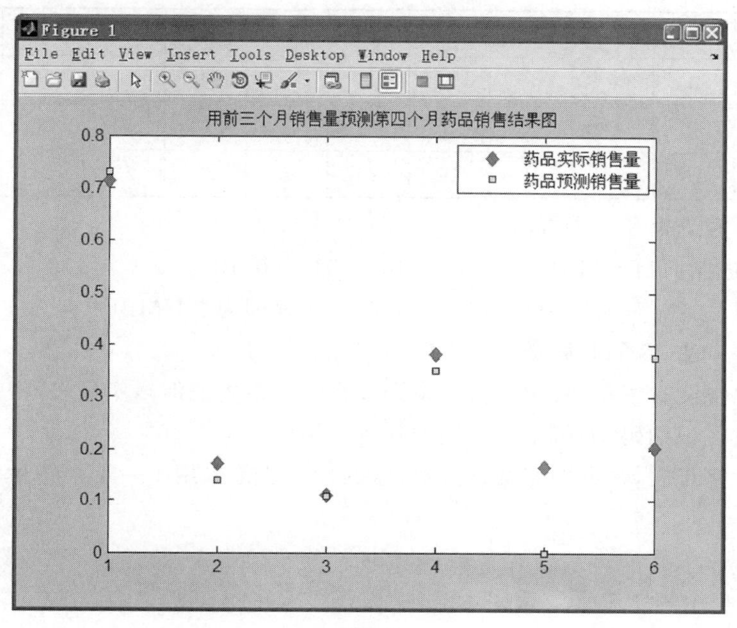

图 7-4

由对比图可以看出预测效果与实际存在一定误差，此误差可以通过增加运行步数和提高预设误差精度进一步减小。

7.5　密码的设计与破译

密码的设计和使用至少可追溯到 4000 多年前的埃及、巴比伦、罗马和希腊。在密码学中，信息代码被称为密码，加密前的信息被称为明文，经加密后表示的信息被称为密文，将明文转变成密文的过程被称为加密，反之称为解密，而用以加密、解密的方法或算法则被称为密码体制。

随着计算机与网络技术的迅猛发展，大量各具特色的密码体系不断涌现。离散数学、数论、计算复杂性、混沌等，许多相当高深的数学知识都被用上，逐步形成了（并继续迅速发展的）具有广泛应用的现代密码学。

1. 代替法

密码采用另一个字母表中的字母来代替明文中的字母，明文字母与密文字母保持一一对应关系，但采用的符号改变了。加密时，把明文换成密文，即将明文中的字母用密文字母表中对应位置上的字母取代。解密时，则把密文换成明文，即把密文中的字母用明文字母表中对应位置上的字母代回。

最常见的一种代替方法就是取字母表中的数字序号。A代表1,B代表2,C代表3,…(见表7-11)。

表7-11 明文字母的表值

A	B	C	D	E	F	G	H	I	J	K	L	M
1	2	3	4	5	6	7	8	9	10	11	12	13
N	O	P	Q	R	S	T	U	V	W	X	Y	Z
14	15	16	17	18	19	20	21	22	23	24	25	0

进制转换密码也是一种方法。

例如,二进制:1110 10101 1101 10 101 10010 1111 1110 101,转为十进制:14 21 13 2 5 18 15 14 5,对应字母表即为NUMBER。

还有倒序方法,有的时候必须考虑空格或标点符号等。

加密时通常要有密钥。常用一密钥单词或密钥短语生成混淆字母表。密钥单词或密钥短语可以存放在识别码、通行字或密钥的秘密表格中。

混合一个字母表,常见的有两种方法,这两种方法都采用了一个密钥单词或一个密钥短语。

方法1:

(1) 选择一个密钥单词或密钥短语,例如:CONSTRUCT;

(2) 去掉其中重复的字母,得:CONSTRU;

(3) 在修改后的密钥后面接上从标准字母表中去掉密钥中已有的字母后剩下的字母,得:

明文字母表:ABCDEFGHIJKLMNOPQRSTUVWXYZ

密文字母表:CONSTRUABDEFGHIJKLMPQVWXYZ

在设计密钥时,也可在明文字母表中选择一个特定字母,然后从该特定字母开始写密钥单词将密钥单词隐藏于其中。例如,对于上例,选取特定字母k,则可得:

明文字母表:ABCDEFGHIJKLMNOPQRSTUVWXYZ

密文字母表:KLMPQVWXYZCONSTRUABDEFGHIJ

方法2:

(1) 选择一个密钥单词或密钥短语,例如,CONSTRUCT;

(2) 去掉其中重复的字母,得:CONSTRU;

(3) 这些字母构成矩阵的第一行,矩阵的后续各行由标准字母表中去掉密钥单词的字母后剩下的字母构成;

(4) 将所得矩阵中的字母按列的顺序排出得:CUGMYOAHPZNBIQSDJVRTEKWRFLX。

按照此方法产生的字母表称为混淆字母表。

为增加保密性,在使用代替法时还可利用一些其他技巧,如单字母表对多字母表、单字母对多字母、多重代替等。

2. 移位密码体制

该密码器械是用一条窄长的草纸缠绕在一个直径确定的圆筒上，明文逐行横写在纸带上，当取下纸带时，字母的次序就被打乱了，消息得以隐蔽。接收方阅读消息时，要将纸带重新绕在直径与原来相同的圆筒上，才能看到正确的消息。在这里圆筒的直径起到了密钥的作用。

移位密码采用将字母表中的字母平移若干位的方法来构造密文字母表，传说这类方法是由古罗马皇帝凯撒最早使用的，故这种密文字母表被称为凯撒字母表。例如，如用将字母表向右平移 3 位的方法来构造密文字母表，可得：

明文字母表：ABCDEFGHIJKLMNOPQRSTUVWXYZ

密文字母表：DEFGHIJKLMNOPQRTSUVWXYZABC

因此"THANK YOU" → "WKDQN BRX"

为打破字母表中原有的顺序还可采用所谓路线加密法，即把明文字母表按某种既定的顺序安排在一个矩阵中，然后用另一种顺序选出矩阵中的字母来产生密文表。

例如，对明文："THE HISTORY OF ZJU IS MORE THAN ONE HUNDRED YEARS" 以 7 列矩阵表示如下：

THEHIST
ORYOFZJ
UISMORE
THANONE
HUNDRED
YEARS

再按事先约定的方式选出密文。例如，如按列选出，得到密文：

TOUTHYHRIHUEEYSANAHOMNDRIFOORSSZRNETJEED

使用不同的顺序进行编写和选择，可以得到各种不同的路线加密体制。对于同一明文消息矩阵，采用不同的抄写方式，得到的密文也是不同的。

代替法与移位法密码的破译：对窃听到的密文进行分析时，穷举法和统计法是最基本的破译方法。

穷举分析法就是对所有可能的密钥或明文进行逐一试探，直至试探到"正确"的为止。此方法需要事先知道密码体制或加密算法(但不知道密钥或加密具体办法)。破译时需将猜测到的明文和选定的密钥输入给算法，产生密文，再将该密文与窃听来的密文比较。如果相同，则认为该密钥就是所要求的，否则继续试探，直至破译。以英文字母为例，当已知对方在采用代替法加密时，如果使用穷举字母表来破译，那么对于最简单的一种使用"单字母表—单字母—单元"代替法加密的密码，字母表的可能情况有 26！种，可见，单纯地使用穷举法，在实际应用中几乎是行不通的，只能与其他方法结合使用。

统计法是根据统计资料进行猜测的。在一段足够长且非特别专门化的文章中，字母的使用频率是比较稳定的。

在上述两种加密方法中字母表中的字母是一一对应的，因此，在截获的密文中各字母出现的概率提供了重要的密钥信息。根据权威资料报道，可以将 26 个英文字母按其出现的频率大小较合理地分为五组：

(1) T,A,O,I,N,S,H,R;

(2) E;

(3) D,L;

(4) C,U,M,W,F,G,Y,P,B;

(5) V,K,J,X,Q,Z。

不仅单个字母以相当稳定的频率出现，相邻字母对和三字母对同样如此。按频率大小将双字母排列如下：

TH,HE,IN,ER,AN,RE,ED,ON,ES,ST,EN,AT,TO,NT,HA,
ND,OU,EA,NG,AS,OR,TI,IS,ER,IT,AR,TE,SE,HI,OF

使用最多的三字母按频率大小排列如下：

THE,ING,AND,HER,ERE,ENT,THA,NTH,WAS,ETH,FOR,DTH

频率分析方法：

(1) 首先单字频率确定 E,T 的范围；

(2) 然后使用双字频率；

(3) 如有可能还可以使用 3 字频率 THE。

3. 希尔密码

代替密码与移位密码的一个致命弱点是明文字符和密文字符有相同的使用频率，破译者可从统计出来的字符频率中找到规律，进而找出破译的突破口。要克服这一缺陷，提高保密程度就必须改变字符间的一一对应。

1929 年，希尔利用线性代数中的矩阵运算，打破了字符间的对应关系，设计了一种被称为希尔密码的代数密码。为了便于计算，希尔首先将字符变换成数。例如，对英文字母，我们可以作如下变换：

A:1　B:2　C:3　D:4　E:5　F:6　G:7　H:8　I:9　J:10
K:11　L:12　M:13　N:14　O:15　P:16　Q:17　R:18　S:19
T:20　U:21　V:22　W:23　X:24　Y:25　Z:0

将密文分成 n 个一组，用对应的数字代替，就变成了一个个 n 维向量。如果取定一个 n 阶的非奇异矩阵 $\boldsymbol{A}$(此矩阵为主要密钥)，用 $\boldsymbol{A}$ 去乘每一向量，即可起到加密的效果，解密也不麻烦，将密文也分成 n 个一组，同样变换成 n 维向量，只需用 $\boldsymbol{A}^{-}$ 去乘这些向量，即可将它们变回原先的明文。

由于除法可能出现分数以及要求限制数字在 0 ～ 25 之间，我们引进同余运算，当运算结果大于 26 或小于 1 的时候，我们希望把这个数值转为 0 ～ 25 的范围，那么取这个数除以 26 的余数即可。Mod 就是求余数的运算符，有时也用“%”表示。例如，32 Mod 26 = 6，或写成 32% 26 = 6，意思是 32 除以 26 的余数是 6。

例 4 明文为 HDSDSXX，$\boldsymbol{A}=\begin{pmatrix}1&2\\0&3\end{pmatrix}$，求这段明文的希尔密文。

解 将明文相邻文母每 2 个分为一组：

$$\text{HD}\quad \text{SD}\quad \text{SX}\quad \text{XX} \tag{7.1}$$

最后一个字母 X 为哑字母，无实际意义。按照每对字母的表值，并构造 2 维列向量：

$$\begin{pmatrix}8\\4\end{pmatrix},\begin{pmatrix}19\\4\end{pmatrix},\begin{pmatrix}19\\24\end{pmatrix},\begin{pmatrix}24\\24\end{pmatrix}。\tag{7.2}$$

将上述 4 个向量左乘矩阵 $\boldsymbol{A}$，得到 4 个 2 维列向量：

$$\begin{pmatrix}16\\12\end{pmatrix},\begin{pmatrix}27\\12\end{pmatrix},\begin{pmatrix}67\\72\end{pmatrix},\begin{pmatrix}72\\72\end{pmatrix}。\tag{7.3}$$

作模 26 运算（每个元素都加减 26 的整数倍，使其化为 $0\sim25$ 之间的一个整数）得到：

$$\begin{pmatrix}16\\12\end{pmatrix}(\bmod 26)=\begin{pmatrix}16\\12\end{pmatrix},\quad \begin{pmatrix}27\\12\end{pmatrix}(\bmod 26)=\begin{pmatrix}1\\12\end{pmatrix},$$
$$\begin{pmatrix}67\\72\end{pmatrix}(\bmod 26)=\begin{pmatrix}15\\20\end{pmatrix},\quad \begin{pmatrix}72\\72\end{pmatrix}(\bmod 26)=\begin{pmatrix}20\\20\end{pmatrix}。$$

按照字母与数字的对应，字母为：

$$\text{PL}\quad \text{AL}\quad \text{OT}\quad \text{TT} \tag{7.4}$$

这就得到了“HDSDSXX”（“华东师大数学系”的拼音缩写）的密文。

要将这段密文解密，只要将上述加密过程逆转回去，即将密文按同样方式分组，查它们的表值即得：

$$\begin{pmatrix}16\\12\end{pmatrix},\begin{pmatrix}1\\12\end{pmatrix},\begin{pmatrix}15\\20\end{pmatrix},\begin{pmatrix}20\\20\end{pmatrix}。\tag{7.5}$$

式(7.5)是前面的式(7.3)经过模 26 运算的结果。但如何由式(7.5)中的向量求得式(7.2)中的向量呢？这是在模运算意义下，如何解方程组

$$\boldsymbol{A\alpha}=\boldsymbol{\beta} \tag{7.6}$$

的问题。一个一般的 n 阶方阵可逆的充要条件为 $\det(\boldsymbol{A})\neq 0$. 但在模 26 意义下矩阵可逆与一般的矩阵可逆有所不同。

记整数集合 $Z_m=\{0,1,2,\cdots,m-1\}$，m 为一正整数，模 m 可逆定义如下：

定义 7.2 对于一个元素属于集合 Z_m 的 n 阶方阵 $\boldsymbol{A}$，若存在一个元素属于集合 Z_m 的方阵 $\boldsymbol{B}$，使得

$$\boldsymbol{AB}=\boldsymbol{BA}=\boldsymbol{E}(\bmod m),$$

称 $\boldsymbol{A}$ 为模 m 可逆，$\boldsymbol{B}$ 为 $\boldsymbol{A}$ 的模 m 逆矩阵，记为 $\boldsymbol{B}=\boldsymbol{A}^{-1}(\bmod m)$。

$\boldsymbol{E}(\bmod m)$ 的意义是，每一个元素减去 m 的整数倍后，可以化成单位矩阵。例如：

$$\begin{pmatrix}27&52\\26&53\end{pmatrix}(\bmod 26)=\boldsymbol{E}。$$

定义 7.3 对 Z_m 的一个整数 a，若存在 Z_m 的一个整数 b，使得 $ab=1(\bmod m)$，称

b 为 a 的模 m 倒数或乘法逆，记作 $b = a^{-1} \pmod{m}$。

可以证明，如果 a 与 m 无公共素数因子，则 a 有唯一的模 m 倒数(素数是指除了 1 与自身外，不能被其他非零整数整除的正整数)，反之亦然。例如，$3^{-1} = 9 \pmod{26}$。利用这点，可以证明下述命题：

命题 7.4　元素属于 Z_m 的方阵 $\boldsymbol{A}$ 模 m 可逆的充要条件是，m 和 $\det(\boldsymbol{A})$ 没有公共素数因子，即 m 和 $\det(\boldsymbol{A})$ 互素。

显然，所选加密矩阵必须符合该命题的条件。

例如，所选择的明文字母共 26 个，$m = 26$，26 的素数因子为 2 和 13，所以 Z_{26} 上的方阵 $\boldsymbol{A}$ 可逆的充要条件为 $\det(\boldsymbol{A}) \pmod{m}$ 不能被 2 和 13 整除。设 $\boldsymbol{A} = \begin{pmatrix} a & c \\ b & d \end{pmatrix}$，若 $\boldsymbol{A}$ 满足命题的条件，不难验证

$$\boldsymbol{A}^{-1} = (ad - bc)^{-1} \begin{pmatrix} d & -b \\ -c & a \end{pmatrix} \pmod{26},$$

其中，$(ad - bc)^{-1}$ 是 $(ad - bc) \pmod{26}$ 的倒数。

显然，$(ad - bc) \pmod{26}$ 是 Z_{26} 中的数。Z_{26} 中有模 26 倒数的整数及其倒数，见表 7-12：

表 7-12　模 26 倒数表

a	1	3	5	7	9	11	15	17	19	21	23	25
a^{-1}	1	9	21	15	3	19	7	23	11	5	17	25

利用表 7-11 可以演算出的 $\boldsymbol{A}^{-1} \pmod{26}$ 如下：

$$\begin{aligned} \boldsymbol{A}^{-1} \pmod{26} &= 3^{-1} \begin{pmatrix} 3 & -2 \\ 0 & 1 \end{pmatrix} \pmod{26} \\ &= 9 \begin{pmatrix} 3 & -2 \\ 0 & 1 \end{pmatrix} \pmod{26} \\ &= \begin{pmatrix} 27 & -18 \\ 0 & 9 \end{pmatrix} \pmod{26} \\ &= \begin{pmatrix} 1 & 8 \\ 0 & 9 \end{pmatrix} \pmod{26} = \boldsymbol{B} \pmod{26}。\end{aligned}$$

于是，可以简单地计算得到

$$\boldsymbol{B} * \begin{pmatrix} 16 \\ 12 \end{pmatrix} = \begin{pmatrix} 112 \\ 108 \end{pmatrix}, \quad \boldsymbol{B} * \begin{pmatrix} 1 \\ 12 \end{pmatrix} = \begin{pmatrix} 97 \\ 108 \end{pmatrix},$$

$$\boldsymbol{B} * \begin{pmatrix} 15 \\ 20 \end{pmatrix} = \begin{pmatrix} 175 \\ 180 \end{pmatrix}, \quad \boldsymbol{B} * \begin{pmatrix} 20 \\ 20 \end{pmatrix} = \begin{pmatrix} 180 \\ 180 \end{pmatrix},$$

再进行模 26 运算后得到

$$\begin{pmatrix} 8 \\ 4 \end{pmatrix}, \begin{pmatrix} 19 \\ 4 \end{pmatrix}, \begin{pmatrix} 19 \\ 24 \end{pmatrix}, \begin{pmatrix} 24 \\ 24 \end{pmatrix}。$$

即得到明文:HD　SD　SX　XX。

希尔密码是以矩阵法为基础的,明文与密文的对应由 n 阶矩阵 $\mathbf{A}$ 确定。密码体系为破译者设置了多道关口,加大了破译难度。破译密码时,解密必需用到的钥匙未必能取得,破译密码的一方需要依据密文的长度,文字的本身特征,以及行文习惯等各方面的信息进行破译。破译密码虽然需要技术,但更加重要的是"猜测"的艺术。"猜测"的成功与否直接决定着破译的结果。

4. RSA 密钥公开密码

加密方式分为对称和非对称密钥算法。所谓对称密钥算法就是加密解密都使用相同的密钥,非对称密钥算法就是加密解密使用不同的密钥。非常著名 RSA 加密方法就是非对称加密算法。1978 年,数学家吕韦斯特(Rivest)、沙米尔(Shamir)和阿德尔曼(Adleman)创造了这种密码,他们使用的密钥即使向对方公开,对方也难以破译。

RSA 加密算法使用了两个非常大的素数来产生公钥和私钥。从一个公钥中通过因数分解可以得到私钥,但这个运算所包含的计算量是非常巨大的,以至于在现实中是不可行的。加密算法本身也是很慢的,这使得使用 RSA 算法加密大量的数据变得有些不可行。

第 8 章 数值分析工具

数值分析涉及现代科学计算中常用的数值计算方法及其基本原理，研究并解决数值问题的近似解，是数学理论与计算机和实际问题的有机结合。在数学建模过程中，无论是模型的建立还是求解都要用到数值分析中所涉及的算法，如插值法、数值微积分、最小二乘拟合以及非线性方程(组)求解等，本章的主要内容就是介绍这些算法及相应的软件实现。

8.1 多项式插值

插值法是函数逼近的一种重要方法，是数值计算的基本课题。本节讨论整体多项式插值和分段多项式插值。整体多项式插值是指给定 $n+1$ 个不同的点，构造一个次数不超过 n 次的多项式，要求此多项式要通过这 $n+1$ 个点。理论上可以通过解方程组得到所求多项式，但遗憾的是该方程组在 n 较大的情况下往往是严重病态的，那么解决的方法之一是分段多项式插值。

8.1.1 整体多项式插值

定义 8.1 设函数 $y=f(x)$ 在区间 $[a,b]$ 上有定义，已知它在 $n+1$ 个互异的点 $a\leqslant x_0<x_1<\cdots<x_n\leqslant b$ 的函数值为 $y_0,y_1,\cdots,y_n$。若存在一个次数不超过 n 次的多项式 $p_n(x)=a_0+a_1x+\cdots+a_nx^n$ 满足条件

$$p_n(x_i)=y_i,i=0,1,\cdots,n, \tag{8.1}$$

则称 $p_n(x)$ 为函数 $f(x)$ 的 n 次**插值多项式**，而 $x_i(i=0,1,\cdots,n)$ 称为**插值节点**。

可以证明满足式(8.1)的多项式是唯一的(请读者自己证明)。图 8-1 给出了整体多项式插值的几何意义。即 $p_n(x)$ 所代表曲线经过已知的 $n+1$ 个点 (x_i,y_i)。

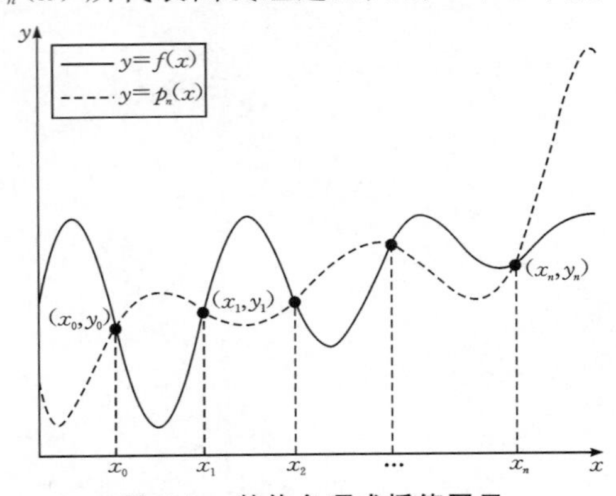

图 8-1 整体多项式插值图示

8.1.2　分段多项式插值

按照通常的理解，插值节点的个数越多，$p_n(x)$ 似乎应该越接近 $f(x)$，即 $\max\limits_{x\in[a,b]}|f(x)-p_n(x)|$ 越小。然而事实并非如此，我们来看一个例子。

例 1　对于函数 $f(x)=\dfrac{1}{1+x^2}$ 在区间[−5,5]上分别做2次、5次、10次整体多项式插值，插值节点选为 $x_i=-5+\dfrac{10i}{n}$，$i=0,1,\cdots,n$，即等距节点插值，观察各自的误差，见图8-2。

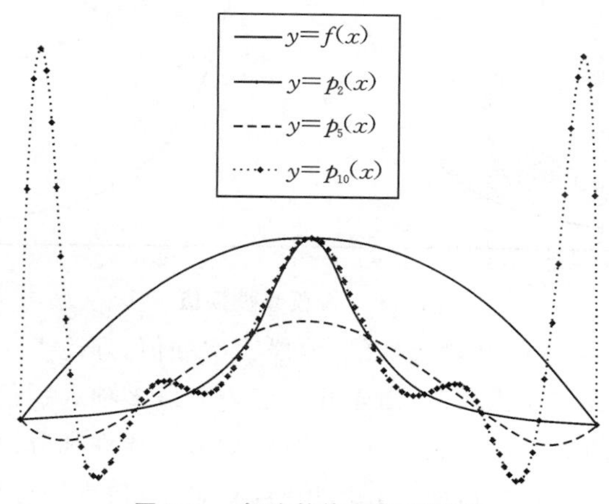

图 8-2　各阶整体多项式插值

我们发现在[−5,5]上，若插值节点取得较少，如 $n=2$ 时，精度很低，但节点数增加后，如 $n=10$ 时，只在区间的中心部分精度提高。当 $x=\pm4.8$ 时，准确值 $f(x)=0.04160$，而 $p_{10}(x)=1.800438$，在这一点误差达到约1.758838。事实上可以证明，当 $n\to+\infty$ 时，$p_n(x)$ 只在 $|x|\leqslant 3.63$ 内收敛到 $f(x)$，而在此区域外则会产生严重的振荡。这种在等距节点条件下高次整体插值出现震荡的现象称为龙格(Runge)现象。

龙格现象的产生有两个原因。第一，插值节点是等距的；第二，插值多项式的次数过高。所以要克服龙格现象也有相应的两种办法，第一种解决办法是合理地选择插值节点，如选择高斯(Gauss)点，这种方式超出了我们本书的讨论范围，有兴趣的读者可以参考任何一本数值分析方面的书籍；第二种解决办法就是不采用整体多项式插值，而是把整个区间[a,b]分成很多小区间，然后在每一个小区间上进行低次的整体多项式插值。这种方式就是分段多项式插值。

例 2　分段线性插值：将两个相邻节点用直线连起来，如此形成的一条折线就是分段线性插值函数的折线，其对应的函数记作 $I_n(x)$，它满足 $I_n(x_i)=y_i$，且 $I_n(x)$ 在每一个小区间[x_i,x_{i+1}]($i=0,1,\cdots,n-1$)上是线性函数。记小区间的长度为 $h_i=x_{i+1}-x_i$，$i=0,1,\cdots,n-1$，而 $h=\max\limits_i h_i$，这里插值节点可以是等距的，也可以不是。容易证明对于

$x \in [a,b]$,有$\lim\limits_{h \to 0} I_n(x) = f(x)$。对于例 1 中的函数 $f(x) = \dfrac{1}{1+x^2}$,分段线性插值 $I_{10}(x)$ 就已经很接近它了,见图 8-3。

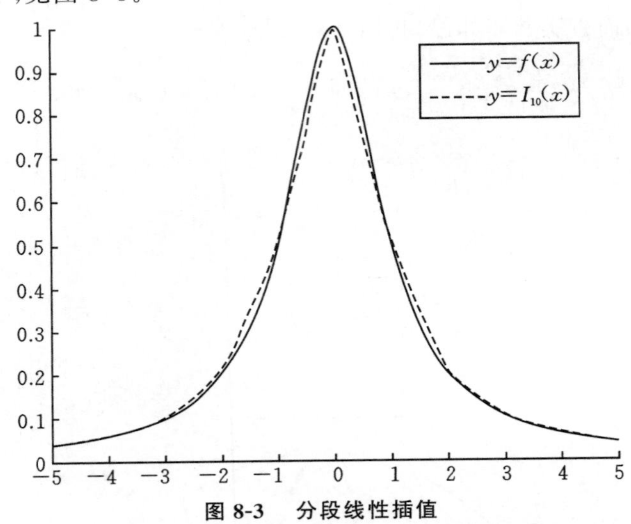

图 8-3　分段线性插值

类似地我们可以定义分段抛物线插值、分段三次插值,理论上可以定义分段 n 次多项式插值,我们统称为分段多项式插值。由于我们引入分段多项式插值的目的就是避免使用高次插值,所以较常用的是分段低次多项式插值,如分段线性和分段抛物线插值。

分段低次插值有明显的优点,如公式简单、运算量小、稳定性好以及收敛性有保证。然而它也有其固有的缺点,就是在小区间端点处不可导。解决此问题的一种方法是采用三次样条插值。

8.1.3　三次样条插值

早期工程师制图时,把富有弹性的细长木条(所谓样条)用压铁固定在样点上,在其他地方让它自由弯曲,然后沿木条画下曲线,成为样条曲线。而三次样条插值(或称 Spline 插值)则是通过一系列已知节点的一条光滑曲线。

定义 8.2　设函数 $y = f(x)$ 在区间$[a,b]$上充分光滑,已知它在 $n+1$ 个互异的点 $a \leqslant x_0 < x_1 < \cdots < x_n \leqslant b$ 的函数值为 $y_0, y_1, \cdots, y_n$。若存在函数 $y = S(x)$ 满足条件:

(1) 整体光滑性:$S(x)$ 在区间$[a,b]$上二次连续可微;

(2) 插值条件:$S(x_i) = y_i, i = 0,1,\cdots,n$;

(3) 分段三次:$S(x)$ 在每一个小区间$[x_i, x_{i+1}]$上都是三次多项式;

则称 $S(x)$ 是 $y = f(x)$ 在$[a,b]$上的**三次样条插值函数**。

我们通过比较三次样条插值的三个条件和样条曲线的定义来给出前者较直观的解释,首先定义 8.2 中的条件(1)整体光滑性事实上就是对应了细长木条本身是光滑的性质;条件(2)则对应细长木条被压铁固定在样点上;最后条件(3)分段三次则是我们附加的条件。

由条件(3)，不妨设 $S(x)$ 在每一个小区间 $[x_i, x_{i+1}]$ 上的表达式为

$$S(x) = S_i(x) = a_i x^3 + b_i x^2 + c_i x + d_i,$$

其中 a_i, b_i, c_i, d_i 为待定系数，共 $4n$ 个。由条件(1)可知

$$\begin{cases} S_i(x_{i+1}) = S_{i+1}(x_{i+1}), \\ S_i'(x_{i+1}^-) = S_{i+1}'(x_{i+1}^+), i = 0,1,\cdots,n-2, \\ S_i''(x_{i+1}^-) = S_{i+1}''(x_{i+1}^+)。 \end{cases}$$

此式与条件(2)共有 $4n-2$ 个方程，为确定 $S(x)$ 的 $4n$ 个待定系数，还需要两个条件。在实际应用中通常有以下三种类型的端点条件作为附加条件：

第一类：给定两端点的一阶导数值 $S'(x_0^+)$ 和 $S'(x_n^-)$；

第二类：给定两端点的二阶导数值 $S''(x_0^+)$ 和 $S''(x_n^-)$，其中最常用的是所谓的自然边界条件：

$$S''(x_0^+) = S''(x_n^-) = 0;$$

第三类：对于周期为 $b-a$ 的函数，即两端点已经满足 $S(x_0) = S(x_n)$ 时，令它们的一阶导数及二阶导数分别相等，即 $S'(x_0^+) = S'(x_n^-)$，$S''(x_0^+) = S''(x_n^-)$，称为周期条件。

对于第三类，看似增加了三个条件，然而 $S(x_0) = S(x_n)$ 却减少了条件(2)中的一个方程，所以从总体上来讲，条件一共还是 $4n$ 个。

可以证明，对于 $x \in [a,b]$，有

$$\lim_{h\to 0} S^{(k)}(x) = f^{(k)}(x), k = 0,1,2。$$

这说明当小区间的长度趋向于0的时候，$S(x)$ 收敛到 $f(x)$，$S'(x)$ 收敛到 $f'(x)$，$S''(x)$ 收敛到 $f''(x)$。对于例 1 中的函数 $f(x) = \dfrac{1}{1+x^2}$，图 8-4 给出了 $n = 10$ 时等距节点情况下的三次样条插值。从图中可以看出三次样条插值和原函数非常接近，几乎分辨不出来。

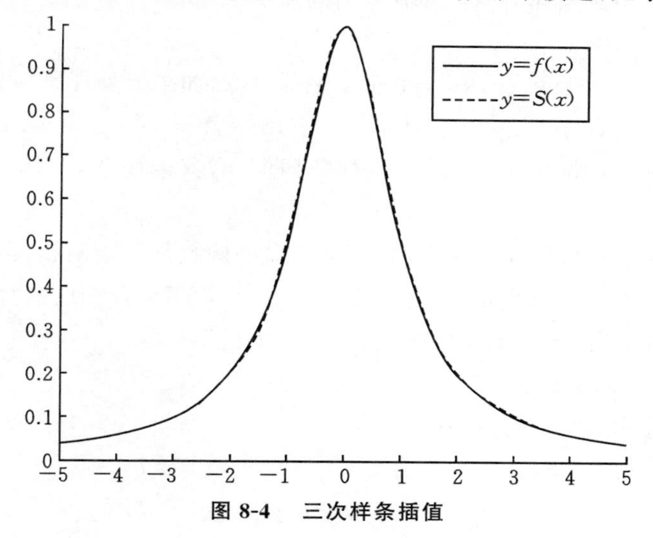

图 8-4　三次样条插值

8.1.4 Matlab 实现

对于整体多项式插值,我们可以采用命令

```
a = polyfit(x0,y0,n);
```

其中 x_0,y_0 为节点数组(同长度),n 为插值多项式的次数,等于 x_0(或 y_0)数组的长度减去1。这个命令事实上是 8.3 节中多项式拟合的内容,所以具体的解释留至那里。

分段低次多项式插值和三次样条插值所用到的命令是同一个,只是选择的参数不一样。对于一维插值,Matlab 中的命令为

```
y = interp1(x0,y0,x,'method');
```

其中 x_0,y_0 为节点数组(同长度),x 为插值点数组,y 为插值点数组。'method'表示采用的插值方法,'linear'表示分段线性插值,'spline'表示三次样条插值,除此之外还有'nearest'、'pchip'和'cubic'等选项,具体表达的含义请参考 Matlab 帮助文档。

例 3 在 1 ~ 12 的 11 小时内,每隔 1 小时测量一次温度,测得的温度依次为:6,7,9,14,26,29,30,28,22,23,25,24。试估计每隔 0.1 小时的温度值。

Matlab 软件包中程序如下:

```
hours = 1:12;
temperature = [6,7,9,14,26,29,30,28,22,23,25,24];
time = 1:0.1:12;
t = interp1(hours,temperature,time,'spline');
plot(hours,temperature,'+',time,t,'o')
```

细心的读者可能会问这样一个问题:三次样条插值的端点条件有三类,那么命令 y = interp1(x0,y0,x,'spline') 到底代表哪一类呢?答案是:默认的端点条件是自然边界条件 $S''(x_0^+) = S''(x_n^-) = 0$。由此引出另外的问题,如果要表示其他的端点条件,我们应该如何做?事实上 Matlab 中对于样条插值还有专门的命令

```
y = spline(x0,y0,x);
```

这个命令和 y = interp1(x0,y0,x,'spline') 是等价的,如果要处理第一类端点条件,只需将输入数组 y0 改为 yy0 = [a y0 b],其中 a = $S'(x_0^+)$,b = $S'(x_n^-)$。Matlab 还提供了内部函数 csape 来处理各类端点条件下的三次样条插值,有兴趣的读者可以参考相应的帮助文档。

前面我们讨论的插值属于一维插值,即被插值的函数是一元函数。类似地可以讨论二维插值,限于篇幅,本书只给出定义以及 Matlab 命令,而不涉及相应的数学理论。

对于二维插值,所给数据类型的不同,实现方式也不一样。

1. 规则网格节点的二维插值

已知 $m \times n$ 个节点$(x_i, y_j, z_{ij})(i = 1,2,\cdots,m; j = 1,2,\cdots,n)$,不妨设

$$a = x_1 < x_2 < \cdots < x_m = b,$$
$$c = y_1 < y_2 < \cdots < y_n = d,$$

如图 8-5，构造一个二元函数 $z=f(x,y)$，使得 $f(x_i,y_j)=z_{ij}(i=0,1,\cdots,m;j=0,1,\cdots,n)$，再利用 $f(x,y)$ 计算插值。若 $x_0=[x_1,x_2,\cdots,x_m]$，$y_0=[y_1,y_2,\cdots,y_n]$，被插值节点为 (x_i,y_i)，则 Matlab 中的调用格式为

zi = interp2(x0,y0,z0,xi,yi,'method')，

注意，这里要求 x_0，y_0 单调；x_i，y_i 可取为矩阵，或 x_i 取为行向量而 y_i 取为列向量，或 x_i 取为列向量而 y_i 取为行向量，x_i，y_i 的值分别不能超出 x_0，y_0 的范围。'method'表示采用的插值方法，与一维插值含义类似。

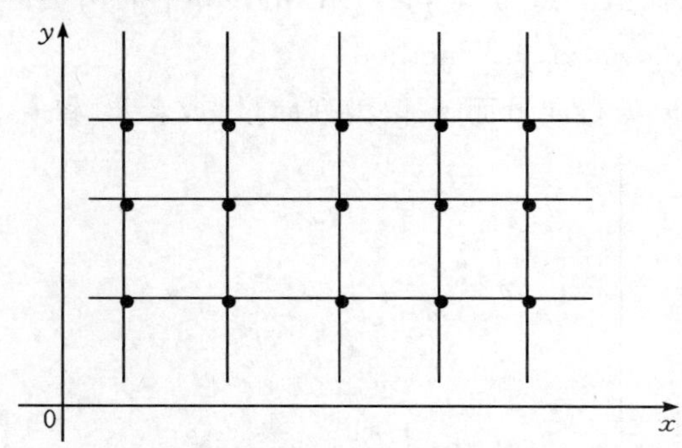

图 8-5　规则网格节点

例 4　测得平板表面网格点处的温度分别见表 8-1。

表 8-1　温度表

y \ x	1	2	3	4	5
1	150	180	192	230	206
2	132	165	188	218	189
3	123	143	169	198	187
4	148	191	130	180	165

试作出平板表面的温度分布曲面 $z=f(x,y)$ 的图形。

Matlab 软件包中程序如下：

```
x = 1:5;
y = 1:4;
z = [150 180 192 230 206;
    132 165 188 218 189;
    123 143 169 198 187;
    148 191 130 180 165];
xi = 1:0.1:5;
yi = 1:0.1:4;
```

```
zi = interp2(x,y,z,xi',yi,'linear');
mesh(xi,yi,zi);
```

运行即可得温度分布曲面的图形。

2. 散点数据的二维插值

已知 n 个节点 $(x_i,y_i,z_i)(i=1,2,\cdots,n)$，如图 8-6，构造一个二元函数 $z=f(x,y)$，使得 $f(x_i,y_i)=z_i(i=0,1,\cdots,n)$，再利用 $f(x,y)$ 计算插值。若 $x_0=[x_1,x_2,\cdots,x_n]$，$y_0=[y_1,y_2,\cdots,y_n]$，被插值节点为 (x_i,y_i)，则 Matlab 中的调用格式为

```
zi = griddata(x0,y0,z0,xi,yi,'method')
```

注意，这里要求 $\boldsymbol{x}_i$ 取为行向量而 $\boldsymbol{y}_i$ 取为列向量，或者 $\boldsymbol{x}_i$ 和 $\boldsymbol{y}_i$ 取维数相同的矩阵。

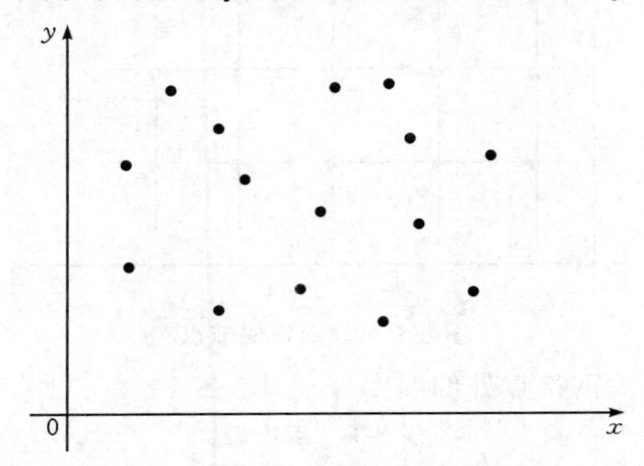

图 8-6 散点图

例 5 在某海域测得一些点 (x,y) 处的水深 z 由表 8-2 给出，船的吃水深度为 5 英尺，估计在矩形区域 $(70,200)\times(-80,150)$ 里的哪些地方船要避免进入。

用插值方法作海底曲面图。作出水深小于 5 的海域范围，即 $z=5$ 的等高线。

表 8-2 水深表

x	128	135	105	90	105	180	190	160	120	170	160	75	110	160
y	7	142	29	140	90	21	150	80	−40	85	−70	10	−80	−10
z	4	8	8	8	8	6	8	4	9	4	9	8	9	9

Matlab 软件包中的程序如下：

```
x = [128 135 105 90 105 180 190 160 120 170 160 75 110 160];
y = [7 142 29 140 95 21 150 80 -40 85 -70 10 -80 -10];
z = [4 8 8 8 8 6 8 4 9 4 9 8 9 9];
cx = 70:200;
cy =-80:150;
cz = griddata(x,y,z,cx',cy,'linear');
contour(cx,cy,cz,[5,5])
```

运行程序即可。

Matlab 还给出了高维插值函数 interp N( )，其中 N 可以为 2,3,…。限于篇幅，此处不再赘述。

8.2　数值微积分

微分和积分是大家比较熟悉的运算，数学建模也经常需要求给定函数或者给定数据的微积分问题。在 8.2.1 小节我们先讨论 Matlab 软件中求微积分问题的符号运算方法，这类方法求出来的结果都是解析的，或者说是精确的，当然有的情况下符号运算也无能为力，就只好借助数值分析中的数值方法来近似求微分或者积分，这是 8.2.2 和 8.2.3 小节的内容。

8.2.1　Matlab 中求微积分的符号运算方法

如果函数 $f(x)$ 的表达式已知，那么在 Matlab 中通过命令 diff 和 int 可以分别求出函数的导数以及积分。

1. diff( ) 函数

diff( ) 函数的调用格式为：

求导：y = diff(fun,x)，求 n 阶导数：y = diff(fun,x,n)。

其中，fun 为给定函数，x 为自变量，这两个变量均应该是符号型的，n 为导数的阶次，若省略 n 则将自动求取一阶导数。

例 6　给定函数 $f(x)=\dfrac{\tan x}{(x^2+e^x)\sin(x)}$，求 $\dfrac{d^2 f(x)}{dx^2}$。

程序如下：

```
syms x;
f = tan(x)/(x^2 + exp(x))/(sin(x));
y = diff(f,2)
```

diff( ) 函数还可以计算带参数函数的导数，如：

例 7　给定函数 $f(x)=xe^{ax}\sin(ax)$，求 $\dfrac{df(x)}{dx}$。

程序如下：

```
syms x a;
f = x * exp(a * x) * sin(a * x);
y = diff(f,x)
```

结果为 $f(x)=e^{ax}\sin(ax)+axe^{ax}\sin(ax)+axe^{ax}\cos(ax)$。

如果要求多元函数的偏导数，用 diff( ) 函数也很方便。

例 8　给定函数 $f(x,y,z)=(x^2-2x+yz)e^{(-x^2-y^2-xy+z^2)}$，求 $\dfrac{\partial^4 f(x)}{\partial x\,\partial y^2\,\partial z}$。

程序如下：

```
syms x y z;
f = (x^2 - 2 * x + y * z) * exp(- x^2 - y^2 - x * y + z^2);
df = diff(diff(diff(f,x,1),y,2),z);
df = simple(df)
```

最后一行我们用了函数 simple,这是用来简化我们计算的结果。

2. int( )函数

int( )函数的调用格式为：

求不定积分：y = int(fun,x),求定积分：y = int(fun,x,a,b)。

例 9 求不定积分$\int x^2\cos(ax)\,dx$。

程序如下：

```
syms a x;
f = x^2 * cos(a * x);
y = int(f,x);
diff(y,x) - f
```

最后一行是证明我们所求的结果是正确的。

例 10 求定积分$\int_a^b x\sin(cx)\,dx$。

程序如下：

```
syms a b c x;
f = x * sin(c * x);
y = int(f,x,a,b)
```

例 11 求$\int x\sin(x^4)e^{\frac{x^2}{2}}\,dx$。

程序如下：

```
syms x;
f = x * sin(x^4) * exp(x^2/2);
y = int(f,x)
Warning:Explicit integral could not be found.
In sym.int at 58
```

这说明 Matlab 没有找到显示的积分表达式。

例 12 求$\int_0^1 x\sin(x^4)e^{\frac{x^2}{2}}\,dx$。

程序如下：

```
syms x;
f = x * sin(x^4) * exp(x^2/2);
```

```
y = int(f,x,0,1)
Warning:Explicit integral could not be found.
In sym.int at 58
```

命令 int 计算不出函数 $x\sin(x^4)e^{\frac{x^2}{2}}$ 的定积分，但是我们知道 $\int_0^1 x\sin(x^4)e^{\frac{x^2}{2}}dx$ 一定是存在的，因为函数 $x\sin(x^4)e^{\frac{x^2}{2}}$ 是连续函数。这说明 int 函数并不是万能的，有的时候还需要借助数值分析工具来求解函数的定积分。

8.2.2　数值积分

数值积分的基本思想是先对被积函数 $f(x)$ 做多项式插值 $p(x)$，然后对 $p(x)$ 做积分来近似 $f(x)$ 的积分，所以读者阅读本小节的时候可以对照 8.1 节来阅读。假设我们需要得到

$$I=\int_a^b f(x)dx。$$

1. 整体数值积分

即在区间 $[a,b]$ 上对 $f(x)$ 做整体插值多项式，然后再对整体多项式进行积分，几个常用的公式如下：

(1) 对 $f(x)$ 做整体线性插值，得到(整体) 梯形公式：

$$I\approx T=\frac{b-a}{2}[f(a)+f(b)];$$

(2) 对 $f(x)$ 做整体二次插值，得到(整体) 辛普森公式：

$$I\approx S=\frac{b-a}{6}\left[f(a)+4f\left(\frac{a+b}{2}\right)+f(b)\right]。$$

其中梯形公式和辛普森公式的几何意义分别见图 8-7 和图 8-8。

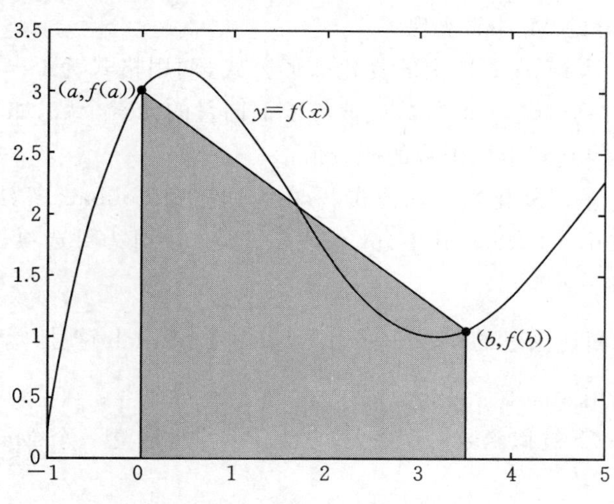

图 8-7　梯形公式的几何意义

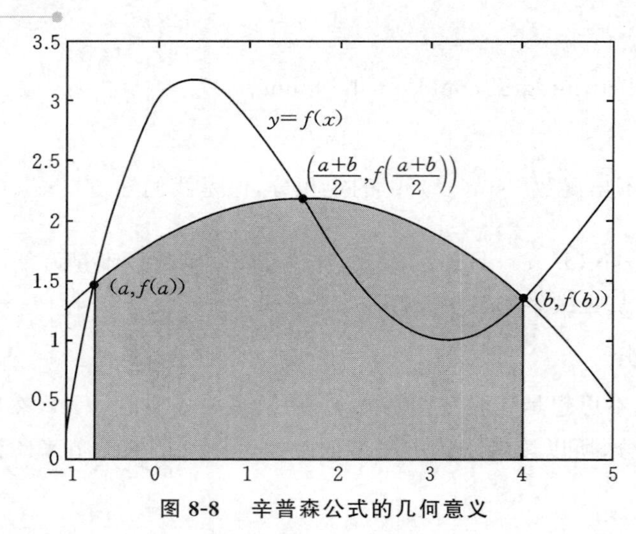

图 8-8　辛普森公式的几何意义

2. 复化数值积分

即先把整个区间$[a,b]$分成很多小区间，对 $f(x)$ 做分段插值多项式，然后再对其进行积分。不妨设 $h=\frac{b-a}{n}$，$x_k=a+kh$，$k=0,1,\cdots,n$，几个常用的公式如下：

(1) 对 $f(x)$ 做分段线性插值，得到复化梯形公式：

$$I\approx T_n=\frac{h}{2}\left[f(a)+2\sum_{k=1}^{n-1}f(x_k)+f(b)\right];$$

(2) 对 $f(x)$ 做分段二次插值，得到复化辛普森公式：

$$I\approx S_n=\frac{h}{6}\left[f(a)+4\sum_{k=0}^{n-1}f(x_{k+\frac{1}{2}})+2\sum_{k=0}^{n-1}f(x_{k+1})+f(b)\right]。$$

请读者注意，这里我们假设区间$[a,b]$等分成小区间。事实上，在不等分的情况下上述复化数值积分公式可类似给出。

3. 复化数值积分的 Matlab 实现

函数 trapz(　) 是 Matlab 提供的复化梯形公式，调用格式为 I = trapz(x,y)，其中，**x** 可以为行向量或者列向量，**y** 的行数应该等于 **x** 向量的元素个数。如果 **y** 由多列矩阵给出，则用该函数可以得到若干个函数的积分值。

函数 quadl(　) 基于复化辛普森公式，采用自适应变 Lobbato 算法来求定积分，调用格式为 y = quadl(fun,a,b,tol)，其中 fun 代表被积函数，tol 为可选项，代表用户指定的误差限，默认取值为 1e－6。

例 13　考虑前面讨论过的$\int_0^1 x\sin(x^4)e^{\frac{x^2}{2}}dx$，由于 Matlab 符号计算函数 int(　) 没有给出结果，这里我们用 quadl(　) 函数来求解。

首先我们描述一下被积函数，有三种方法，第一种是建立一个 Matlab 函数并将其存成文件，其程序为：

```
function y = myfun(x)
```

y = x. * sin(x. ^4). * exp(x. ^2/2);

可将其存入一个名为 opt_myfun 的 M-文件。

第二种方法是建立匿名函数,其格式为:

f = @(x)x. * sin(x. ^4). * exp(x. ^2/2);

这种方法的优点是可以动态地描述需要求解的问题,无需建立一个单独的文件。

第三种方法是用 inline( ) 函数定义被积函数,其格式为:

f = inline('x. * sin(x. ^4). * exp(x. ^2/2)','x');

定义了被积函数,就可以调用 quadl(f,0,1) 求出定积分的值为 0.22572955677525,注意这里误差为默认取值 1e − 6,如果想得到更高精度的积分值,我们可以人为设置精度,如 quadl(f,0,1,1e − 10),结果为 0.22572955677411。

quadl( ) 函数只能用于求有限区间的积分,如果积分限趋于无穷,或者积分区间包含复数,则用 quadl( ) 函数效果甚差。Matlab 2007b 版本提供的基于高斯-克龙罗德(Gauss-Kronrod) 算法实现的数值积分函数 quadgk 可以成功解决这样的广义积分问题,其调用格式与 quadl( ) 函数几乎完全一致。

例 14　求无穷积分$\int_0^{\infty} e^{-x^2} dx$。

程序如下:

f = @(x)exp(− x. ^2);

I = quadgk(f,0,inf)

结果为0.886226925452758,与理论值$\int_0^{\infty} e^{-x^2} dx = \frac{\sqrt{\pi}}{2} \approx 0.886226925452758013$相当接近。

例 15　求复数积分$\int_1^{3+2i} (4+3i)xe^{-x^2+ix} dx$。

可由如下语句直接求出:

i = sqrt(− 1);f = @(x)(4 + 3 * i) * x. * exp(x. ^2 + i * x);

I = quadgk(f,1,3 + 2i)

由于结果较为复杂,在此不列出,有兴趣的读者可以采用之前介绍过的符号计算函数 int( ) 来加以验证,语句如下:

syms x;

f = (4 + 3i) * x * exp(x^2 + i * x);

int(f,1,3 + 2i)

以上介绍的均为一重积分,关于双重积分以及多重积分,请大家参考相关书籍。

8.2.3　数值微分

数值微分就是用函数值的线性组合近似函数在某点的导数值。

按导数定义,$f'(x_0)$ 是差商$\frac{f(x_0+\Delta x) - f(x_0)}{\Delta x}$在 $\Delta x \to 0$ 时的极限,如果取差商作为导数的近似值,则可以建立简单的数值微分方法。设 $h > 0$,称为步长,向前差商近似导数：

$$f'(x_0) \approx \frac{f(x_0+h)-f(x_0)}{h},$$

向后差商近似导数：

$$f'(x_0) \approx \frac{f(x_0)-f(x_0-h)}{h},$$

中心差商近似导数：

$$f'(x_0) \approx \frac{f(x_0+h)-f(x_0-h)}{2h}。$$

易知向前和向后差商近似导数的误差为 $O(h)$，而中心差商近似导数的误差为 $O(h^2)$，事实上，它是前两种方法的算术平均。要得到更高精度的数值微分公式，一般来说需要用到更多的点，如下公式给出了精度为 $O(h^4)$ 的数值微分公式，可以求函数的一阶至四阶数值微分。

$$f'(x_0) \approx \frac{-f(x_0+2h)+8f(x_0+h)-8f(x_0-h)+f(x-2h)}{12h},$$

$$f''(x_0) \approx \frac{-f(x_0+2h)+16f(x_0+h)-30f(x_0)+16f(x_0-h)-f(x-2h)}{12h^2},$$

$$f'''(x_0) \approx \frac{-f(x_0+3h)+8f(x_0+2h)-13f(x_0+h)+13f(x_0-h)-8f(x-2h)+f(x-3h)}{8h^3},$$

$$f^{(4)}(x_0) \approx \frac{-f(x_0+3h)+12f(x_0+2h)-39f(x_0+h)+56f(x_0)-39f(x_0-h)+12f(x-2h)-f(x-3h)}{6h^4}。$$

8.3 最小二乘拟合

定义 8.3 已知一组数据，即平面上 n 个点 $(x_i, y_i)(i=1,2,\cdots,n)$。若存在一个拟合函数 $y=f(x)$ 使 $f(x_i)$ 与 y_i 的误差平方和最小，则称 $f(x)$ 为这组数据的最小二乘拟合函数。

按照定义，我们知道最小二乘法是求 $y=f(x)$，使得 $\delta=\sum_{i=1}^{n}\delta_i^2=\sum_{i=1}^{n}[f(x_i)-y_i]^2$ 达到最小。接下来的问题就是选择什么样的函数 $f(x)$。一是根据机理分析来确定函数形式，二是根据散点图直观判断函数 $f(x)$ 的形式。要比较两个模型哪个拟合效果更好，则比较两个模型对于已知数据的残差平方和，残差平方和较小的拟合效果更好。设 $\hat{y}_i$ 为拟合函数的值，则残差平方和定义为 $\sum_i (y_i-\hat{y}_i)^2$。

8.3.1 多项式最小二乘法

拟合时选用多项式形式的拟合函数，可由一些简单的“基函数”(例如幂函数、三角函数等) $\varphi_0(x), \varphi_1(x), \cdots, \varphi_m(x)$ 来线性表示：

$$f(x)=c_0\varphi_0(x)+c_1\varphi_1(x)+\cdots+c_m\varphi_m(x)。$$

现在要确定系数 $c_0,c_1,\cdots,c_m$，使得 δ 达到最小。为此，将 $f(x)$ 的表达式代入 δ 中，δ 就成为 $c_0,c_1,\cdots,c_m$ 的函数，令 δ 对 $c_i(i=0,1,\cdots,m)$ 的偏导数等于零，于是得到 $m+1$ 个方程组，由此求出 $c_i(i=0,1,\cdots,m)$，进而确定 $f(x)$。若选择幂函数作为基函数，我们称为代数多项式最小二乘拟合，如果是三角函数则称为三角多项式最小二乘拟合。

8.3.2 非线性最小二乘法

有的时候，数据的变化趋势并不是如上所述的多项式类型，采用非线性最小二乘法会更合适。

例 16 用表 8-3 中的数据拟合 $c(t)=a+be^{0.1kt}$ 中的参数 a,b,k。

表 8-3

t_i	1	2	3	4	5	6	7	8	9	10
c_i	5.05	4.93	5.40	5.53	5.59	6.18	6.42	6.43	6.75	6.93

这个非线性最小二乘问题是要求 a,b,k 使得 $\sum_{i=1}^{10}[a+be^{0.1kt_i}-c_i]^2$ 最小，具体实现见下节。

8.3.3 Matlab 实现

如果我们在多项式空间去寻找最小二乘函数，即“基函数”$\varphi_0(x),\varphi_1(x),\cdots,\varphi_m(x)$ 取为 $1,x,x^2,\cdots,x^m$，而 $f(x)=c_0+c_1x+\cdots+c_mx^m$，此时最小二乘函数的系数 $c_i(i=0,1,\cdots,m)$ 可由如下函数确定

```
c = polyfit(x,y,m)
```

其中，$\boldsymbol{c}=[c_m,c_{m-1},\cdots,c_1,c_0]'$。读者可能还记得在8.1节的讨论中，对于整体多项式插值，我们也采用命令 polyfit(x,y,n)，这涉及插值和拟合的联系。事实上插值法要求插值函数通过所有的已知数据点，而最小二乘拟合虽要求最佳地拟合数据，但不必要经过任何数据点。如果最小二乘拟合的残差平方和恰好等于零，即最小二乘拟合函数通过所有的已知数据点，这时候最小二乘拟合就变成了插值，所以插值是最小二乘拟合的一种特殊情况。

对于非线性最小二乘，Matlab 提供了两种函数去实现：lsqcurvefit 和 lsqnonlin，我们只介绍前者，后者的功能与前者一样，具体用法也类似。下面我们通过求解例 16 来具体介绍 lsqcurvefit 的用法。

首先编写 M-文件：

```
function f = myfun(x,tdata)
f = x(1) + x(2) * exp(0.01 * x(3) * tdata)   % 其中 x(1) = a;x(2) = b;x(3) = k;
```

然后在命令行输入：

```
tdata = 1:10;
cdata = [5.05 4.93 5.40 5.53 5.59 6.18 6.42 6.43 6.75 6.93];
x0 = [1,2,1];
x = lsqcurvefit('myfun',x0,tdata,cdata);
```

非线性问题一般采用迭代法进行求解，所以我们需要提供一个初值 x_0。上述程序运行的

结果为 $x=[1.7446\quad 3.0453\quad 0.5513]$，即我们得到的最小二乘函数为 $c(t)=1.7446+3.0453e^{0.5513t}$。

除了以上讲的最小二乘拟合命令外，Matlab 还提供了图形化的拟合工具箱 Basic Fitting 和 Curve Fitting Tool(cftool)。我们先说 Basic Fitting 的用法。

例 17 表 8-4 为近两个世纪的美国人口统计数据，试比较不同类型的曲线拟合。

表 8-4 美国人口

年	1790	1800	1810	1820	1830	1840	1850	1860
人口 / 百万	3.9	5.3	7.2	9.6	12.9	17.1	23.2	31.4
年	1870	1880	1890	1900	1910	1920	1930	1940
人口 / 百万	38.6	50.2	62.9	76.0	92.0	106.5	123.2	131.7
年	1950	1960	1970	1980	1990	2000	2010	
人口 / 百万	150.7	179.3	204.0	226.5	251.4	281.4	308.7	

先画出散点图，命令为 plot(x,y,' * ')，其中 x = 1790:10:2010，而 y = [3.9,5.3,…,308.7]，得到图形界面，见图 8-9，然后依次点击 Tools → Basic Fitting，得到基本拟合界面，见图 8-10，其中可以选择三次样条插值、形状保持插值以及 $n=1,2,\cdots,10$ 次多项式拟合，比如我们可以选择二次多项式拟合(quadratic)以及 show equations 选项，得到拟合图形与拟合函数的表达式，见图 8-11。即拟合函数为 $y=0.0068x^2-25x+22000$。

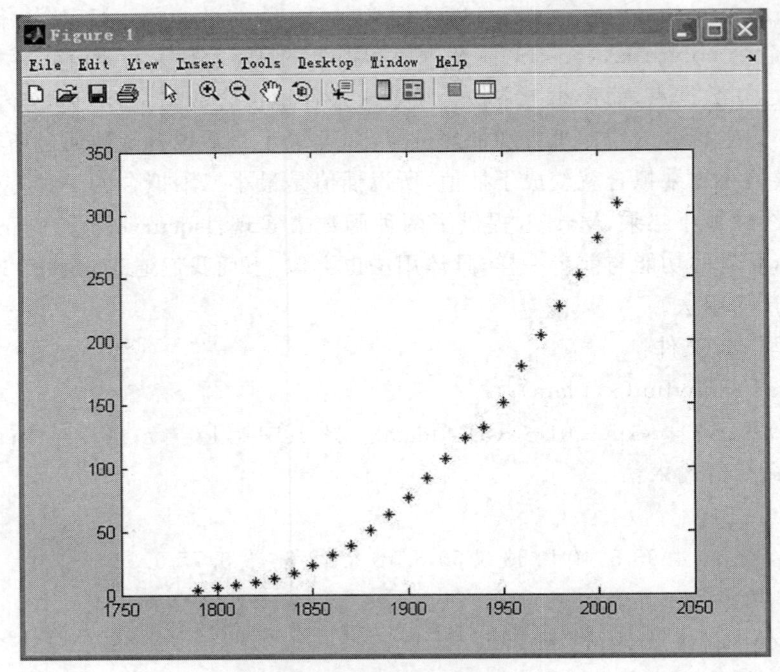

图 8-9 图形界面

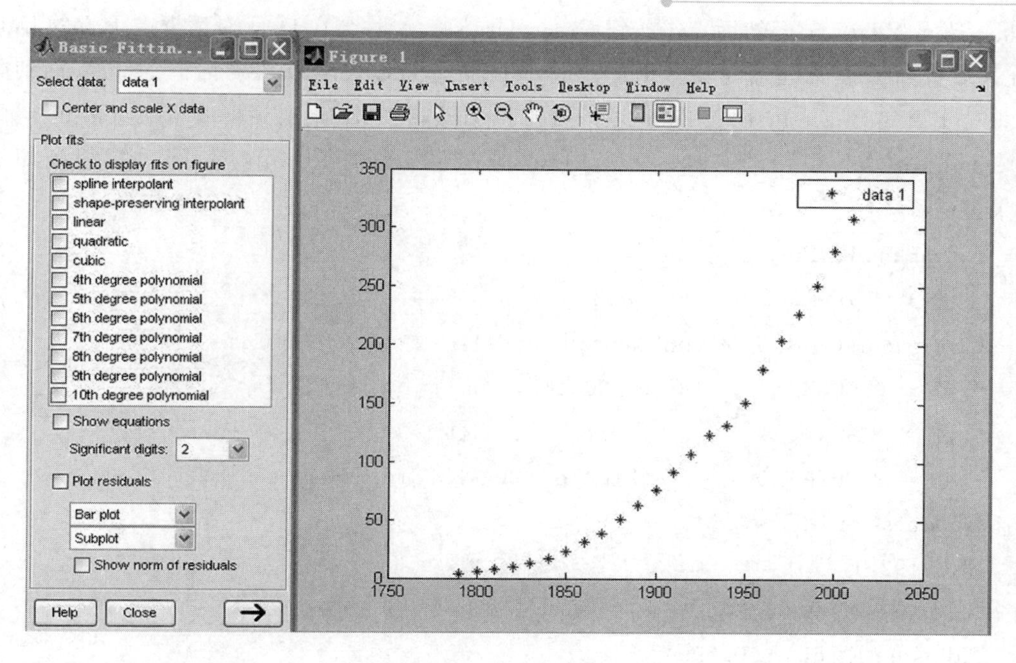

图 8-10　基本拟合界面

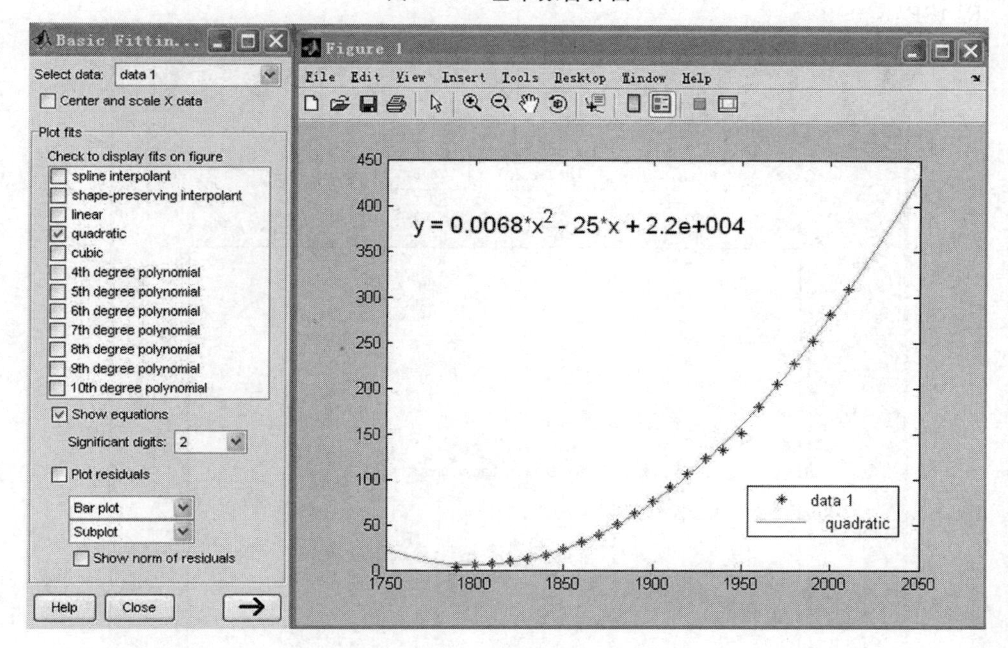

图 8-11　选择二次多项式拟合

我们再转向 cftool，还是讨论例 17，假设在当前环境下已经存在 x = 1790:10:2010 和 y = [3.9,5.3,…,308.7] 了，在 Matlab 命令行输入 cftool，然后回车，得到曲线拟合工具箱 Curve Fitting Tool，见图 8-12。点击 Data 按钮，出现 Data 对话框，见图 8-13。在其中

Xdata 选 x，Ydata 选 y，然后点击按钮 Creat data set，这时会在 Data 对话框左下方的 Data set 区域看到 y vs. x，也就是说数据创建成功了，此时可以关闭 Data 对话框了，重新回到曲线拟合工具箱 Curve Fitting Tool，点击按钮 Fitting，在 Fitting 对话框中依次点击 New fit → Quadratic polynomail → Apply，见图 8-14，在左下角的 Results 对话框中，得到如下结果：

Linear model Poly2：

f(x) = p1 * x^2 + p2 * x + p3

Coefficients(with 95% confidence bounds)：

p1 = 0.00681　　　　(0.006467，0.007154)

p2 =－24.52　　　　(－25.82，－23.21)

p3 = 2.207e＋004　　(2.083e＋004，2.331e＋004)

Goodness of fit：

SSE：192.1

R-square：0.9991

Adjusted R-square：0.999

RMSE：3.099

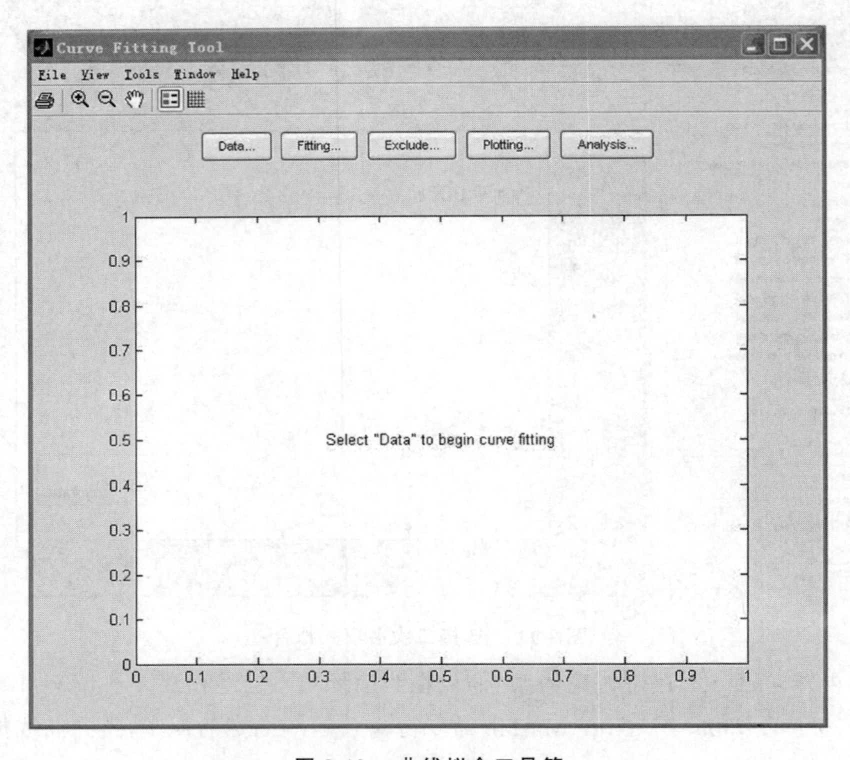

图 8-12　曲线拟合工具箱

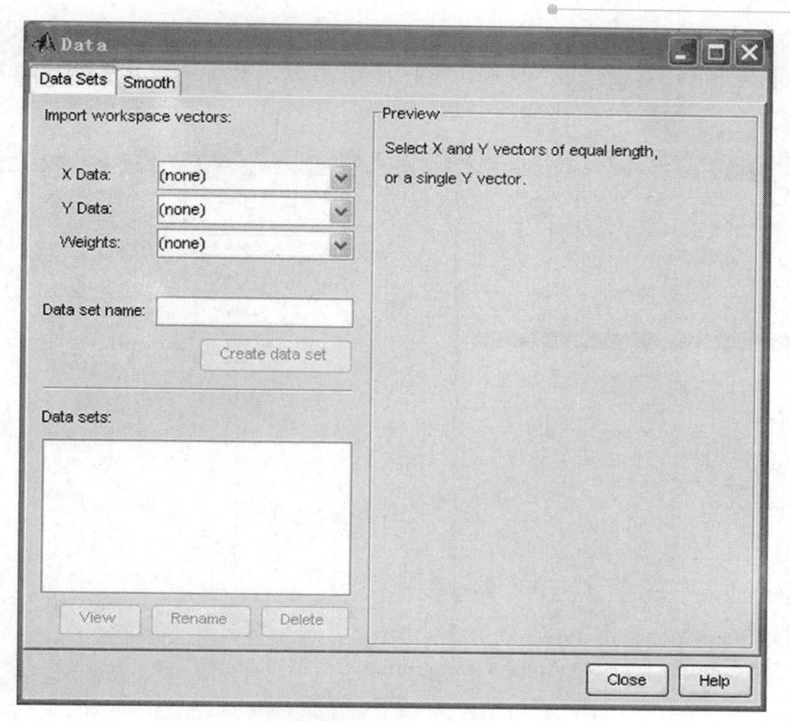

图 8-13　Data 对话框

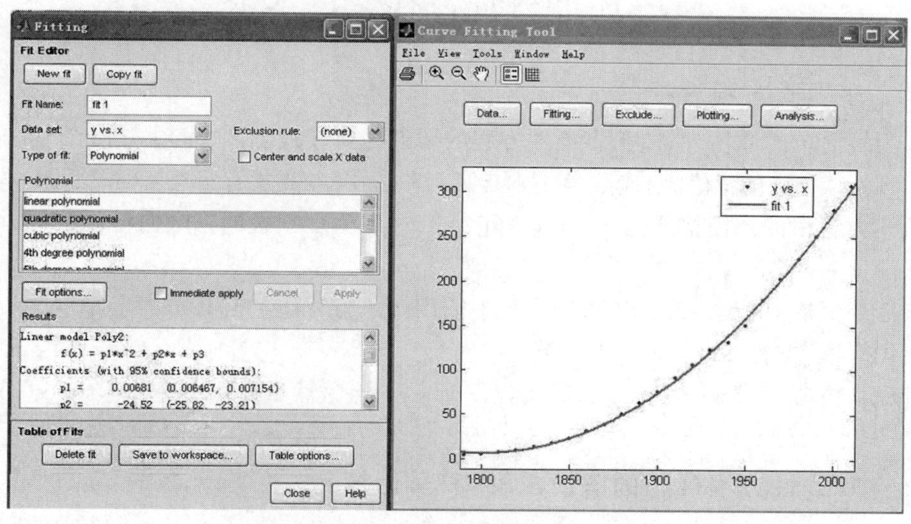

图 8-14　Fitting 对话框(1)

这个结果的意思是我们得到的最小二乘拟合多项式为 $y = 0.00681x^2 - 24.52x + 22070$，而 $p_1 = 0.00681$ 的 95% 置信区间为(0.006467,0.007154)，p_2，p_3 的置信区间类似。另外 Goodness of fit 表示拟合的好坏程度，它由四个统计量给出：SSE 表示残差平方和；R-square 表示相关系数；Adjusted R-square 表示调整的相关系数，可以更好地反映模型拟合的总体情况；RMSE 表示残差均方，用它来度量残差在拟合线两侧的扩展幅度。

如果要想得到其他类型的曲线拟合，可以在 Fitting 对话框 Type of fit(见图 8-14) 中选择其他的曲线类型，在这里，我们不妨选择使用指数函数 a * exp(b * x)，这里 a 和 b 是待定的系数，显然，这是一个非线性的最小二乘拟合。结果见图 8-15。

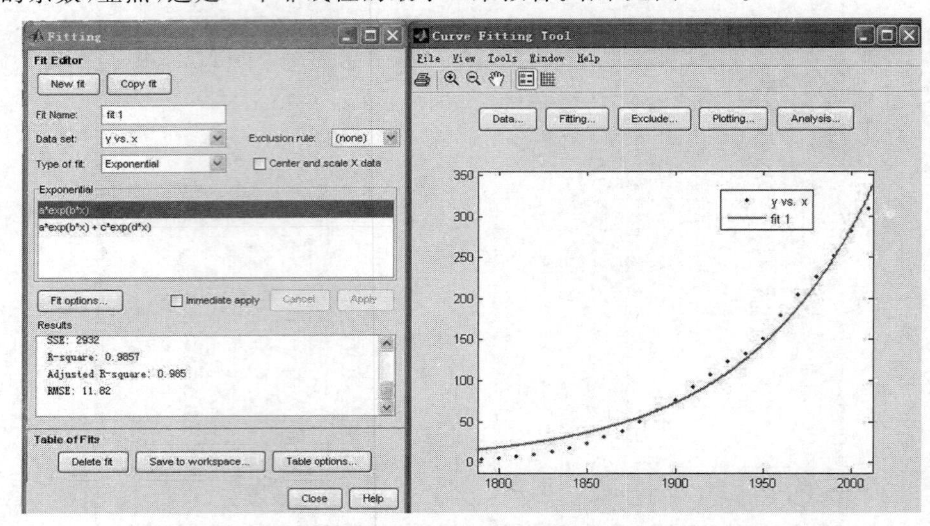

图 8-15 Fitting 对话框(2)

8.4 非线性方程(组)求根

8.4.1 多项式方程求根

作为最简单的非线性方程，多项式方程的研究是比较成熟的。多项式求根就是求满足多项式 $p_n(x)=0$ 的 x 值。由代数学基本定理可知，n 次多项式有 n 个复根。Matlab 软件求解多项式方程根的调用格式为 x = roots(P)。其中，$\boldsymbol{P}$ 为多项式的系数向量，求得的根赋给向量 $\boldsymbol{x}$。

该命令每次只能求一元多项式的根，不能用于求方程组的解。

例 18 求方程 $x^3=x^2+1$ 的解。

首先将方程变成 $p_n(x)=0$ 的形式：$x^3-x^2-1=0$，然后使用命令 x = roots([1,−1,0,−1])，运行结果为 x = [1.4656，−0.2328 + 0.7926i，−0.2328 − 0.7926i]。

8.4.2 非线性方程(组)的解析求解(符号运算)

在 Matlab 中，求解用符号表达式表示的代数方程可由函数 solve 实现，其调用格式为：

solve(s)

表示求解符号表达式 s 的代数方程，求解变量为默认变量。当方程右端为 0 时，方程可以不标出等号和 0，仅标出方程的左端。

solve(s,v)

表示求解符号表达式 s 的代数方程，求解变量为 v。

solve(s1,s2,…,sn,v1,v2,…,vn)

表示求解符号表达式 $s_1,s_2,\cdots,s_n$ 组成的代数方程组，求解变量分别为 $v_1,v_2,\cdots,v_n$。

例 19　解下列方程。

(1) $\frac{1}{x+2}+\frac{4x}{x^2-4}=1+\frac{2}{x+2}$；

(2) $x-\sqrt[3]{x^3-4x-7}=1$；

(3) $x+x^2e^x-15=0$。

对应的程序如下：

```
(1)x = solve('1/(x+2)+4*x/(x^2-4) = 1+2/(x+2)','x')
```

或者

```
x = solve('1/(x+2)+4*x/(x^2-4) = 1+2/(x+2)','x')。
(2)f = sym('x-(x^3-4*x-7)^(1/3) = 1');
x = solve(f)
(3) x = solve('x+x^2*exp(x)-15','x')
```

在 Matlab 中，求解用符号表达式表示的方程组仍然可由函数 solve 实现，其调用格式与解用符号表达式表示的方程一样。

例 20　解下列方程组。

(1) $\begin{cases}\frac{1}{x^3}+\frac{1}{y^3}=28,\\ \frac{1}{x}+\frac{1}{y}=4;\end{cases}$

(2) $\begin{cases}x+y=98,\\ \sqrt[3]{x}+\sqrt[3]{y}=2。\end{cases}$

对应的程序如下：

```
(1) [x,y] = solve('1/x^3+1/y^3 = 28','1/x+1/y = 4','x,y')
```

运行结果为[x,y] = [1,1/3]，或者[x,y] = [1/3,1]。

```
(2) [x,y] = solve('x+y = 98','x^(1/3)+1/y^(1/3) = 2','x,y')
```

回车后出现下面的提示：

```
Warning:Explicit solution could not be found.
In solve at 140
```

这个问题说明，符号求解不一定总能成功。如果用 Matlab 得出无解或未找到所期望的解时，应该用其他方法试探求解。

8.4.3　非线性方程的数值求解(近似解)

求解方程 $f(x)=0$ 的实数根也就是求函数 $f(x)$ 的零点。Matlab 中设有求函数零点的指令 fzero，可用它来求方程的实数根。该指令的使用格式为：

fzero(fun,x0,options)

(1) 输入参数 fun 为函数 $f(x)$ 的字符表达式、内联函数名或 M-函数文件名；

(2) 输入参数 x_0 为函数某个零点的大概位置；

(3) 输入参数 options 可有多种选择，若用 optimset('disp','iter') 代替 options 时，将输出寻找零点的中间数据；

(4) 该指令无论对多项式函数还是超越函数都可以使用，但是每次只能求出函数的一个零点，因此在使用前需摸清函数零点数目和存在的大体范围。为此，一般先用绘图指令 plot,fplot 或 ezplot 画出函数 $f(x)$ 的曲线，从图上估计出函数零点的位置。

例 21 求方程 $x^2+3\sin(x)=10$ 的实数根($0<x<10$)。

解 (1) 首先要确定方程实数根存在的大致范围。

为此，先将方程变成标准形式 $f(x)=x^2+3\sin(x)-10=0$。作 $f(x)$ 的曲线图：

```
x = 0:0.1:10;
f = x.^2 + 3 * sin(x) - 10;
plot(x,f);grid on;
```

从曲线上(见图 8-16)可以看出，函数的零点大约在 -3 和 3 附近。

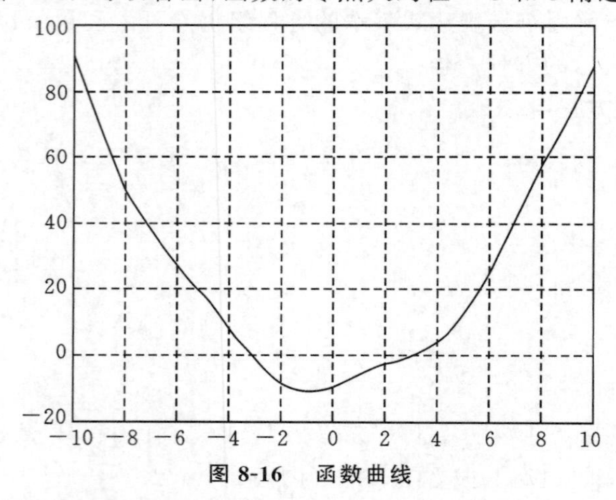

图 8-16 函数曲线

(2) 直接使用指令 fzero 求出方程在 -3 附近的根。

x1 = fzero('x^2 + 3 * sin(x) - 10', -3)；结果为 $x_1=-3.1556$。

(3) 求出方程在 3 附近的根。

x2 = fzero('x^2 + 3 * sin(x) - 10',3)；结果为 $x_2=3.1808$。

8.4.4 非线性方程组的数值求解(近似解)

fsolve 是用最小二乘法求解非线性方程组 $F(\boldsymbol{X})=0$ 的指令，变量 $\boldsymbol{X}$ 可以是向量或矩阵，方程组可以由代数方程或者超越方程构成。它的使用格式为：

fsolve('fun',X0,OPTIONS)

(1) 参数 fun 是编辑并存盘的 M-函数文件的名称，可以用 @ 代替单引号对它进行标识。M-函数文件主要内容是方程 $F(\boldsymbol{X})=0$ 中的函数 $F(\boldsymbol{X})$，即方程左边的函数。

（2）参数 $\boldsymbol{X}_0$ 是向量或矩阵，为探索方程组解的起始点。求解将从 $\boldsymbol{X}_0$ 出发，逐渐趋向，最终得到满足精度要求、最接近 $\boldsymbol{X}_0$ 的近似根 $\boldsymbol{X}^*$：$F(\boldsymbol{X}^*) \approx 0$。由于 $\boldsymbol{X}_0$ 是向量或矩阵，无法用画图方法进行估计，实际问题中常常是根据专业知识、物理意义等进行估计。

（3）该指令输出一个与 $\boldsymbol{X}_0$ 同维的向量或矩阵，为方程组的近似数值解。

（4）参数 OPTIONS 为设置选项，用它可以设置过程显示与否、误差、算法等等，具体内容可用 Matlab 软件包中的 help 查阅。通常可以省略该项内容。

例 22　求方程组 $\begin{cases} x^2 + 2y^2 + 5z + 9 = 10x, \\ xy^3 = 10z, \\ x^2 + y^2 - 2z^2 = 4y, \end{cases}$ 在 $x_0 = 1, y_0 = 0.4, z_0 = 0$ 附近的数值解。

解　（1）在文本编辑调试窗中编辑 M- 函数文件。首先将方程组变换成 $F(\boldsymbol{X}) = 0$ 的形式

$$\begin{cases} x^2 - 10x + 2y^2 + 5z + 9 = 0, \\ xy^3 - 10z = 0, \\ x^2 + y^2 - 4y - 2z^2 = 0, \end{cases}$$

将 x, y, z 看成向量 $\boldsymbol{X}$ 的三个分量。程序如下：

```
function f = mynonlin(X)
f(1) = X(1).^2 - 10 * X(1) + 2 * X(2) + 5 * X(3) + 9;
f(2) = X(1). * X(2).^3 - 10 * X(3);
f(3) = X(1).^2 + X(2).^2 - 4 * X(2) - 2 * X(3).^2;
```

用“opt_mynonlin”为 M- 函数文件名存盘。

（2）在指令窗中键入

```
X = fsolve('opt_mynonlin',[1 0.4 0])
```

将求得的解代回原方程，可以检验结果是否正确，命令如下：

```
q = opt_mynonlin(X)
```

第 9 章 问题与研究性学习

【问题 1】

请给出可以免费下载数据资料的 10 个中文网站、10 个英文网站，并给出网站的简要说明。

【问题 2】

全国大学生数学建模竞赛 3 人一组，竞赛 3 天 3 夜，请以 2 小时为一个工作单位，每天至少 6 个工作单位，编写竞赛计划书，内容包含：竞赛期间 3 位同学有争议如何处理？竞赛论文初稿何时完成？

【问题 3】数据拟合

温室效应问题：煤和石油之类的矿物燃料的燃烧，增加了地球周围大气层中的二氧化碳浓度。我们可以通过生物反应消除一部分二氧化碳，但它的浓度还是逐步地增加，从而导致地球平均温度的上升。表 9-1 表示从 1880 年到 1980 年这 100 年内温度上升的情形。

表 9-1

年份	1860 年后地球温度的增加值(℃)
1880	0.01
1896	0.02
1900	0.03
1910	0.04
1920	0.06
1930	0.08
1940	0.10
1950	0.13
1960	0.18
1970	0.24
1980	0.32

如果地球的平均温度从 1980 年的温度值上升大约 6℃，将对极地冰雪、冰盖、冬季温度等方面产生巨大的影响。当极地冰盖融化时，将会有大量的洪水泛滥和大片的陆地被淹

没。例如，英国除山顶外都将消失。

你打算如何处理上面的数据？你打算建立几种不同的模型？并回答：地球的温度何时会比 1860 年的温度高出 7℃。

【问题 4】回归分析

美国底特律市凶杀率问题：美国底特律市政府为了研究手枪对底特律日益上升的凶杀率所起的作用，收集了 1961 ～ 1973 年的数据，并且设计变量如下(见表 9-2)：

表 9-2

变量	符号	意义
1	FTP	每 10 万人口中全职警察数
2	UEMP	失业人口百分比
3	M	制造业工人数(单位：千人)
4	LIC	每 10 万人口中手枪许可证持有量
5	GR	每 10 万人口中手枪实际持有量
6	CLEAR	凶杀案中被拘捕、最终被判有罪的比例
7	W	人口中白种男性比例数
8	NMAN	非制造业工人数(单位：千人)
9	G	政府机构中公务员数(单位：千人)
10	HE	平均小时收入
11	WE	平均周收入
12	H	每 10 万人口中凶杀数

凶杀数据 1 见表 9-3：

表 9-3

年份	FTP	UNEMP	M	LIC	GR	CLEAR
1961	260.35	11.0	455.5	178.15	215.98	93.4
1962	269.80	7.0	480.2	156.41	180.48	88.5
1963	272.04	5.2	506.1	198.02	209.57	94.4
1964	272.96	4.3	535.8	222.10	231.67	92.0
1965	272.51	3.5	576.0	301.92	297.65	91.0
1966	261.34	3.2	601.7	391.22	367.62	87.4
1967	268.89	4.1	577.3	665.56	616.54	88.3
1968	295.99	3.9	596.9	1131.21	1029.75	86.1

续表

年份	FTP	UNEMP	M	LIC	GR	CLEAR
1969	319.87	3.6	613.5	837.80	786.23	79.0
1970	341.43	7.1	569.3	794.90	713.77	73.9
1971	356.59	8.4	548.8	817.74	750.43	63.4
1972	376.69	7.7	563.4	583.17	1027.38	62.5
1973	390.19	6.3	609.3	709.59	666.50	58.9

凶杀数据 2 见表 9-4：

表 9-4

年份	W	NMAN	G	HE	WE	H
1961	558724	538.1	133.9	2.98	117.18	8.6
1962	538584	547.6	137.6	3.09	134.02	8.9
1963	519171	562.8	143.6	3.23	141.68	8.52
1964	500457	591.0	150.3	3.33	147.98	8.89
1965	482418	626.1	164.3	3.46	159.85	13.07
1966	465029	659.8	179.5	3.6	157.19	14.57
1967	448267	686.2	187.5	3.73	155.29	21.36
1968	432109	699.6	195.4	2.91	131.75	28.03
1969	416533	729.9	210.3	4.25	178.74	31.49
1970	401518	757.8	223.8	4.47	178.30	37.39
1971	398046	755.3	227.7	5.04	209.54	46.26
1972	373095	787.0	230.9	5.47	240.05	47.24
1973	359647	819.8	230.2	5.76	258.05	52.33

问题：

（1）将数据标准化；

（2）通过数据分析，你能得到何种有用的信息与结论？

（3）是否能够得到一个关于函数 H 的公式，回归效果如何？

【问题 5】回归分析

纽约州河流水污染数据见表 9-6，其中各量的定义见表 9-5。

表 9-5

变量	定义
y	春夏秋各季中定期采集到的样本的平均氮浓度(mg/L)
x_1	农田覆盖率(%)
x_2	森林覆盖率(%)
x_3	住宅地占土地总面积的百分比(%)
x_4	工业及商业用地占土地总面积的百分比(%)

表 9-6

序号	河流	y	x_1	x_2	x_3	x_4
1	Olean	1.10	26	63	1.2	0.29
2	Cassadaga	1.01	29	57	0.7	0.09
3	Otaka	1.90	54	26	1.8	0.58
4	Neversink	1.00	2	84	1.9	1.98
5	Hackensack	1.99	3	27	29.4	3.11
6	Wappinger	1.42	19	61	3.4	0.56
7	Fishkill	2.04	16	60	5.6	1.11
8	Honeoye	1.65	40	43	1.3	0.24
9	Susquehanna	1.01	28	62	1.1	0.15
10	Chenango	1.21	28	60	0.9	0.23
11	Tioughnioga	1.33	26	53	0.9	0.18
12	West Canada	0.75	15	75	0.7	0.16
13	East Canada	0.73	6	84	0.5	0.12
14	Saranac	0.80	3	81	0.8	0.35
15	Ausable	0.76	2	89	0.7	0.35
16	Black	0.87	6	82	0.5	0.15
17	Schoharie	0.80	22	70	0.9	0.22
18	Requette	0.87	4	75	0.4	0.18
19	Oswegatchie	0.66	21	56	0.5	0.13
20	Cohocton	1.25	40	49	1.1	0.13

问题:求规律 $y=f(x_1,x_2,x_3,x_4)$。

【问题 6】Logistic 回归

航天飞机 O 型环损坏数与温度关系的问题：

1986 年 1 月 28 日，挑战者号航天飞机一升空就爆炸了，为了调查此次事故，成立了代号为"蓝带"的总统特别调查委员会。调查发现：事故的直接原因是一个"O"型环在那天早上的温度条件下失去了必要的灵活性。可见，对于"O"型环的损坏分析是非常必要的。

表 9-7 中列出挑战者号航天飞机在以前 23 次飞行中，"O"型环的损坏数以及发射时的温度（华氏）。

表 9-7

航次	损坏数	温度	航次	损坏数	温度
1	2	53	13	1	70
2	1	57	14	1	70
3	1	58	15	0	72
4	1	63	16	0	73
5	0	66	17	0	75
6	0	67	18	2	75
7	0	67	19	0	76
8	0	67	20	0	78
9	0	68	21	0	79
10	0	69	22	0	81
11	0	70	23	0	76
12	0	70			

问题：

(1) 将华氏温度换算为摄氏温度；

(2) 做一个关于"O"型环损坏数与摄氏温度之间的 Logistic 回归；

(3) 第 18 次飞行温度据说统计有误，去掉它，再做 Logistic 回归；

(4) 你对飞行温度有什么好的建议？

(5) 关于这个问题，写一篇论文报告，通过你的报告向一位既没有学过这门课，又不知道什么是 Logistic 回归，但是理解能力较强的朋友解释相关问题和答案，请在论文中特别说明：他是否听懂。

【问题 7】微波炉辐射分布检验

共有 42 台微波炉的微波辐射（开门时）的数据如下（见表 9-8）：

表 9-8

炉号	辐射量
1	.30
2	.09
3	.30
4	.10
5	.10
6	.12
7	.09
8	.10
9	.09
10	.10
11	.07
12	.05
13	.01
14	.45
15	.12
16	.20
17	.04
18	.10
19	.01
20	.60
21	.12
22	.10
23	.05
24	.05
25	.15

续表

炉号	辐射量
26	.30
27	.15
28	.09
29	.09
30	.28
31	.10
32	.10
33	.10
34	.30
35	.12
36	.25
37	.20
38	.40
39	.33
40	.32
41	.12
42	.12

请回答：

(1) 以上数据满足正态分布吗?

(2) 以上数据满足 Γ 分布吗?

(3) 以上数据满足 Weibull 分布吗?

(4) 以上数据满足均匀分布吗?

(5) 以上数据满足对数正态分布吗?

你觉得选用哪种分布比较好,请说明理由。

【问题 8】土地利用情况聚类分析

2003 年我国各省市土地利用情况（单位：码（Y））见表 9-9（资料来源：《中国统计年鉴》2004）。

表 9-9

地区	园地	牧草地	居民点及工矿用地	交通用地	水利设施用地
北京	11.92	0.2	25.74	2.48	2.62
天津	3.68	0.06	23.53	1.46	6.42
河北	57.54	81.5	146.98	10.03	12.13
山西	28.56	65.44	73.88	5.66	3.21
内蒙古	7.33	6622.21	116.9	13.71	8.96
辽宁	60.7	36.99	110.43	8.03	14.2
吉林	11.59	104.74	82.6	6.14	15.47
黑龙江	6.04	228.08	114.13	11.33	20.76
上海	1.08	0	20.74	1.75	0.19
江苏	29.57	0.51	144.48	10.17	19.8
浙江	56.82	0.15	66.7	6.34	14.38
安徽	34.31	3.77	128.37	8.62	22.88
福建	61.43	0.27	44.17	6.32	5.93
江西	26.99	0.38	62.37	6.17	20.35
山东	102.38	4.14	193.6	14.93	25.03
河南	32.08	1.45	183.25	11.04	18.16
湖北	42.57	5.46	96.92	7.79	29.73
湖南	50.25	10.51	104.11	8.81	19.31
广东	84.95	2.82	133.34	10.82	21.1
广西	47.01	73.83	65.56	7.31	14.79
海南	53.02	1.94	21.74	1.33	6.02
重庆	21	23.84	45.66	3.93	4.4
四川	69.52	1373.43	131.18	12.35	9.81

续表

地区	园地	牧草地	居民点及工矿用地	交通用地	水利设施用地
贵州	11.32	162.18	43.8	5.22	3.5
云南	78.12	78.48	58.52	8.85	7.54
西藏	0.17	6444.58	3.8	2.09	0.09
陕西	65.1	315.99	69.07	5.84	3.92
甘肃	19.38	1264.78	87.12	6.07	2.82
青海	0.77	4038.57	23.95	2.69	4.39
宁夏	3.38	233.39	16.66	1.52	0.51
新疆	29.58	5131.49	96.12	5.76	18.08

请做聚类分析,你有什么发现?你有什么建议?

【问题 9】农民家庭收支判别分析

某年,全国各地区农民家庭收支数据见表 9-10:

表 9-10

地区	食品	衣着	燃料	住房	生活用品	文化生活	类别
天津	135.20	36.40	10.47	44.16	36.40	3.94	1
辽宁	145.68	32.83	17.79	27.29	39.09	3.47	1
吉林	159.37	33.38	18.37	11.81	25.29	5.22	1
江苏	144.98	29.12	11.67	42.60	27.30	5.74	1
浙江	169.92	32.75	12.72	47.12	34.35	5.00	1
山东	115.84	30.76	12.20	33.61	33.77	3.85	1
黑龙江	116.22	29.57	13.24	13.76	21.75	6.04	2
安徽	153.11	23.09	15.62	23.54	18.18	6.39	2
福建	144.92	21.06	16.96	19.52	21.75	6.73	2

续表

地区	食品	衣着	燃料	住房	生活用品	文化生活	类别
江西	140.54	21.59	17.64	19.19	15.97	4.94	2
湖北	140.64	28.26	12.35	18.53	21.95	6.23	2
湖南	164.02	24.74	13.63	22.20	18.06	6.04	2
广西	139.08	18.47	14.68	13.41	20.66	3.85	2
四川	137.80	20.74	11.07	17.74	16.49	4.39	2
贵州	121.67	21.53	12.58	14.49	12.18	4.57	2
新疆	123.24	38.00	13.72	4.64	17.77	5.75	2
河北	95.21	22.83	9.30	22.44	22.81	2.80	3
山西	104.78	25.11	6.46	9.89	18.17	3.25	3
内蒙	128.41	27.63	8.94	12.58	23.99	3.27	3
河南	101.18	23.26	8.46	20.20	20.50	4.30	3
云南	124.27	19.81	8.89	14.22	15.53	3.03	3
陕西	106.02	20.56	10.94	10.11	18.00	3.29	3
甘肃	95.65	16.82	5.70	6.03	12.36	4.49	3
青海	107.12	16.45	8.98	5.40	8.78	5.93	3
宁夏	113.74	24.11	6.46	9.61	22.92	2.53	3

判别样本见表 9-11：

表 9-11

地区	食品	衣着	燃料	住房	生活用品	文化生活
北京	190.33	43.77	9.73	60.54	49.01	9.04
上海	221.11	38.64	12.53	115.65	50.82	5.89
广东	182.55	20.52	18.32	42.40	36.97	11.68

请做判别分析北京、上海、广东属于哪一类？

【问题 10】石油生产问题

某石油公司用三种原油生产三种标号的汽油，生产能力为：每天最多可以生产 14000 桶汽油，其他相关数据见表 9-12 和 9-13：

表 9-12 原油的数据

原油	可用量(桶／天)	进价(美元／桶)	辛烷值	含硫量
1	5000	45	12	0.5
2	5000	35	6	2.0
3	5000	25	8	3.0

表 9-13 汽油的数据

汽油	需求量(桶／天)	卖出价(美元／桶)	质量要求	
			辛烷值	含硫量
a	3000	70	⩾10	⩽1.0
b	2000	60	⩾8	⩽2.0
c	1000	50	⩾6	⩽1.0

另外，为了刺激产品销售，这家石油公司可以做广告，如果每天投入广告费 1 美元，则每天销售增加 10 桶。例如，这家石油公司决定为汽油 a 做广告，每天 30 美元，则汽油 a 每天销售增加 30(美元／天)×10(桶／美元)＝300(桶)。

请你为这家石油公司做生产与经营的优化方案。

【问题 11】离婚财产分配

甲、乙正在闹离婚，他们有 5 项资产可以分割：退休款、住宅、别墅、投资、其他资产。法院要求甲、乙两人分别对这 5 项资产按照各自心中重要性打分(100 分制)，分数见表 9-14：

表 9-14

资产项目	甲的打分	乙的打分
退休款	50	40
住宅	20	30
别墅	15	10
投资	10	10
其他资产	5	10
小计	100	100

假设所有资产都是可分的(即可分配给每人每项资产的一部分)。法院按照以下两个

原则进行分配：

原则1:每个人所得资产的总分数相等(以免互相嫉妒)；

原则2:应当使得每个人所得资产的分数最大。

请你帮法院进行资产分割。

【问题12】

钢厂有10m×10m的钢板，需要满足下列订货的切割要求：

(1)60张1m×3m的小钢板；

(2)49张2m×4m的小钢板；

(3)12张5m×7m的小钢板。

问题：应该如何切割钢板最经济？

【问题13】博弈问题

某企业有甲、乙、丙3个公司，每年应交的税款分别是400万元、1200万元和800万元。对于每个公司，企业可以如实申报税款，也可以篡改账目，申报税额为零。而国家税务局由于人力所限，对该企业每年只能检查一个公司的账目。如果税务局发现有偷税现象，则该公司不但要如数交纳税款，而且将被处以r倍税款的罚金。

(1) 求$r=\frac{1}{2}$时，双方的纳什(Nash)均衡解；

(2) 求最小的罚款比例r，使得企业不会偷税。

【问题14】

某人的食量是2500卡/天，其中，1200卡用于基本的新陈代谢(即自动消耗)。在健身锻炼(WPE)中，他所消耗的大约是(16卡/kg/天)×体重(kg)，假设以脂肪形式贮存的热量100%有效，而1kg脂肪含热量10000卡。

问题：

(1) 请建立微分方程模型，分析此人的体重如何随时间变化；

(2) 此人无论怎样减肥，体重至少多少千克？

【问题15】排队论问题

一个医疗所的心电图室内只有一台心电图机，心电图室最多能容纳20人。病人按每小时5人的速度到达，每人治疗10分钟。

上级规定：若病人平均等待时间超过半小时，则给此医疗所增加一台心电图机。

(1) 是否应该为这个医疗所增加一台心电图机？

(2) 增加一台就可以了吗？

【问题16】外汇基金管理问题

一个基金管理人的工作是：每天将现有的美元、英镑、马克、日元4种货币按当天汇率相互兑换，使得在满足需要的前提下，按美元计算的价值最高。

假设某一天的汇率、现有货币、当天需求见表9-15：

表9-15

汇率	美元	英镑	马克	日元	现有量	需求量
美元	1	0.58928	1.743	138.3	8×10^8	6×10^8
英镑	1.697	1	2.9579	234.7	1×10^8	3×10^8
马克	0.57372	0.33808	1	79.346	8×10^8	1×10^8
日元	0.007233	0.00426	0.0126	1	0	10×10^8

有人说：用2千万（2×10^8）美元兑换英镑，用24297210马克兑换英镑，用45702790马克兑换日元，就是最优解，并且，兑换后货币的总价值 $f_{\max}=60169270$ 美元。

请你帮基金经理做判断，这个人说的对吗？

【问题17】

为了客观地评价某校各学院的教学质量，收集有关数据资料见表9-16：

表9-16

学院	人均专著 x_1（本/人）	生师比 x_2	科研经费 x_3（万元/年）	逾期毕业率 x_4（%）
1	0.1	5	5000	4.7
2	0.2	6	6000	5.6
3	0.4	7	7000	6.7
4	0.9	10	10000	2.3
5	1.2	2	400	1.8

试用TOPSIS法给各学院的教学质量排序。

【问题18】

某医院1994～1998年7项指标的实际值见表9-17，用TOPSIS法比较该医院这5年的医疗质量。

表9-17

年份	出院人数	病床使用率（%）	平均住院日（天）	病死率（%）	抢救成功率（%）	治愈好转率（%）	院内感染率（%）
1994	21584	76.7	7.3	1.01	78.3	97.5	2.0
1995	24372	86.3	7.4	0.80	91.1	98.0	2.0

续表

年份	出院人数	病床使用率(%)	平均住院日(天)	病死率(%)	抢救成功率(%)	治愈好转率(%)	院内感染率(%)
1996	22041	81.8	7.3	0.62	91.1	97.3	3.2
1997	21115	84.5	6.9	0.60	90.2	97.7	2.9
1998	24633	90.3	6.9	0.25	95.5	97.9	3.6

【问题 19】

用层次分析法：

(1) 给本学期所有任课老师打分；

(2) 你要购置一台个人电脑，考虑 cpu、内存、屏幕大小、价格等因素，如何作出决策？

【问题 20】

设计一个 BP 网络，逼近以下函数 $g(x)=1+\sin\frac{\pi}{2x}$。

【问题 21】

某产品 1986 ～ 1996 年各年产量数值见表 9-18：

表 9-18

年度	1986	1987	1988	1989	1990	1991	1992	1993	1994	1995	1996
产量	1399	1467	1567	1595	1588	1622	1611	1615	1685	1789	1790

试建立预测模型，要求能通过输入以前几年的数据预测出今后某年的产量。

【问题 22】

英文字母 a,b,c,…,z 分别编码为 0,1,2,3,4,…,25，已知希尔密码中的明文分组长度为 2，密钥 K 是 Z26 上的一个二阶可逆方阵，假设密钥为 hell，明文为 welcome，试求密文。

【问题 23】

对于函数 $f(x)=\frac{1}{1+x^2}$ 在区间[－5,5]上分别作整体多项式插值、分段线性插值和三次样条插值，并观察各自的误差。

【问题 24】

在某山区测得一些地点的高程见表 9-19，平面区域为

$$1200\leqslant x\leqslant 4000,1200\leqslant y\leqslant 3200,$$

试作出该山区的地貌图和等高线图,并对几种插值方法的插值效果进行比较。

表 9-19　山区高程图

y \ x	1200	1600	2000	2400	2800	3200	3600	4000
1200	1130	1250	1280	1230	1040	900	500	700
1600	1320	1450	1420	1400	1300	720	900	830
2000	1390	1500	1500	1400	900	1150	1060	950
2400	1500	1200	1100	1350	1450	1200	1150	1010
2800	1500	1200	1100	1550	1610	1550	1380	1070
3200	1500	1550	1600	1550	1630	1600	1600	1550

【问题 25】

用数值微分的方法求出函数 $f(x) = x^3\sin(x)$ 的一阶和二阶近似导数,并将原函数与导函数的图像画出来。

【问题 26】

分别用函数 trapz(　) 和 quadl(　) 求积分 $\int_0^{\frac{3\pi}{2}} \cos(15x)\mathrm{d}x$,并比较两者的精度。

【问题 27】

分别用函数 quadl(　) 和 quadgk(　) 求积分 $\int_0^{100} \cos(15x)\mathrm{d}x$,体会函数 quadgk(　) 的优点。

【问题 28】

用电压为 $U = 10$ 伏的电池给电容器充电,电容器上 t 时刻的电压为 $U(t) = U - (U - U_0)\mathrm{e}^{-t/\tau}$,其中 U_0 是电容器的初始电压,τ 是充电常数。试由表 9-20 中的一组 t(单位:秒),U(单位:伏) 数据确定 V_0 和 τ。

表 9-20　时间 - 电压表

t	0.5	1	2	3	4	5	7	9
U	6.36	6.78	7.25	8.22	8.66	8.98	9.43	9.63

【问题 29】

求非线性方程组 $\begin{cases} x - 0.6\sin x - 0.3\cos x = 0, \\ y - 0.6\cos x + 0.3\sin y = 0, \end{cases}$ 在(0.5,0.5) 附近的数值解。

附录

常用概率统计表

1. 标准正态分布表

$$\Phi(x)=\int_{-\infty}^{x}\frac{1}{\sqrt{2\pi}}e^{-\frac{t^2}{2}}dt=P\{X\leqslant x\}(x\geqslant 0)$$

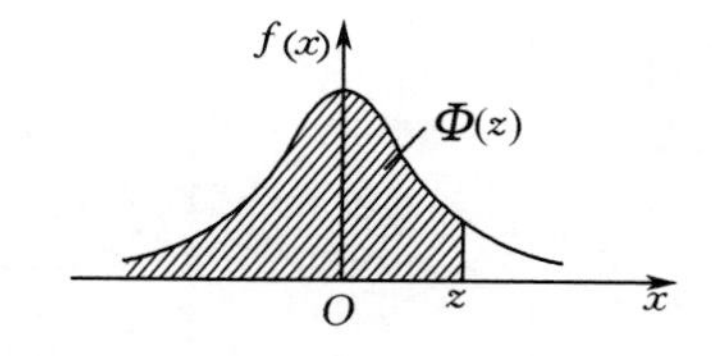

x	0	1	2	3	4	5	6	7	8	9
0.0	0.500 0	0.504 0	0.508 0	0.512 0	0.516 0	0.519 9	0.523 9	0.527 9	0.531 9	0.535 9
0.1	0.539 8	0.543 8	0.547 8	0.551 7	0.555 7	0.559 6	0.563 6	0.567 5	0.571 4	0.575 3
0.2	0.579 3	0.583 2	0.587 1	0.591 0	0.594 8	0.598 7	0.602 6	0.606 4	0.610 3	0.614 1
0.3	0.617 9	0.621 7	0.625 5	0.629 3	0.633 1	0.636 8	0.640 6	0.644 3	0.648 0	0.651 7
0.4	0.655 4	0.659 1	0.662 8	0.666 4	0.670 0	0.673 6	0.677 2	0.680 8	0.684 4	0.687 9
0.5	0.691 5	0.695 0	0.698 5	0.701 9	0.705 4	0.708 8	0.712 3	0.715 7	0.719 0	0.722 4
0.6	0.725 7	0.729 1	0.732 4	0.735 7	0.738 9	0.742 2	0.745 4	0.748 6	0.751 7	0.754 9
0.7	0.758 0	0.761 1	0.764 2	0.767 3	0.770 3	0.773 4	0.776 4	0.779 4	0.782 3	0.785 2
0.8	0.788 1	0.791 0	0.793 9	0.796 7	0.799 5	0.802 3	0.805 1	0.807 8	0.810 6	0.813 3
0.9	0.815 9	0.818 6	0.821 2	0.823 8	0.826 4	0.828 9	0.831 5	0.834 0	0.836 5	0.838 9
1.0	0.841 3	0.843 8	0.846 1	0.848 5	0.850 8	0.853 1	0.855 4	0.857 7	0.859 9	0.862 1
1.1	0.864 3	0.866 5	0.868 6	0.870 8	0.872 9	0.874 9	0.877 0	0.879 0	0.881 0	0.883 0
1.2	0.884 9	0.886 9	0.888 8	0.890 7	0.892 5	0.894 4	0.896 2	0.898 0	0.899 7	0.901 5
1.3	0.903 2	0.904 9	0.906 6	0.908 2	0.909 9	0.911 5	0.913 1	0.914 7	0.916 2	0.917 7
1.4	0.919 2	0.920 7	0.922 2	0.923 6	0.925 1	0.926 5	0.927 8	0.929 2	0.930 6	0.931 9
1.5	0.933 2	0.934 5	0.935 7	0.937 0	0.938 2	0.939 4	0.940 6	0.941 8	0.943 0	0.944 1
1.6	0.945 2	0.946 3	0.947 4	0.948 4	0.949 5	0.950 5	0.951 5	0.952 5	0.953 5	0.954 5
1.7	0.955 4	0.956 4	0.957 3	0.958 2	0.959 1	0.959 9	0.960 8	0.961 6	0.962 5	0.963 3
1.8	0.964 1	0.964 8	0.965 6	0.966 4	0.967 1	0.967 8	0.968 6	0.969 3	0.970 0	0.970 6
1.9	0.971 3	0.971 9	0.972 6	0.973 2	0.973 8	0.974 4	0.975 0	0.975 6	0.976 2	0.976 7
2.0	0.977 2	0.977 8	0.978 3	0.978 8	0.979 3	0.979 8	0.980 3	0.980 8	0.981 2	0.981 7
2.1	0.982 1	0.982 6	0.983 0	0.983 4	0.983 8	0.984 2	0.984 6	0.985 0	0.985 4	0.985 7
2.2	0.986 1	0.986 4	0.986 8	0.987 1	0.987 4	0.987 8	0.988 1	0.988 4	0.988 7	0.989 0
2.3	0.989 3	0.989 6	0.989 8	0.990 1	0.990 4	0.990 6	0.990 9	0.991 1	0.991 3	0.991 6
2.4	0.991 8	0.992 0	0.992 2	0.992 5	0.992 7	0.992 9	0.993 1	0.993 2	0.993 4	0.993 6
2.5	0.993 8	0.994 0	0.994 1	0.994 3	0.994 5	0.994 6	0.994 8	0.994 9	0.995 1	0.995 2
2.6	0.995 3	0.995 5	0.995 6	0.995 7	0.995 9	0.996 0	0.996 1	0.996 2	0.996 3	0.996 4
2.7	0.996 5	0.996 6	0.996 7	0.996 8	0.996 9	0.997 0	0.997 1	0.997 2	0.997 3	0.997 4
2.8	0.997 4	0.997 5	0.997 6	0.997 7	0.997 7	0.997 8	0.997 9	0.997 9	0.998 0	0.998 1
2.9	0.998 1	0.998 2	0.998 2	0.998 3	0.998 4	0.998 4	0.998 5	0.998 5	0.998 6	0.998 6
3.0	0.998 7	0.999 0	0.999 3	0.999 5	0.999 7	0.999 8	0.999 8	0.999 9	0.999 9	1.000 0

2. χ^2 分布分位数表

$$P\{\chi^2(n) > \chi^2_\alpha(n)\} = \alpha$$

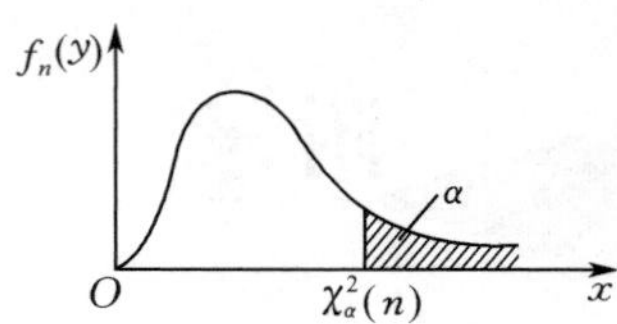

n	$\alpha = 0.995$	0.99	0.975	0.95	0.90	0.75
1	—	—	0.001	0.004	0.016	0.102
2	0.010	0.020	0.051	0.103	0.211	0.575
3	0.072	0.115	0.216	0.352	0.584	1.213
4	0.207	0.297	0.484	0.711	1.064	1.923
5	0.412	0.554	0.831	1.145	1.610	2.675
6	0.676	0.872	1.237	1.635	2.204	3.455
7	0.989	1.239	1.690	2.167	2.833	4.255
8	1.344	1.646	2.180	2.733	3.490	5.071
9	1.735	2.088	2.700	3.325	4.168	5.899
10	2.156	2.558	3.247	3.940	4.865	6.737
11	2.603	3.053	3.816	4.575	5.578	7.584
12	3.074	3.571	4.404	5.226	6.304	8.438
13	3.565	4.107	5.009	5.892	7.042	9.299
14	4.075	4.660	5.629	6.571	7.790	10.165
15	4.601	5.229	6.262	7.261	8.547	11.037
16	5.142	5.812	6.908	7.962	9.312	11.912
17	5.697	6.408	7.564	8.672	10.085	12.792
18	6.265	7.015	8.231	9.390	10.865	13.675
19	6.884	7.633	8.907	10.117	11.651	14.562
20	7.434	8.260	9.591	10.851	12.443	15.452
21	8.034	8.897	10.283	11.591	13.240	16.344
22	8.643	9.542	10.982	12.338	14.042	17.240
23	9.260	10.196	11.689	13.091	14.848	18.137
24	9.886	10.856	12.401	13.848	15.659	19.037
25	10.520	11.524	13.120	14.611	16.473	19.939
26	11.160	12.198	13.844	15.379	17.292	20.843
27	11.808	12.879	14.573	16.151	18.114	21.749
28	12.461	13.565	15.308	16.928	18.939	22.657
29	13.121	14.257	16.047	17.708	19.768	23.567
30	13.787	14.954	16.791	18.493	20.599	24.478
31	14.458	15.655	17.539	19.281	21.431	25.390
32	15.131	16.362	18.291	20.072	22.271	26.304
33	15.815	17.074	19.047	20.867	23.110	27.219
34	16.501	17.789	19.806	21.664	23.952	27.136
35	17.192	18.509	20.569	22.465	24.797	29.054
36	17.887	19.233	21.336	23.269	25.643	29.973
37	18.586	19.960	22.106	24.075	26.492	30.893
38	19.289	20.691	22.878	24.884	27.343	31.815
39	19.996	21.426	23.654	25.695	28.196	32.737
40	20.707	22.164	24.433	26.509	29.051	33.660
41	21.421	22.906	25.215	27.326	29.907	34.585
42	22.138	23.650	25.999	28.144	30.765	35.510
43	22.859	24.398	26.785	28.965	31.625	36.436
44	23.584	25.148	27.575	29.787	32.487	37.363
45	24.311	25.901	28.366	30.612	33.350	38.291

续表

n	$\alpha=0.25$	0.10	0.05	0.025	0.01	0.005
1	1.323	2.706	3.841	5.024	6.635	7.879
2	2.773	4.605	5.991	7.378	9.210	10.597
3	4.108	6.251	7.815	9.348	11.345	12.838
4	5.385	7.779	9.488	11.143	13.277	14.860
5	6.626	9.236	11.071	12.833	15.086	16.750
6	7.841	10.645	12.592	14.449	16.812	18.548
7	9.037	12.017	14.067	16.013	18.475	20.278
8	10.219	13.362	15.507	17.535	20.090	21.995
9	11.389	14.684	16.919	19.023	21.666	23.589
10	12.549	15.987	18.307	20.483	23.209	25.188
11	13.701	17.275	19.675	21.920	24.725	26.757
12	14.845	18.549	21.026	23.337	26.217	28.299
13	15.984	19.812	22.362	24.736	27.688	29.819
14	17.117	21.064	23.685	26.119	29.141	31.319
15	18.245	22.307	24.996	27.488	30.578	32.801
16	19.369	23.542	26.296	28.845	32.000	34.267
17	20.489	24.769	27.587	30.191	33.409	35.718
18	21.605	25.989	28.869	31.526	34.805	37.156
19	22.718	27.204	30.144	32.852	36.191	38.582
20	23.828	28.412	31.410	34.170	37.566	39.997
21	24.935	29.615	32.671	35.479	38.932	41.401
22	26.039	30.813	33.924	36.781	40.289	42.796
23	27.141	32.007	35.172	38.076	41.638	44.181
24	28.241	33.196	36.415	39.364	42.980	45.559
25	29.339	34.382	37.652	40.646	44.314	46.928
26	30.435	35.563	38.885	41.923	45.642	48.290
27	31.528	36.741	40.113	43.194	46.963	49.645
28	32.620	37.916	41.337	44.461	48.273	50.993
29	33.711	39.087	42.557	45.722	49.588	52.336
30	34.800	40.256	43.773	46.979	50.892	53.672
31	35.887	41.422	44.985	48.232	52.191	55.003
32	36.973	42.585	46.194	49.480	53.486	56.328
33	38.058	43.745	47.400	50.725	54.776	57.648
34	39.141	44.903	48.602	51.966	56.061	58.964
35	40.233	46.059	49.802	53.203	57.342	60.275
36	41.304	47.212	50.998	54.437	58.619	61.581
37	42.383	48.363	52.192	55.668	59.892	62.883
38	43.462	49.513	53.384	56.896	61.162	64.181
39	44.539	50.660	54.572	58.120	62.428	65.476
40	45.616	51.805	55.758	59.342	63.691	66.766
41	46.692	52.949	56.942	60.561	64.950	68.053
42	47.766	54.090	58.124	61.777	66.206	69.336
43	48.840	55.230	59.304	62.990	67.459	70.616
44	49.913	56.369	60.481	64.201	68.710	71.393
45	50.985	57.505	61.656	65.410	69.957	73.166

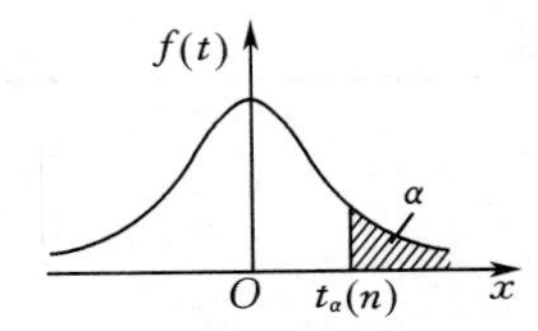

3. t 分布分位数表

$$P\{t(n) > t_\alpha(n)\} = \alpha$$

n	$\alpha = 0.25$	0.10	0.05	0.025	0.01	0.005
1	1.000 0	3.077 7	6.313 8	12.706 2	31.820 7	63.657 4
2	0.816 5	1.885 6	2.920 0	4.303 7	6.964 6	9.924 8
3	0.764 9	1.637 7	2.353 4	3.182 4	4.540 7	5.840 9
4	0.740 7	1.533 2	2.131 8	2.776 4	3.746 9	4.604 1
5	0.726 7	1.475 9	2.015 0	2.570 6	3.364 9	4.032 2
6	0.717 6	1.439 8	1.943 2	2.446 9	3.142 7	3.707 4
7	0.711 1	1.414 9	1.894 6	2.364 6	2.998 0	3.499 5
8	0.706 4	1.396 8	1.859 5	2.306 0	2.896 5	3.355 4
9	0.702 7	1.383 0	1.833 1	2.262 2	2.821 4	3.249 8
10	0.699 8	1.372 2	1.812 5	2.228 1	2.763 8	3.169 3
11	0.697 4	1.363 4	1.795 9	2.201 0	2.718 1	3.105 8
12	0.695 5	1.356 2	1.782 3	2.178 8	2.681 0	3.054 5
13	0.693 8	1.350 2	1.770 9	2.160 4	2.650 3	3.012 3
14	0.692 4	1.345 0	1.761 3	2.144 8	2.624 5	2.976 8
15	0.691 2	1.340 6	1.753 1	2.131 5	2.602 5	2.946 7
16	0.690 1	1.336 8	1.745 9	2.119 9	2.583 5	2.920 8
17	0.689 2	1.333 4	1.739 6	2.109 8	2.566 9	2.898 2
18	0.688 4	1.330 4	1.734 1	2.100 9	2.552 4	2.878 4
19	0.687 6	1.327 7	1.729 1	2.093 0	2.539 5	2.860 9
20	0.687 0	1.325 3	1.724 7	2.086 0	2.528 0	2.845 3
21	0.686 4	1.323 2	1.720 7	2.079 6	2.517 7	2.831 4
22	0.685 8	1.321 2	1.717 1	2.073 9	2.508 3	2.818 8
23	0.685 3	1.319 5	1.713 9	2.068 7	2.499 9	2.807 3
24	0.684 8	1.317 8	1.710 9	2.063 9	2.492 2	2.796 9
25	0.684 4	1.316 3	1.710 8	2.059 5	2.485 1	2.787 4
26	0.684 0	1.315 0	1.705 6	2.055 5	2.478 6	2.778 7
27	0.683 7	1.313 7	1.703 3	2.051 8	2.472 7	2.770 7
28	0.683 4	1.312 5	1.701 1	2.048 4	2.467 1	2.763 3
29	0.683 0	1.311 4	1.699 1	2.045 2	2.462 0	2.756 4
30	0.682 8	1.310 4	1.697 3	2.042 3	2.457 3	2.750 0
31	0.682 5	1.309 5	1.695 5	2.039 5	2.452 8	2.744 0
32	0.682 2	1.308 6	1.693 9	2.036 9	2.448 7	2.738 5
33	0.682 0	1.307 7	1.692 4	2.034 5	2.444 8	2.733 3
34	0.681 8	1.307 0	1.690 9	2.032 2	2.441 1	2.728 4
35	0.681 6	1.306 2	1.689 6	2.030 1	2.437 7	2.723 8
36	0.681 4	1.305 5	1.688 3	2.028 1	2.434 5	2.719 5
37	0.681 2	1.304 9	1.687 1	2.026 2	2.431 4	2.715 4
38	0.681 0	1.304 2	1.686 0	2.024 4	2.428 6	2.711 6
39	0.680 8	1.303 6	1.684 9	2.022 7	2.425 8	2.707 9
40	0.680 7	1.303 1	1.683 9	2.021 1	2.423 3	2.704 5
41	0.680 5	1.302 5	1.682 9	2.019 5	2.420 8	2.701 2
42	0.680 4	1.302 0	1.682 0	2.018 1	2.418 5	2.698 1
43	0.680 2	1.301 6	1.681 1	2.016 7	2.416 3	2.695 1
44	0.680 1	1.301 1	1.680 2	2.015 4	2.414 1	2.692 3
45	0.680 0	1.300 6	1.679 4	2.014 1	2.412 1	2.689 6

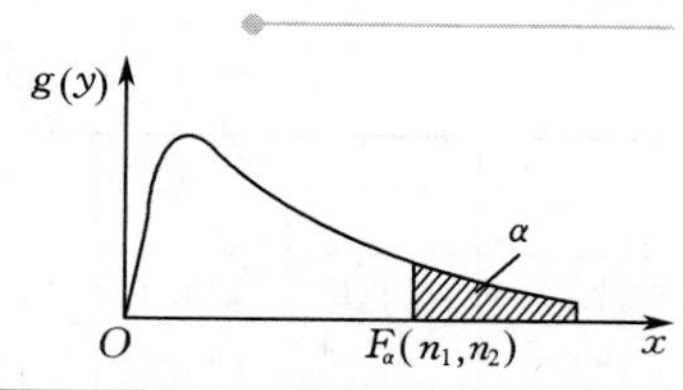

4. F 分布分位数表

$$P\{F(n_1,n_2) > F_\alpha(n_1,n_2)\} = \alpha$$

$\alpha = 0.05$

n_2 \ n_1	1	2	3	4	5	6	7	8	9
1	161.4	199.5	215.7	224.6	230.2	234.0	236.8	238.9	240.5
2	18.51	19.00	19.16	19.25	19.30	19.33	19.35	19.37	19.38
3	10.13	9.55	9.28	9.12	9.90	8.94	8.89	8.85	8.81
4	7.71	6.94	6.59	6.39	6.26	6.16	6.09	6.04	6.00
5	6.61	5.79	5.41	5.19	5.05	4.95	4.88	4.82	4.77
6	5.99	5.14	4.76	4.53	4.39	4.28	4.21	4.15	4.10
7	5.59	4.74	4.35	4.12	3.97	3.87	3.79	3.73	3.68
8	5.32	4.46	4.07	3.84	3.69	3.58	3.50	3.44	3.39
9	5.12	4.26	3.86	3.63	3.48	3.37	3.29	3.23	3.18
10	4.96	4.10	3.71	3.48	3.33	3.22	3.14	3.07	3.02
11	4.84	3.98	3.59	3.36	3.20	3.09	3.01	2.95	2.90
12	4.75	3.89	3.49	3.26	3.11	3.00	2.91	2.85	2.80
13	4.67	3.81	3.41	3.18	3.03	2.92	2.83	2.77	2.71
14	4.60	3.74	3.34	3.11	2.96	2.85	2.76	2.70	2.65
15	4.54	3.68	3.29	3.06	2.90	2.79	2.71	2.64	2.59
16	4.49	3.63	3.24	3.01	2.85	2.74	2.66	2.59	2.54
17	4.45	3.59	3.20	2.96	2.81	2.70	2.61	2.55	2.49
18	4.41	3.55	3.16	2.93	2.77	2.66	2.58	2.51	2.46
19	4.38	3.52	3.13	2.90	2.74	2.63	2.54	2.48	2.42
20	4.35	3.49	3.10	2.87	2.71	2.60	2.51	2.45	2.39
21	4.32	3.47	3.07	2.84	2.68	2.57	2.49	2.42	2.37
22	4.30	3.44	3.05	2.82	2.66	2.55	2.46	2.40	2.34
23	4.28	3.42	3.03	2.80	2.64	2.53	2.44	2.37	2.32
24	4.26	3.40	3.01	2.78	2.62	2.51	2.42	2.36	2.30
25	4.24	3.39	2.99	2.76	2.60	2.49	2.40	2.34	2.28
26	4.23	3.37	2.98	2.74	2.59	2.47	2.39	2.32	2.27
27	4.21	3.35	2.96	2.73	2.57	2.46	2.37	2.31	2.25
28	4.20	3.34	2.95	2.71	2.56	2.45	2.36	2.29	2.24
29	4.18	3.33	2.93	2.70	2.55	2.43	2.35	2.28	2.22
30	4.17	3.32	2.92	2.69	2.53	2.42	2.33	2.27	2.21
40	4.08	3.23	2.84	2.61	2.45	2.34	2.25	2.18	2.12
60	4.00	3.15	2.76	2.53	2.37	2.25	2.17	2.10	2.04
120	3.92	3.07	2.68	2.45	2.29	2.17	2.09	2.02	1.96
∞	3.84	3.00	2.60	2.37	2.21	2.10	2.01	1.94	1.88

续表

n_2 \ n_1	10	12	15	20	24	30	40	60	120	∞
1	241.9	243.9	245.9	248.0	249.1	250.1	251.1	252.2	253.3	254.3
2	19.40	19.41	19.43	19.45	19.45	19.46	19.47	19.48	19.49	19.50
3	8.79	8.74	8.70	8.66	8.64	8.62	8.59	8.57	8.55	8.53
4	5.96	5.91	5.86	5.80	5.77	5.75	5.72	5.69	5.66	5.63
5	4.74	4.68	4.62	4.56	4.53	4.50	4.46	4.43	4.40	4.36
6	4.06	4.00	3.94	3.87	3.84	3.81	3.77	3.74	3.70	3.67
7	3.64	3.57	3.51	3.44	3.41	3.38	3.34	3.30	3.27	3.23
8	3.35	3.28	3.22	3.15	3.12	3.08	3.04	3.01	2.97	2.93
9	3.14	3.07	3.01	2.94	2.90	2.86	2.83	2.79	2.75	2.71
10	2.98	2.91	2.85	2.77	2.74	2.70	2.66	2.62	2.58	2.54
11	2.85	2.79	2.72	2.65	2.61	2.57	2.53	2.49	2.45	2.40
12	2.75	2.69	2.62	2.54	2.51	2.47	2.43	2.38	2.34	2.30
13	2.67	2.60	2.53	2.46	2.42	2.38	2.34	2.30	2.25	2.21
14	2.60	2.53	2.46	2.39	2.35	2.31	2.27	2.22	2.18	2.13
15	2.54	2.48	2.40	2.33	2.29	2.25	2.20	2.16	2.11	2.07
16	2.49	2.42	2.35	2.28	2.24	2.19	2.15	2.11	2.06	2.01
17	2.45	2.38	2.31	2.23	2.19	2.15	2.10	2.06	2.01	1.96
18	2.41	2.34	2.27	2.19	2.15	2.11	2.06	2.02	1.97	1.92
19	2.38	2.31	2.23	2.16	2.11	2.07	2.03	1.98	1.93	1.88
20	2.35	2.28	2.20	2.12	2.08	2.04	1.99	1.95	1.90	1.84
21	2.32	2.25	2.18	2.10	2.05	2.01	1.96	1.92	1.87	1.81
22	2.30	2.23	2.15	2.07	2.03	1.98	1.94	1.89	1.84	1.78
23	2.27	2.20	2.13	2.05	2.01	1.96	1.91	1.86	1.81	1.76
24	2.25	2.18	2.11	2.03	1.98	1.94	1.89	1.84	1.79	1.73
25	2.24	2.16	2.09	2.01	1.96	1.92	1.87	1.82	1.77	1.71
26	2.22	2.15	1.07	1.99	1.95	1.90	1.85	1.80	1.75	1.69
27	2.20	2.13	1.06	1.97	1.93	1.88	1.84	1.79	1.73	1.67
28	2.19	2.12	1.04	1.96	1.91	1.87	1.82	1.77	1.71	1.65
29	2.18	2.10	1.03	1.94	1.90	1.85	1.81	1.75	1.70	1.64
30	2.16	2.09	2.01	1.93	1.89	1.84	1.79	1.74	1.68	1.62
40	2.08	2.00	1.92	1.84	1.79	1.74	1.69	1.64	1.58	1.51
60	1.99	1.92	1.84	1.75	1.70	1.65	1.59	1.53	1.47	1.39
120	1.91	1.83	1.75	1.66	1.61	1.55	1.50	1.43	1.35	1.25
∞	1.83	1.75	1.67	1.57	1.52	1.46	1.39	1.32	1.22	1.00

参考文献

[1] JAMES R NEWMAN. The World of Mathematics[M]. New York:Simon and Schuster,1956:197-198.

[2] 赵东方. 数学实验与数学模型[M]. 武汉:华中师范大学出版社,2003.

[3] 赵东方. 数学模型与计算[M]. 北京:科学出版社,2007.

[4] HURLEY J F. An Application of Newton's Law of Cooling[J]. Mathematics Teacher,1967(67):141-142.

[5] DAVID A SMITH. The Homicide Problem Revisited[J]. The Two Year College Mathematics Journal,1978(9):141-145.

[6] 胡永宏,贺思辉. 综合评价方法[M]. 北京:科学出版社,2000.

[7] 余雁,梁墚. 多指标决策 TOPSIS 方法的进一步探讨[J]. 系统工程,2003,21(2):98-101.

[8] 杜栋,庞庆华. 现代综合评价方法与案例精选[M]. 北京:清华大学出版社,2005.

[9] 姜启源. 数学模型[M]. 3 版. 北京:高等教育出版社,2003.

[10] 谭永基. 数学模型[M]. 上海:复旦大学出版社,1997.

[11] 王旭,王宏. 人工神经元网络原理与应用[M]. 沈阳:东北大学出版社,2000.

[12] 焦李成. 神经网络系统理论[M]. 西安:西安电子科技大学出版社,1992.

[13] 冯岑明,方德英. 多指标综合评价的神经网络方法[J]. 现代管理科学,2006 (3):61-62.

[14] 王树禾. 数学模型选讲[M]. 北京:科学出版社,2008.

[15] 王文海. 密码学理论与应用基础[M]. 北京:国防工业出版社,2009.

[16] 张仕斌. 应用密码学[M]. 西安:西安电子科技大学出版社,2009.

[17] SHAMPINE L F. Vectorized Adaptive Quadrature in MATLAB[J]. Journal of Computational and Applied Mathematics,2008,211(2):131-140.

[18] 薛定宇,陈阳泉. 高等应用数学问题的MATLAB求解[M]. 2 版. 北京:清华大学出版社,2008.